计算机科学与技术丛书

Python科学计算

邓奋发◎编著

清華大學出版社

北京

内 容 简 介

本书以 Python 3.12.1 为平台，以实际应用为背景，通过概述与经典应用相结合的形式，深入浅出地介绍了 Python 编程基础与科学计算。全书共 9 章，主要内容包括魅力的 Python、Python 的进阶、Python 程序与函数、NumPy 数组运算、图形可视化、Python 科学计算库、数值计算、统计分析、数据读写与文件管理。通过本书的学习，读者可领略到 Python 简单、易学、易读、易维护等特点，同时感受到利用 Python 实现科学计算的普遍性与专业性。

本书可作为高等学校相关专业本科生和研究生的教材，也可作为相关专业科研人员、学者、工程技术人员的参考书。

版权所有，侵权必究。举报：010-62782989，beiqinquan@tup.tsinghua.edu.cn。

图书在版编目（CIP）数据

Python 科学计算 / 邓奋发编著. -- 北京：清华大学出版社，2024.11.
(计算机科学与技术丛书). -- ISBN 978-7-302-67572-3

Ⅰ. TP312.8

中国国家版本馆 CIP 数据核字第 2024TR1869 号

策划编辑：刘　星
责任编辑：李　锦
封面设计：李召霞
责任校对：李建庄
责任印制：宋　林

出版发行：清华大学出版社
　　网　　址：https://www.tup.com.cn，https://www.wqxuetang.com
　　地　　址：北京清华大学学研大厦 A 座　　　**邮　　编**：100084
　　社 总 机：010-83470000　　　**邮　　购**：010-62786544
　　投稿与读者服务：010-62776969，c-service@tup.tsinghua.edu.cn
　　质量反馈：010-62772015，zhiliang@tup.tsinghua.edu.cn
　　课件下载：https://www.tup.com.cn，010-83470236
印 装 者：三河市铭诚印务有限公司
经　　销：全国新华书店
开　　本：185mm×260mm　　**印　　张**：15.75　　**字　　数**：427 千字
版　　次：2024 年 11 月第 1 版　　**印　　次**：2024 年 11 月第 1 次印刷
印　　数：1～1500
定　　价：59.00 元

产品编号：108206-01

前言

PREFACE

科学计算是指应用计算机处理科学研究和工程技术中所遇到的数学计算。在现代科学和工程技术中，经常会遇到大量复杂的数学计算问题。这些问题用一般的计算工具来解决非常困难，而用计算机来处理却非常容易。

在计算机出现之前，科学研究和工程设计主要依靠实验或试验提供数据，计算仅处于辅助地位。计算机的迅速发展，使越来越多的复杂计算成为可能。利用计算机进行科学计算带来了巨大的经济效益，同时也使科学技术本身发生了根本变化——传统的科学技术只包括理论和试验两个组成部分，使用计算机后，计算已成为同等重要的第三个组成部分。

为什么在众多的编程语言中选择 Python 进行科学计算呢？原因在于：

(1) Python 是一个高层次语言，是一个结合了解释性、编译性、互动性和面向对象的脚本语言；

(2) Python 的设计具有很强的可读性，语法结构更有特色；

(3) 对程序员来说，社区是非常重要的，大多数程序员需要向解决过类似问题的人寻求建议，在需要人帮助时，有一个联系紧密、互帮互助的社区至关重要，Python 社区就是这样一个社区。

本书简单、全面地介绍了 Python 软件，并利用 Python 实现了科学计算，解决了实际问题。本书编写具有如下特点。

1. 内容浅显全面

本书浅显而全面，从各个知识点对 Python 进行介绍，让读者对 Python 有简单而全面的认识，并能使用 Python。

2. 简单易懂

本书不会纠缠于晦涩难懂的概念，而是力求用浅显易懂的语言引出概念，用常用的方式介绍编程，用清晰的逻辑解释思路。

3. 实用性强

本书理论与实例相结合，内容丰富、实用，可帮助读者快速领会知识要点。书中的实例与经典应用具有很强的实用性，且书中源代码、数据集等都可免费、轻松获得。

全书共 9 章。第 1 章魅力的 Python，主要包括 Python 编程环境、Python 基础语法等内容。第 2 章 Python 的进阶，主要包括常用函数、字符串的深入学习、列表、元组等内容。第 3 章 Python 程序与函数，主要包括顺序结构、选择结构、函数等内容。第 4 章 NumPy 数组运算，主要包括 NumPy 安装、NumPy 的基本操作、NumPy 线性代数等内容。第 5 章图形可视化，主要包括 Matplotlib 可视化、海龟绘图等内容。第 6 章 Python 科学计算库，主要包括 Pandas 科学计算库、SciPy 科学计算库等内容。第 7 章数值计算，主要包括多项式、插值、拟合、函数最小值等内容。第 8 章统计分析，主要包括显著性检验、交叉验证、回归分析、逻辑回归等内容。第 9 章数据读写与文件管理，主要包括使用 pathlib 模块操作目录、使用 os. path

操作目录、打开文件、读取文件等内容。

随着互联网、物联网对全球的覆盖，及计算机技术的不断提升，Python 在各领域的应用越来越广泛。通过本书的学习，读者不仅可以了解 Python 软件的特点，学习怎样使用 Python，还能学会利用 Python 解决科学计算等问题，达到学以致用。

本书由佛山大学邓奋发编写。

由于时间仓促，加之编者水平有限，书中错误和疏漏之处在所难免。在此，诚恳地期望得到各领域的专家和广大读者的批评指正。

编　者

2024 年 8 月

目录

CONTENTS

第1章 魅力的Python

CHAPTER 1

在计算机世界中有着数量众多的编程语言，Python 就是其中一种简单易学的编程语言。在实际应用中，Python 被广泛用于人工智能、云计算、科学运算、Web 开发、图形 GUI、金融投资等众多领域。

Python 的设计具有很强的可读性，它具有比其他语言更有特色的语法结构。

- Python 是一种解释型语言：这意味着开发过程中没有了编译这个环节。类似于 PHP 和 Perl 语言。
- Python 是交互式语言：这意味着可以在一个 Python 提示符“>>>”后直接执行代码。
- Python 是面向对象语言：这意味着 Python 支持面向对象的风格或代码封装在对象的编程技术。
- Python 是初学者的语言：Python 对初级程序员而言，是一种友好的语言，它支持广泛的应用程序开发，从简单的文字处理到 WWW 浏览器再到游戏都支持。

近几年来，Python 语言上升势头比较迅速，其主要原因在于大数据和人工智能领域的发展，随着产业互联网的推进，Python 语言未来的发展空间将进一步扩大。

1.1 Python 编程环境

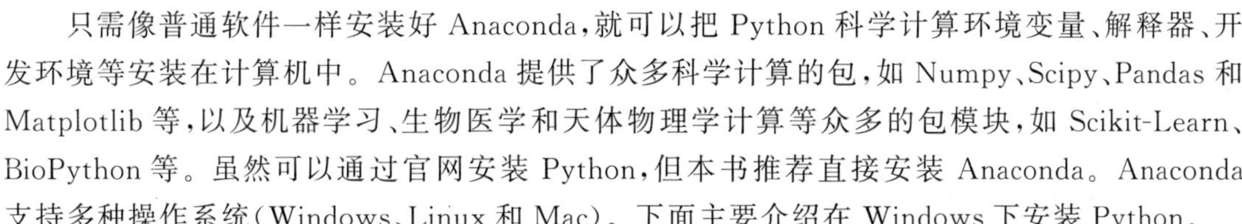

只需像普通软件一样安装好 Anaconda，就可以把 Python 科学计算环境变量、解释器、开发环境等安装在计算机中。Anaconda 提供了众多科学计算的包，如 Numpy、Scipy、Pandas 和 Matplotlib 等，以及机器学习、生物医学和天体物理学计算等众多的包模块，如 Scikit-Learn、BioPython 等。虽然可以通过官网安装 Python，但本书推荐直接安装 Anaconda。Anaconda 支持多种操作系统（Windows、Linux 和 Mac）。下面主要介绍在 Windows 下安装 Python。

1.1.1 Python 安装

Anaconda 的安装十分简单，只需要两步即可完成。下面介绍在 Windows 下安装 Anaconda 的步骤，在 Mac 下的安装方法与之类似。

(1) 下载 Anaconda。在官网上下载 Anaconda。Python 版本选择 Python 3.12.1，如图 1-1 所示（该版本并是目前最新的版本，b 也是功能环境最稳定的版本）。

(2) 安装 Anaconda。双击打开 Anaconda 安装文件，就像安装普通软件一样，直接单击 Install 安装即可。

安装完成后，在命令提示符中输入 python 即可显示如图 1-2 所示的信息，表示已成功安装 Python。

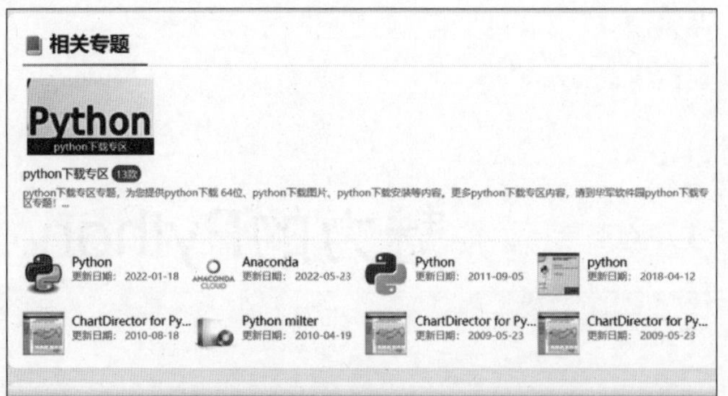

图 1-1 选择下载的 Python 版本

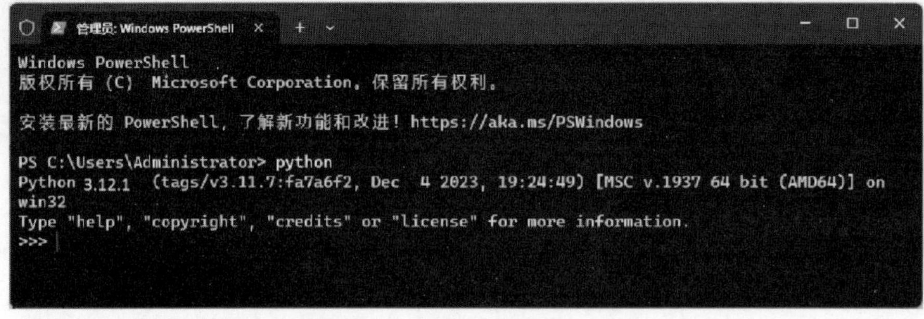

图 1-2 成功安装 Python 界面

1.1.2 pip 安装第三方库

pip 是 Python 安装各种第三方库(package)的工具。

对于第三方库，读者可以理解为供用户调用的代码组合。在安装某个库之后，可以直接调用其中的功能，而不用一个代码一个代码地实现某个功能。就像需要为计算机杀毒时会选择下载一个杀毒软件，而不是自己写一个杀毒软件，直接使用杀毒软件中的杀毒功能来杀毒就可以了，这个“杀毒软件”就像是第三方库，“杀毒功能”就是第三方库中可以实现的功能。

注意：Anaconda 中已经自带了 pip，因此不用再安装配置 pip 了。

下面介绍如何用 pip 安装第三方库 bs4，它可以使用其中的 BeautifulSoup 解析网页。步骤如下。

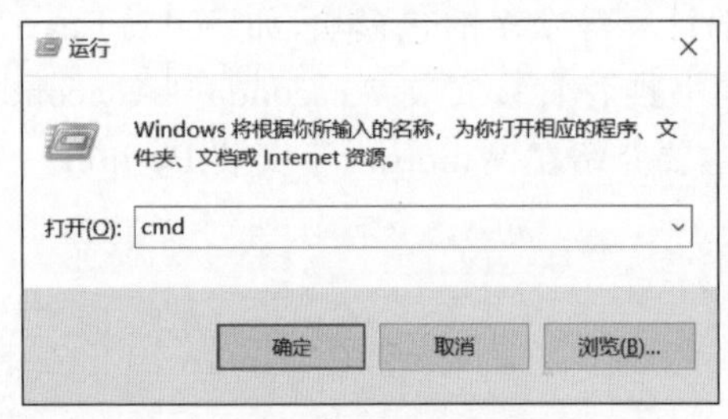

图 1-3 搜索 cmd

(1) 打开 cmd. exe，在 Windows 中为 cmd，在 Mac 中为 terminal。在 Windows 中，cmd 是命令提示符，输入一些命令后，cmd. exe 可以执行对系统的管理。单击“开始”按钮(如果是 Windows 10 系统，直接按“开始+R”组合键)打开运行窗口，在“搜索程序和文件”文本框中输入 cmd 后按回车键，系统会打开命令提示符窗口，如图 1-3 所示。在 macOS 系统中，可以直接在“应用程序”中打开 terminal 程序。

(2) 安装 bs4 的 Python 库。在 cmd 中输入 pip install bs4 后按回车键，如果出现 successfully installed，就表示安装成功了，如图 1-4 所示。

除了 bs4 这个库，还会用到 requests 库、lxml 库等其他第三方库，正因为有这些第三方库，Python 功能才如此强大和活跃。

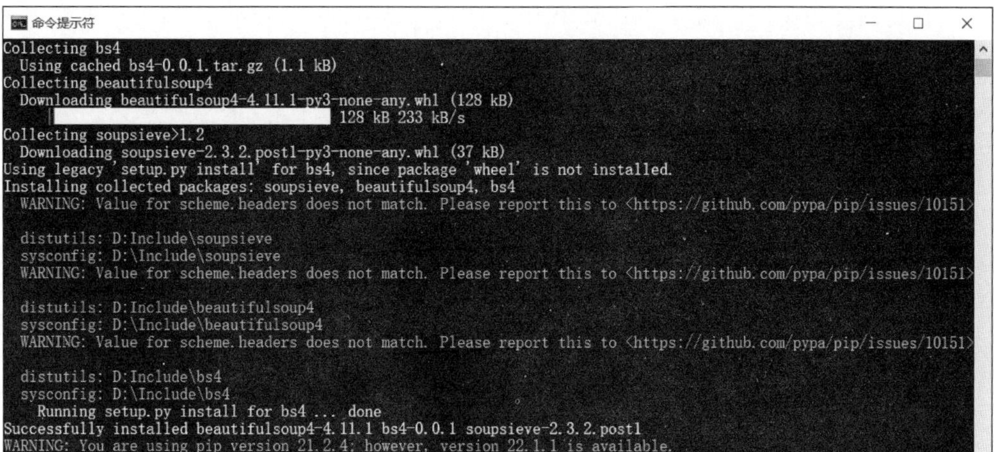

图 1-4 安装 bs4

1.1.3 编译器 Jupyter

Python 的编译器很多,有 Notepad++、Sublime Text 2、Spyder 和 Jupyter。为了方便大家学习,推荐使用 Anaconda 自带的 Jupyter。

(1) 通过 cmd 打开 Jupyter。在打开的 cmd 窗口中,键入 jupyter notebook 后回车,浏览器启动 Jupyter 主界面,地址默认为 http://localhost:8888/,如图 1-5 所示。

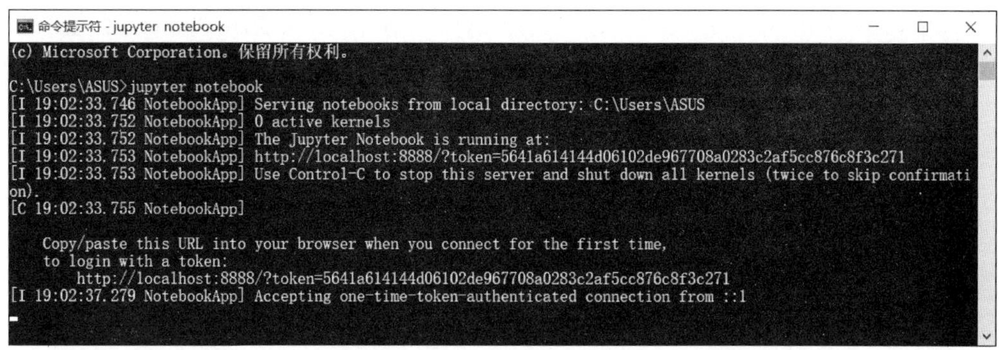

图 1-5 启动 Jupyter 的主界面

(2) 创建 Python 文件。选择相应的文件夹,单击右上角的 New 按钮,从下拉列表中选择 Python 3 作为希望的 Notebook 类型,如图 1-6 所示。

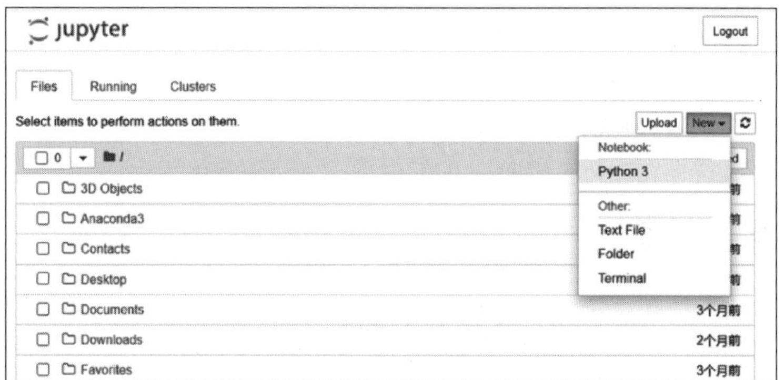

图 1-6 选择 Python 3

(3) 在新创建的文件中编写 Python 程序。键入 print('hello python!'),按菜单栏中的“运行”Run 按钮,即可执行代码,如图 1-7 所示。

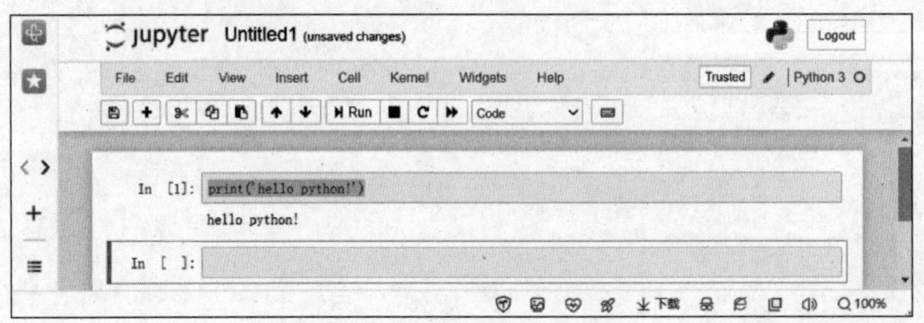

图 1-7 编写 Python 程序

1.1.4 IDLE 环境

打开 Windows 系统的“开始”菜单,单击“搜索”,在右侧的“文本框”中输入“IDLE”,即可弹出如图 1-8 所示的界面,单击 IDLE(Python 3.12),即可启动 Python 软件的 IDLE 环境。

IDLE 是一个 Python 的集成开发和学习环境,包括 Python Shell 和 Python Editor 两部分。其中,Python Shell 是一个 Python 解释器的外壳程序,提供逐行输入和执行 Python 代码的交互模式,非常便于学习 Python 编程;Python Editor 是一个 Python 代码编辑器,提供撤销和恢复、代码高亮显示、自动缩进、关键字提供和自动完成等诸多功能。

图 1-9 是 IDLE 环境启动后显示的 Python Shell 窗口,也称为 Python 交互模式窗口。在这个窗口中,有一个由 3 个尖括号“>>>”组成的 Python 提示符,它表示 Python 环境已经准备就绪,等待输入 Python 指令。

图 1-8 从“开始”菜单启动 IDLE

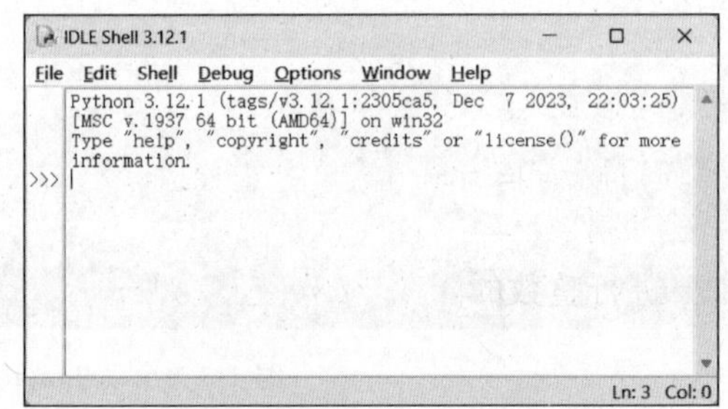

图 1-9 Python 交互模式窗口

在“>>>”提示符的末尾紧跟着一个闪烁的输入光标,它提示当前可以在此输入 Python 代码;当按下回车键时,输入的代码就会立即执行,执行会显示在下一行,同时在执行结果的下一行会产生一个新的“>>>”提示符。

如果 Python Shell 窗口失去焦点,则需要将鼠标指针定位到最后一个“>>>”提示符后面,重新获得输入焦点,这样在闪烁的光标处才能输入 Python 指令。

1.1.5 数学计算

在 IDLE 环境中,可以在交互模式下进行数学计算,把 Python 当作一个计算器来使用。

如图 1-10 所示,在 Python Shell 窗口的“>>>”提示符后面输入 2+3,再按下回车键,加法算式的计算结果就会立即显示在下一行。

接着,在最后一个“>>>”提示符后面输入 6-2,再按下回车键,减法算式的计算结果也会

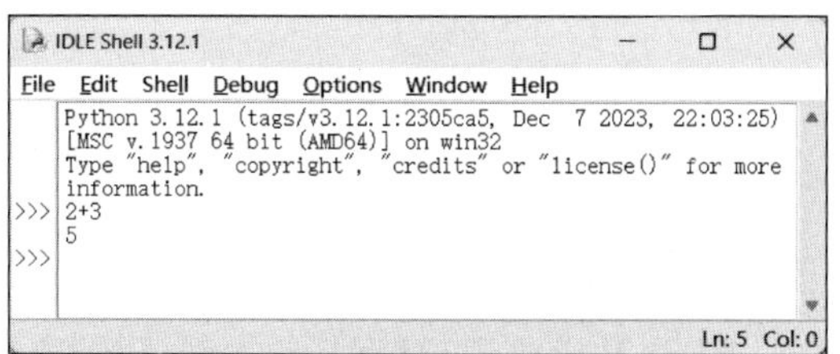

图 1-10 在交互模式下进行数学计算

立即显示出来。

```
>>> 6 - 2
4
```

同样地，还可以进行乘法运算，比如 3×4。需要注意的是，在 Python 等编程语言中，通常使用星号“ * ”作为乘号运算符。在“>>>”提示符后输入 3 * 4，再按回车键，可立即得到计算结果。

```
>>> 3 * 4
12
```

如果把英文字母 x 作为乘法运算符使用，会显示错误信息。例如

```
>>> 3x4
SyntaxError: invalid character '×' (U+00D7)
```

需要注意的是，重新输入正确的乘法运算符“ * ”，IDLE 是可以继续正确运行的。

在 Python 等编程语言中，通常使用斜杠“/”作为除法运算符。比如，要进行 8÷2 的除法运算，可在“>>>”提示符后面输入 8/2，再按回车键，可立即得到正确的计算结果。

```
>>> 8/2
4.0
```

8 能够被 2 整除，结果应该是 4，而此处得到的结果为什么会带一个小数呢？这是因为在 Python 中，斜杠“/”运算符是用来进行浮点数的除法运算的，其结果自然就是浮点数（即小数）。

如果要进行整数的除法运算，需要使用两个斜杠“//”作为运算符。例如

```
>>> 8//2
4
```

这样就可以得到预期的整数除法结果。

Python 不仅能进行简单的算术运算，还能进行混合运算，并通过圆括号改变运算的优先级。数学运算可以使用圆括号、方括号和花括号等不同类型的括号来调整算式中各组成部分的优先级；而在 Python 编程中，只能使用圆括号改变运算的顺序。

【例 1-1】 混合运算。

（1）计算 3+8÷(2×4×3)。

```
>>> 3 + 8/(2 * 4 * 3)
3.3333333333333335
```

（2）计算 3+8÷(2×4×3)−8÷(3×5×4)。

```
>>> 3 + 8/(2 * 4 * 3) - 8/(3 * 5 * 4)
3.2
```

（3）计算 3+8÷(2×4×3)−8÷(3×5×4)+6÷(6×2×3)。

```
>>> 3 + 8/(2 * 4 * 3) - 8/(3 * 5 * 4) + 6/(6 * 2 * 3)
3.3666666666666667
```

提示：按下键盘上的向上或向下方向键，可以查看并使用之前输入的内容。

1.1.6 Python 编辑器

在 Python Shell 窗口中使用交互模式进行编程，每次都要重新输入代码，而且也不方便编辑代码。那有没有方式输入和编辑代码的其他呢？答案是肯定的。

在 IDLE 环境中集成一个 Python 编辑器，就可以自由输入 Python 代码并进行编辑之后再执行。通常所说的编程，就是在某种文本编辑器中输入程序的代码，然后执行和调试，使程序能够正确实现预期的功能。

在 IDLE Shell 窗口中，选择 File→New File 命令，如图 1-11 所示，将会打开一个 Python 编辑器窗口，如图 1-12 所示。

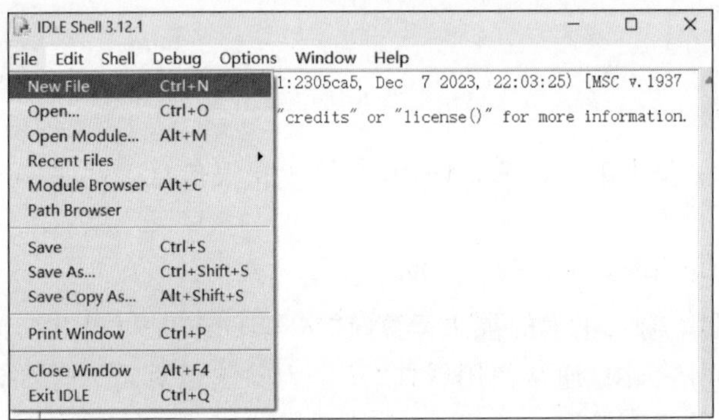

图 1-11 在 IDLE Shell 窗口中打开 Python 编辑器窗口

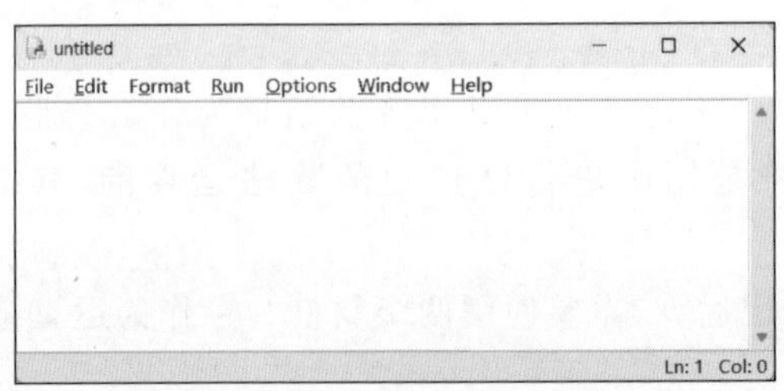

图 1-12 打开的 Python 编辑器窗口

Python 编辑器除了能够编辑文本外，还提供了许多辅助编写 Python 代码的功能。这些功能包括撤销和恢复、代码着色、智能缩进、语法提示、自动完成等。此外，Python 编辑器还支持多窗口，能够同时编辑多个 Python 源文件。

1.1.7 第一个 Python 程序

下面通过利用 Python 编辑器实现向计算机屏幕输出一个"Hello，World"字符串。

在 Python 编辑器窗口的文本区域中输入下面一行 Python 代码：

```
print('Hello,World')
```

如图 1-13 所示，这行代码在 Python 编辑器中用不同的颜色表示，便于编程者区分代码的各个组成部分。其中，紫色（本书为黑白印刷，具体图片显示以编辑器为准）的 print 是 Python 语言的输出函数；绿色部分是 print()函数的参数值，它被放在一对圆括号中。这个 print()函

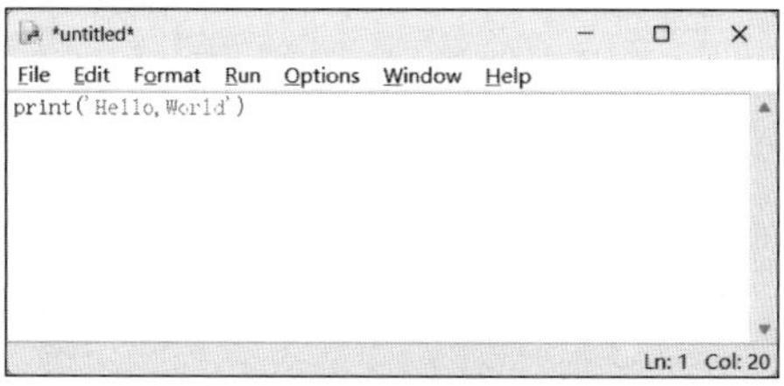

图 1-13　第一个 Python 程序

数的作用是将这对单引号中间的字符串输出到计算机屏幕上。

接着，在 Python 编辑器窗口中，选择 Run→Run Module 命令（或按 F5），如图 1-14 所示，这时会弹出一个 Save Before Run or Check 对话框，如图 1-15 所示，提示用户必须先保存编辑器窗口中的程序代码（又称源代码）。

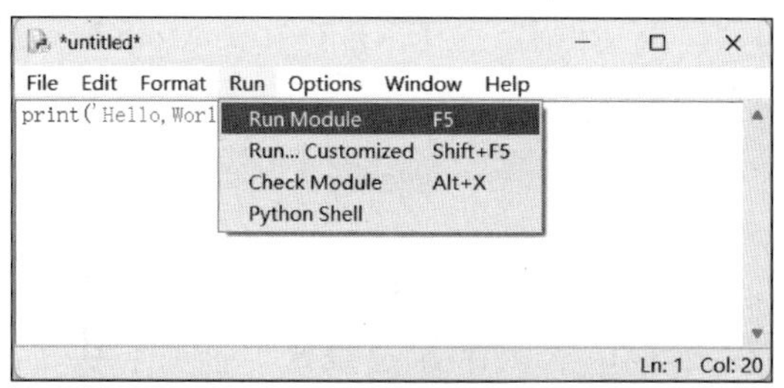

图 1-14　Python 编辑器的 Run 菜单

如图 1-15 所示，单击"确定"按钮后，会弹出一个"另存为"对话框，让用户指定文件名并将 Python 源代码保存到本地磁盘。例如，以 firstPythonfile.py 作为文件名将 Python 源代码保存到根目录（或其他路径）。接着，IDLE Shell 窗口就会被激活，即 Python 代码会被执行，执行结果显示在">>>"提示符后，输出内容为：

图 1-15　Save Before Run or Check 对话框

```
========== RESTART: C:/Program Files/Python312/
firstPythonfile.py ==========
Hello,World
```

至此第一个 Python 程序就已成功运行了，下面可以开始用 Python 编程了。

1.1.8　函数和字符串

在 firstPythonfile.py 实例程序中，涉及两个编程元素：函数和字符串。

Python 语言提供了丰富的函数用于满足各种各样的编程需求。例如，Python 提供了 print()函数，用于将一个字符串输出到计算机屏幕上。如图 1-16 所示，在调用函数时，需要指定函数名和函数参数，其中函数参数要求放在一对圆括号内。有的函数可以有多个参数，各参数之间用逗号分隔，也可以没有参数。

在 Python 语言中，字符串是一种表示文本的数据类型，要求将文本数据放在一对单引号或双引号中。字符串可用来表示一句话、一本书的名字、一个网址、一个 QQ 号……任何放在一对单引号或双引号中的内容都会被当成字符串，如图 1-17 所示。

单引号或双引号用于表示字符串数据，在使用 print()函数输出字符串时不会输出单引号或双引号。例如，在上面的 firstPythonfile.py 程序中，print()函数输出的内容是：Hello，World。

图 1-16　print()函数调用说明

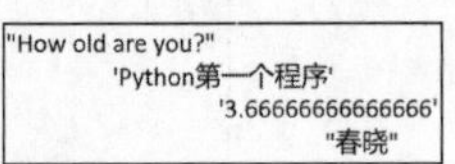

图 1-17　字符串

下面，编写程序输出一首古诗《春晓》。打开一个新的 Python 编辑器窗口，将以下 4 行代码输入编辑器中。

```
print('春眠不觉晓')
print('处处闻啼鸟')
print('夜来风雨声')
print('花落知多少')
```

保存文件，以"春晓.py"作为文件名，选择 Run→Run Module 命令运行程序，输出如下：

```
============= RESTART: C:/Program Files/Python312/春晓.py ============
春眠不觉晓
处处闻啼鸟
夜来风雨声
花落知多少
```

在 IDLE 环境中，Python Shell 和 Python 编辑器提供的 File 菜单是相同的，其常用菜单项功能说明如表 1-1 所列。

表 1-1　IDLE 环境的常用 File 菜单功能

菜　单　项	功　　能
New File	打开一个新的 Python 编辑器窗口
Open	打开一个本地磁盘上存在的 Python 源代码文件
Open Module	打开当前 IDLE 模型
Save	将当前修改的 Python 源文件保存到本地磁盘
Save As...	将当前打开的 Python 源文件另存为其他源文件
Close Windows	关闭当前的 Python 编辑器窗口
Exit IDLE	退出当前打开的 IDLE 环境
Recent Files	显示最近使用的文件列表

当使用 Python 编辑器编写程序代码，并将其保存到本地磁盘上时，如果未指定文件的扩展名，那么 Python 编辑器会自动加上.py 作为扩展名。

提示：Python 源文件以.py 作为文件扩展名，但它实质上是一个文本文件，可以用任何文本编辑器打开它进行修改。

1.2　Python 基础语法

在利用 Python 进行编程时，首先要先了解其基础语法。

1.2.1　保留字

保留字即关键字，不能把它们用作任何标识符名称。Python 的标准库提供了一个 keyword 模块，可以输出当前版本的所有关键字。

```
import keyword
```

```
keyword.kwlist
['False', 'None', 'True', 'and', 'as', 'assert', 'async', 'await', 'break', 'class', 'continue', 'def', 'del',
'elif', 'else', 'except', 'finally', 'for', 'from', 'global', 'if', 'import', 'in', 'is', 'lambda',
'nonlocal', 'not', 'or', 'pass', 'raise', 'return', 'try', 'while', 'with', 'yield']
```

1.2.2　注释

在大多数编程语言中，注释是一项很有用的功能。源代码的注释供人阅读，而不是供计算机执行，注释用自然语言标明某段代码的功能是什么。随着程序版本的更迭，程序会越来越复杂，应在其中添加说明，对程序解决问题所用的方法进行大致的阐述。

每种语言都有其特有的注释形式，下面来介绍 Python 中程序的行内注释。

1. 单行注释

在 Python 中，单行注释以井号“#”开头，井号后面的内容都会被 Python 解释器忽略。

例如，输入：

```
#这是一个注释
print('Hello,World')
```

2. 多行注释

在 Python 中，多行注释用 3 个单引号“'''”或 3 个双引号“"""”将注释引起来，用来解释更复杂的代码。

例如，输入：

```
'''
Created on Jan 28,2024
@author: ****
'''
print('Hello,World')
```

使用注释有助于理解程序，因为即使是自己编写的程序，如果不加注释，在以后也可能看不懂。恰当的注释可以使编程项目上的合作更容易，并凸显代码的价值。

1.2.3　行与缩进

Python 最具特色的就是使用缩进来表示代码块，而不需要使用花括号“{}”。缩进的空格数是可变的，但是同一个代码块的语句必须包含相同的缩进空格数。

【例 1-2】 行与缩进实例。

```
if True:
    print("Answer")
    print("True")
else:
    print("Answer")
  print("False")        #缩进不一致,会导致运行错误
```

运行程序，缩进错误提示如图 1-18 所示。

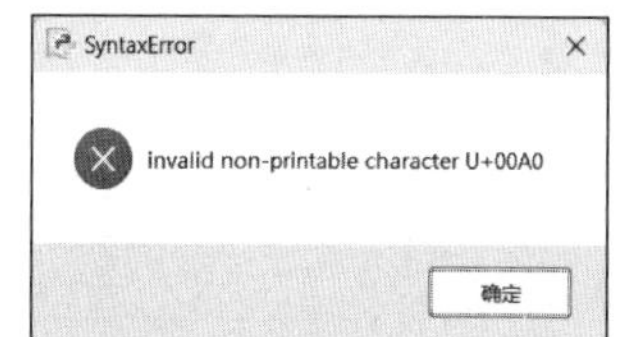

图 1-18　缩进错误提示

1.2.4　多行语句

Python 通常是一行写完一条语句，但如果语句很长，可以使用反斜杠“\”来实现多行语句，例如：

```
total = item_one + \
```

```
            item_two + \
            item_three
```

在[]、{}或()中的多行语句,不需要使用反斜杠“\”,例如:

```
total = ['item_one', 'item_two', 'item_three',
         'item_four', 'item_five']
```

1.2.5 格式化输出

操作符“%”可以实现字符串格式化。它将左边的参数作为类似 sprintf()的格式化字符串,而将右边参数作为指定输出值,然后返回格式化后的字符串,如:

```
print('%o'% 10)
12
print('%d'% 10)
10
print('%f'% 10)
10.000000
```

浮点数输出的过程中,经常要控制保留小数位数,可以在现有格式化输出的基础上进行限制,比如“%.2f”,意为保留 2 位小数位;“%.2e”,意为保留 2 位小数位,使用科学记数法输出;“%.2g”,意为保留 2 位有效数字,使用小数或科学记数法输出。

也可以灵活地使用内置的 round()函数,其函数语法如下。

round(number,ndigits):参数 number 为一个数字表达式;ndigits 表示从小数点到最后四舍五入的位数,默认值为 0。

【例 1-3】 浮点数输出。

```
print('%f'% 3.1415926)
3.141593
print('%.2f'% 3.1415926)
3.14
print(round(3.1415926,2))
3.14
```

更多的格式化输出规则如表 1-2 所示。

表 1-2 格式化输出规则

格 式	描 述
%%	百分号标记(就是输出一个%)
%c	字符及其 ASCII 码
%s	字符串
%d	有符号整数(十进制)
%u	无符号整数(十进制)
%o	无符号整数(八进制)
%x	无符号整数(十六进制)
%X	无符号整数(十六进制大写字符)
%e	浮点数字(科学记数法)
%E	浮点数字(科学记数法,用 E 代表 e)
%g	浮点数字(根据值的大小采用%e 或%f)
%G	浮点数字(类似于%g)

续表

格 式	描 述
%p	指针(用十六进制打印值的内存地址)
%n	存储输出字符的数量放进参数列表的下一个变量中

1.2.6 导入数据

在 Python 编程中,经常用到 import 与 from…import,它们的区别是什么?

- 将整个模块(somemodule)导入,格式为:import somemodule。
- 从某个模块中导入某个函数,格式为:from somemodule import somefunction。
- 从某个模块中导入多个函数,格式为:from somemodule import firstfunc, secondfunc,thirdfunc。
- 将某个模块中的全部函数导入,格式为:from somemodule import * 。

【例 1-4】 import 与 from…import 的使用。

```
#导入 sys 模块
import sys
print('============== Python import mode =====================')
print('命令行参数为:')
for i in sys.argv:
    print(i)
print('\n python 路径为',sys.path)

#导入 sys 模块的 argv,path 成员
from sys import argv,path #导入特定的成员
print('============ python from import ==========================')
print('path:',path) # 因为已经导入 path 成员,所以此处引用时不需要加 sys.path
```

1.3 变量与赋值语句

下面来尝试在 hello_world. py 中执行以下语句:

```
>>> message = "Hello Python!!"
>>> print(message)
```

运行程序,输出如下:

```
Hello Python!!
```

此处添加了一个名为 message 的变量。每个变量都存储了一个值——与变量相关联的信息。在此,存储的值为文本"Hello Python!!"。

下面进一步扩展这个程序:修改 hello_world. py,使其再打印一条消息。为此,在 hello_world. py 中添加一个空行,再添加下面两行代码:

```
>>> message = "Hello World!!"
>>> print(message)
>>>
>>> message = "Hello Python Crash Course World!!"
>>> print(message)
```

运行程序,输出如下:

```
Hello World!!
```

```
Hello Python Crash Course World!!
```

在程序中可随时修改变量的值，而 Python 将始终记录变量的最新值。

1. 变量的命名和使用

在 Python 中使用变量时，需要遵守一些规则和指南。违反这些规则将引发错误，而指南旨在更容易阅读和理解代码。变量有关的规则如下。

- 变量名只能包含字母、数字和下画线。变量名可以以字母或下画线开头，但不能以数字开头，例如，可将变量命名为 message_1，但不能将其命名为 1_message。
- 变量名不能包含空格，但可使用下画线来分隔其中的单词。例如，变量名 gr_message 可行，但变量名 gr message 会引发错误。
- 不要将 Python 关键字和函数名作为变量名，即不要使用 Python 保留用于特殊用途的单词，如 print。
- 变量名应既简短又具有描述性。例如，name 比 n 好，student_name 比 s_n 好，name_length 比 length_of_persons_name 好。
- 慎用小写字母 l 和大写字母 O，因为它们可能被错看成数字 1 和 0。

要创建好的变量名，需要经过一定的实践，在程序复杂而有趣时尤其如此。随着编写的程序越来越多，并开始越来越多地阅读别人编写的代码，将需要越来越善于创建有意义的变量名。

技巧：就目前而言，应使用小写的 Python 变量名。在变量名中使用大写字母虽然不会导致错误，但还是应避免使用大写字母。

2. 变量赋值

1）单个变量赋值

Python 中的变量赋值不需要类型声明。每个变量在内存中创建时，都包括变量的标识、名称和数据这些信息。每个变量在使用前都必须赋值，变量赋值以后该变量才会被创建。等号(=)用来给变量赋值。等号(=)运算符左边是一个变量名，等号(=)运算符右边是存储在变量中的值。例如：

```
counter = 100          # 赋值整型变量
miles = 1000.0         # 浮点型
name = "John"          # 字符串
print(counter)
print(miles)
print(name)
```

以上实例中，100、1000.0 和"John"分别赋值给 counter、miles、name 变量。运行程序，输出如下：

```
100
1000.0
John
```

2）多个变量赋值

Python 允许同时为多个变量赋值。例如：

```
a = b = c = 1
```

以上实例创建一个整型对象，值为 1，三个变量被分配到相同的内存空间上。也可以为多个对象指定多个变量。例如：

```
a, b, c = 1, 2, "john"
```

以上实例，两个整型对象 1 和 2 分配给变量 a 和 b，字符串对象 "john" 分配给变量 c。

3. 使用变量时避免命名错误

大多数程序员每天都会犯错，但优秀的程序员知道如何高效地消除错误。下面来看一种可能会犯的错误，并学习如何消除它。

我们有意编写下面一段引发错误的代码。请输入以下代码，包括拼写不正确的单词 message：

```
message = "Hello Python Crash Course reader!"
print(mesage)
```

程序存在错误时，Python 解释器会竭尽所能地找出问题所在。程序无法成功运行时，解释器会提供一个 traceback。traceback 是一条记录，指出了解释器尝试运行代码时，在什么地方陷入了困境。下面是不小心拼错了变量名时，Python 解释器提供的 traceback：

```
Traceback(most recent call last):
  File "hello_world.py",line2,in <module>
    print(mesage)
NameError:name 'mesage' is not defined
```

解释器提出，文件 hello_world.py 的第 2 行存在错误。它列出了这行代码，旨在快速找出错误。它还提出了它发现的是什么样的错误。在此，解释器发现了一个名称错误，并指出打印的变量 mesage 未定义，Python 无法识别提供的变量名。名称错误通常意味着两种情况：要么是使用变量前忘记了给它赋值，要么是输入变量名时拼写不正确。

在这个实例中，第 2 行的变量名 mesage 中遗漏了字母 s。Python 解释器不会对代码做拼写检查，但要求变量名的拼写一致。例如，如果在代码的另一个地方也将 message 错误地拼写成了 mesage，结果将如何呢？

```
mesage = "Hello Python Crash Course reader!"
print(mesage)
```

在这种情况下，程序将成功地运行：

```
Hello Python Crash Course reader!
```

计算机一丝不苟，但不关心拼写是否正确。因此，创建变量名和编写代码时，我们无须考虑英语中的拼写和语法规则。

1.4　运算符

运算符是可以操作数值的结构。如表达式：10 ＋ 20＝30。这里，10 和 20 称为操作数，“＋”称为运算符。

Python 语言支持以下类型的运算符：

- 算术运算符；
- 比较(关系)运算符；
- 赋值运算符；
- 位运算符；
- 逻辑运算符；
- 成员运算符；
- 身份运算符。

下面来看看 Python 的所有运算符。

1.4.1 算术运算符

Python 支持所有的基本算术运算符,这些运算符用于执行基本的数学运算,如加、减、乘、除和求余等。

假设变量 a 的值是 12,变量 b 的值是 6,表 1-3 列出了算术运算符的运算规则。

表 1-3 算术运算符的运算规则

运 算 符	描 述	实 例
+	加：两个对象相加	>>> a+b→18
−	减：得到负数或一个数减去另一个数	>>> a−b→6
*	乘：两个数相乘或是返回一个被重复若干次的字符串	>>> a * b→72
/	除：x 除以 y	>>> b/a→0.5
%	取模：返回除法的余数	>>> b % a→6
**	幂：返回 x 的 y 次幂	>>> a ** b 2985984
//	取整除：向下取接近商的整数	>>> a//b→2 >>> b//a→0

【例 1-5】 演示 Python 所有算术运算符的操作。

```
a = 12
b = 6
c = 0
c = a + b
print("1 - c 的值为:", c)

c = a - b
print("2 - c 的值为:", c)

c = a * b
print("3 - c 的值为:", c)

c = a / b
print("4 - c 的值为:", c)

c = a % b
print("5 - c 的值为:", c)

#修改变量 a 、b 、c
a = 2
b = 3
c = a**b
print("6 - c 的值为:", c)

a = 10
b = 5
c = a//b
print("7 - c 的值为:", c)
```

运行程序,输出如下:

```
1 - c 的值为: 18
2 - c 的值为: 6
```

```
3 - c 的值为: 72
4 - c 的值为: 2.0
5 - c 的值为: 0
6 - c 的值为: 8
7 - c 的值为: 2
```

1.4.2　比较运算符

Python 提供了 bool 类型来表示真(对)或假(错),比如常见的 6>5 比较算式,这个是正确的,在程序世界里称为真(对),Python 使用 True 来表示;再比如 5>15 比较算式,这个是错误的,在程序世界里称为假(错),Python 使用 False 来表示。

由此可见,bool 类型就是用来表示某个事情的真(对)或假(错),如果这个事情是正确的,用 True 表示,如果这个事情是错误的,用 False 表示。

比较运算符用于判断两个值(这两个值既可以是变量,也可以是常量,还可以是表达式)之间的大小,比较运算的结果是 bool 值(True 代表真,False 代表假)。

假设变量 a 为 8,变量 b 为 17,表 1-4 列出了比较运算符的运算规则。

表 1-4　比较运算符的运算规则

运　算　符	描　　述	实　　例
==	等于:比较对象是否相等	a==b→False
!=	不等于:比较两个对象是否不相等	a!=b→True
>	大于:返回 x 是否大于 y	a>b→False
<	小于:返回 x 是否小于 y。所有比较运算符返回 1 表示真,返回 0 表示假,这分别与特殊的变量 True 和 False 等价。注意,这些变量名的大小写	a<b→True
>=	大于或等于:返回 x 是否大于或等于 y	a>=b→False
<=	小于或等于:返回 x 是否小于或等于 y	a<=b→True

【例 1-6】　演示 Python 所有比较运算符的操作。

```
a = 8
b = 17
c = 0

if (a == b):
   print("1 - a 等于 b")
else:
   print("1 - a 不等于 b")

if (a != b):
   print("2 - a 不等于 b")
else:
   print("2 - a 等于 b")

if (a < b):
   print("3 - a 小于 b")
else:
   print("3 - a 大于或等于 b")

if (a > b):
   print("4 - a 大于 b")
else:
```

```
    print("4 - a小于或等于 b")

#修改变量 a 和 b 的值
a = 5
b = 20
if (a <= b):
    print("5 - a小于或等于 b")
else:
    print("5 - a大于 b")

if (b >= a):
    print("6 - b大于或等于 a")
else:
    print("6 - b小于 a")
```

运行程序，输出如下：

```
1 - a 不等于 b
2 - a 不等于 b
3 - a 小于 b
4 - a 小于或等于 b
5 - a 小于或等于 b
6 - b 大于或等于 a
```

1.4.3 赋值运算符

赋值运算符用于为变量或常量指定值，Python 使用“=”作为赋值运算符。通常，使用赋值运算符将表达式的值赋给另一个变量。

假设变量 a 为 12，变量 b 为 6，表 1-5 列出了赋值运算符的运算规则。

表 1-5 赋值运算符的运算规则

运 算 符	描 述	实 例
=	简单的赋值运算符	c=a+b 将 a+b 的运算结果赋值为 c
+=	加法赋值运算符	c+=a 等效于 c=c+a
-=	减法赋值运算符	c-=a 等效于 c=c-a
*=	乘法赋值运算符	c*=a 等效于 c=c*a
/=	除法赋值运算符	c/=a 等效于 c=c/a
%=	取模赋值运算符	c%=a 等效于 c=c%a
**=	幂赋值运算符	c**=a 等效于 c=c**a
//=	取整除赋值运算符	c//=a 等效于 c=c//a

【例 1-7】 演示 Python 所有赋值运算符的操作。

```
a = 12
b = 6
c = 0

c = a + b
print("1 - c 的值为:", c)

c += a
print("2 - c 的值为:", c)

c *= a
print("3 - c 的值为:", c)
```

```
c /= a
print("4 - c 的值为:", c)

c = 2
c %= a
print("5 - c 的值为:", c)

c **= a
print("6 - c 的值为:", c)

c //= a
print("7 - c 的值为:", c)
```

运行程序，输出如下：

```
1 - c 的值为: 18
2 - c 的值为: 30
3 - c 的值为: 360
4 - c 的值为: 30.0
5 - c 的值为: 2
6 - c 的值为: 4096
7 - c 的值为: 341
```

1.4.4 位运算符

使用位运算可以直接操作数值的原始比特位，尤其是在使用自定义的协议进行通信时，使用位运算符对原始数据进行编码和解码非常有效。按位运算是把数字看作二进制来进行计算的。Python 中的位运算符的运算规则如表 1-6 所示。

表 1-6 位运算符的运算规则

运算符	描述	实例
&	按位与运算符：参与运算的两个值，如果两个相应位都为 1，则该位的结果为 1，否则为 0	(a & b)输出结果 12，二进制解释：0000 1100
|	按位或运算符：只要对应的两个二进位有一个为 1，结果位就为 1	(a | b)输出结果 61，二进制解释：0011 1101
^	按位异或运算符：当两对应的二进位相异时，结果为 1	(a ^ b)输出结果 49，二进制解释：0011 0001
~	按位取反运算符：对数据的每个二进制位取反，即把 1 变为 0，把 0 变为 1。~x 类似于 −x−1	(~a)输出结果 −61，二进制解释：1100 0011，是一个有符号二进制数的补码形式
<<	左移动运算符：运算数的各二进位全部左移若干位，由"<<"右边的数字指定移动的位数，高位丢弃，低位补 0	a << 2 输出结果 240，二进制解释：1111 0000
>>	右移动运算符：把">>"左边的运算数的各二进位全部右移若干位，">>"右边的数字指定了移动的位数	a >> 2 输出结果 15，二进制解释：0000 1111

表 1-6 中变量 a 为 60，b 为 13 二进制格式如下。

```
a = 0011 1100
b = 0000 1101
-----------------
a&b = 0000 1100
a|b = 0011 1101
a^b = 0011 0001
~a = 1100 0011
```

【例 1-8】 演示 Python 所有位运算符的操作。

```
a = 60           # 60 = 0011 1100
b = 13           # 13 = 0000 1101
c = 0

c = a & b        # 12 = 0000 1100
print ("1 - c 的值为:", c)

c = a | b        # 61 = 0011 1101
print ("2 - c 的值为:", c)

c = a ^ b        # 49 = 0011 0001
print ("3 - c 的值为:", c)

c = ~a           # -61 = 1100 0011
print ("4 - c 的值为:", c)

c = a << 2       # 240 = 1111 0000
print ("5 - c 的值为:", c)

c = a >> 2       # 15 = 0000 1111
print ("6 - c 的值为:", c)
```

运行程序，输出如下：

```
1 - c 的值为: 12
2 - c 的值为: 61
3 - c 的值为: 49
4 - c 的值为: -61
5 - c 的值为: 240
6 - c 的值为: 15
```

1.4.5 逻辑运算符

逻辑运算符用于操作 bool 类型的变量、常量或表达式，逻辑运算的返回值也是 bool 值。假设变量 a 为 12，b 为 6，逻辑运算符的运算规则列于表 1-7 中。

表 1-7 逻辑运算符的运算规则

运 算 符	逻辑表达式	描 述	实 例
and	x and y	布尔“与”：如果 x 为 False，x and y 返回 False，否则它返回 y 的计算值	(a and b)返回 6
or	x or y	布尔“或”：如果 x 为非 0，它返回 x 的值，否则它返回 y 的计算值	(a or b)返回 12
not	not x	布尔“非”：如果 x 为 True，返回 False；如果 x 为 False，返回 True	not（a and b）返回 False

【例 1-9】 演示 Python 所有逻辑运算符的操作。

```
a = 12
b = 6

if (a and b):
    print("1 - 变量 a 和 b 都为 True")
```

```
else:
    print("1 - 变量 a 和 b 有一个不为 True")

if (a or b):
    print("2 - 变量 a 和 b 都为 True,或其中一个变量为 True")
else:
    print("2 - 变量 a 和 b 都不为 True")

# 修改变量 a 的值
a = 0
if (a and b):
    print("3 - 变量 a 和 b 都为 True")
else:
    print("3 - 变量 a 和 b 有一个不为 True")

if (a or b):
    print("4 - 变量 a 和 b 都为 True,或其中一个变量为 True")
else:
    print("4 - 变量 a 和 b 都不为 True")

if not(a and b):
    print("5 - 变量 a 和 b 都为 False,或其中一个变量为 False")
else:
    print("5 - 变量 a 和 b 都为 True")
```

运行程序,输出如下:

```
1 - 变量 a 和 b 都为 True
2 - 变量 a 和 b 都为 True,或其中一个变量为 True
3 - 变量 a 和 b 有一个不为 True
4 - 变量 a 和 b 都为 True,或其中一个变量为 True
5 - 变量 a 和 b 都为 False,或其中一个变量为 False
```

1.4.6 成员运算符

除了以上的一些运算符之外,Python 还支持成员运算符,例 1-10 中包含一系列的成员,包括字符串、列表或元组,成员运算符的运算规则如表 1-8 所示。

表 1-8 成员运算符的运算规则

运 算 符	描 述	实 例
in	如果在指定的序列中找到值返回 True,否则返回 False	x 在 y 序列中,如果 x 在 y 序列中返回 True
not in	如果在指定的序列中没有找到值返回 True,否则返回 False	x 不在 y 序列中,如果 x 不在 y 序列中返回 True

【例 1-10】 演示 Python 所有成员运算符的操作。

```
a = 12
b = 6
list = [1, 2, 3, 4, 5]

if (a in list):
    print("1 - 变量 a 在给定的列表 list 中")
else:
    print("1 - 变量 a 不在给定的列表 list 中")
```

```
if (b not in list):
    print("2 - 变量 b 不在给定的列表 list 中")
else:
    print("2 - 变量 b 在给定的列表 list 中")

#修改变量 a 的值
a = 2
if (a in list):
    print("3 - 变量 a 在给定的列表 list 中")
else:
    print("3 - 变量 a 不在给定的列表 list 中")
```

运行程序,输出如下:

```
1 - 变量 a 不在给定的列表 list 中
2 - 变量 b 不在给定的列表 list 中
3 - 变量 a 在给定的列表 list 中
```

1.4.7 身份运算符

身份运算符用于比较两个对象的存储单元,身份运算符的运算规则如表 1-9 所示。

表 1-9 身份运算符的运算规则

运 算 符	描 述	实 例
is	is 是判断两个标识符是不是引用同一个对象	x is y,类似 id(x)==id(y),如果引用的是同一个对象则返回 True,否则返回 False
is not	is not 是判断两个标识符是不是引用自不同对象	x is not y,类似 id(x)!=id(y),如果引用的不是同一个对象则返回结果 True,否则返回 False

【例 1-11】 演示 Python 所有身份运算符的操作。

```
a = 10
b = 10

if (a is b):
    print("1 - a 和 b 有相同的标识")
else:
    print("1 - a 和 b 没有相同的标识")

if (id(a) == id(b)):
    print("2 - a 和 b 有相同的标识")
else:
    print("2 - a 和 b 没有相同的标识")

# 修改变量 b 的值
b = 30
if (a is b):
    print("3 - a 和 b 有相同的标识")
else:
    print("3 - a 和 b 没有相同的标识")

if (a is not b):
    print("4 - a 和 b 没有相同的标识")
else:
    print("4 - a 和 b 有相同的标识")
```

运行程序,输出如下:

```
1 - a 和 b 有相同的标识
2 - a 和 b 有相同的标识
3 - a 和 b 没有相同的标识
4 - a 和 b 没有相同的标识
```

提示：在 Python 中，is 与 == 的区别在于：is 用于判断两个变量引用对象是否为同一个，"=="用于判断引用变量的值是否相等。例如：

```
a = [1,4,7]
b = a
b is a
True
b == a
True
b = a[:]
b is a
False
b == a
True
```

1.5 练习

1. 在 Python Shell 窗口的">>>"提示符后面输入 Python 命令后，需要按下________键，才能让 Python 指令被执行。

2. 在 Python 中进行算术运算时，如果要调用算式中各个部分的运算优先级，可以使用(　　)。

A. ()　　B. []　　C. { }　　D. < >

3. 在 Python Shell 窗口中计算下列算式的结果，并写出正确的结果。

(1) 65－16＋23＝

(2) 42÷7×3＋2＝

(3) (32－18)×96÷8＝

4. 编写 Python 程序，将下面的图案输出到屏幕上。

```
  *
 ***
*****
 ***
  *
```

5. 已知一个三角形的底为 12cm，高为 6cm。完善下面的程序，求出三角形的面积。

```
a = 12
b = 5
________
print(s)
```

第 2 章 CHAPTER 2 Python的进阶

第 1 章介绍了 Python 的安装、运行环境、编辑器以及与编程基础等相关的注释、缩进、变量、赋值、运算符等内容，本章将进一步介绍 Python 编程基础。

2.1 常用函数

Python 提供输入/输出、数字运算、随机数、文件操作、网络通信等各种各样的函数，给编程带来了极大的便利。编程者在使用函数时，不需要了解函数的内部实现，只需知道函数的用途和使用方法就可以。

第 1 章已经使用了 print()、round()等几个函数，接下来介绍数据类型转换函数、数学运算函数和随机数函数等 Python 中常用的函数。

2.1.1 数据类型转换函数

在 Python 语言中，支持使用整数型(int)、浮点型(float)、字符串(str)和布尔型(bool)等基本数据类型。如果要查看变量的数据类型，可以使用 type()函数，Python 语言也提供了进行数据类型转换的函数。

(1) int()函数。int()函数用于将浮点数、布尔值或是由数字(0～9)构成的字符串转换为整数类型。例如：

```
n = int(3.14)
type(n),n
(< class 'int'>, 3)
n = int('123456789')
type(n),n
(< class 'int'>, 123456789)
```

int()函数默认用十进制转换数据，如果试图转换含有英文字母、特殊符号等非数字的字符串，则会报错。

(2) float()函数。float()函数用于将整数、布尔值或是由数字(0～9)和小数点(.)构成的字符串转换为浮点数类型。例如：

```
f = float(456)
type(f),f
(< class 'float'>, 456.0)
f = float('3.14')
type(f),f
(< class 'float'>, 3.14)
```

如果要转换的字符串中含有数字(0～9)和小数点(.)之外的其他字符,则会报错。

(3) str()函数。str()函数用于将整数、浮点数、布尔值等类型的数据转换为字符串。例如:

```
s = str(3698741)
type(s),s
(<class 'str'>, '3698741')
s = str(3.14)
type(s),s
(<class 'str'>, '3.14')
```

(4) bool()函数。bool()函数用于将其他数据类型转换为布尔类型。

2.1.2　常用数学函数

(1) round()函数。round()函数用于将一个浮点数作四舍五入,并返回一个近似值。例如:

```
round(3.14)
3
```

如果需要指定保留小数的位数,可以在该函数的第 2 个参数中设定。例如,对浮点数 3.14159 四舍五入,保留两位小数:

```
round(3.14159,2)
3.14
```

但有时在使用 round()函数时,它返回的近似值可能并不是想要的。例如:

```
round(4.5)
4
round(3.665,2)
3.66
```

这是因为有些浮点数在计算机中并不能像整数那样被准确表达,它可能是近似值。解决这个问题有一个简单的办法,就是对要操作的数加上一个非常小的数再进行操作,例如:

```
round(4.5 + 0.000000000001)
5
round(3.665 + 0.00000000001,2)
3.67
```

(2) abs()函数。abs()函数用于返回一个数的绝对值,和数学上绝对值的计算一致。例如:

```
abs(0)
0
abs(3)
3
abs(-5)
5
```

(3) math 模块中的常用数学函数。Python 语言提供了丰富多样的函数,为了方便管理,将各种函数分门别类划分到不同的模块中。像三角函数、开方、对数运算等用于数学运算的函数放在一个名为 math 的内置模块中。math 模块中的常用数学函数如表 2-1 所示。

表 2-1　math 模块中的常用数学函数

函数名	描述	实例
ceil	向上取整。取大于或等于 x 的最小的整数值,如果 x 是一个整数,则返回 x	import math math.ceil(1.3) 2
floor	向下取整。取小于或等于 x 的最大的整数值,如果 x 是一个整数,则返回自身	math.floor(1.8) 1
sqrt	求 x 的平方根	math.sqrt(4) 2.0
radians	把角度 x 转换成弧度	math.radians(90) 1.5707963267948966
degrees	把弧度 x 转换为角度	math.degrees(3.141592653589793) 180.0
sin	求 x 的正弦值,x 必须是弧度	math.sin(math.radians(30)) 0.49999999999999994
cos	求 x 的余弦值,x 必须是弧度	math.cos(math.radians(30)) 0.8660254037844387
tan	求 x 的正切值,x 必须是弧度	math.tan(math.radians(30)) 0.5773502691896257
asin	返回 x 的反正弦弧度值	math.degrees(math.asin(0.866)) 59.997089068811974
acos	返回 x 的反余弦弧度值	math.degrees(math.acos(0.766)) 40.00396133685097
atan	返回 x 的反正切弧度值	math.degrees(math.atan(0.766)) 37.4521148059563

提示：在使用 math 模块的函数前,需要用 import math 语句将 math 模块导入 Python 环境中。

在 Python 语言中,三角函数,如 sin()、cos()、tan()等函数的参数使用弧度值,而不是角度值。在使用这些函数时,需要先用 radians()函数把角度值转换为弧度值(可参考表 2-1 的实例)。

三角函数的反函数,如 asin()、acos()、atan()等函数的返回值是弧度值,而不是角度值。在需要时,可以使用 degrees()函数把弧度值转换为角度值(可参考表 2-1 的实例)。

2.1.3　随机数函数

Python 语言内置的 random 模块提供了一些生成随机数的函数,在使用前需先用 import random 语句将 random 模块导入 Python 环境中。

(1) 随机生成整数。使用 randint()函数可以在指定范围内随机生成一个整数。例如:

```
import random
random.randint(1,8)
2
```

代码会随机产生 1～8(包括 1 和 8)中的一个整数。randint()函数的参数必须是整数,不能是浮点数,否则会报错。下限必须小于或等于上限。

(2) 随机生成浮点数。使用 random()函数可以随机生成一个 0～1 范围内的浮点数,包括 0 但不包括 1。例如:

```
import random
random.random()
0.4839273446469049
```

如果要在指定的范围内随机生成一个浮点数，可以使用 uniform()函数。例如：

```
random.uniform(1,8)
1.706594621794463
```

上面的代码将在 1～8 范围内随机产生一个浮点数，包括 1，但不包括 8。

2.1.4 时间函数

Python 内置的 time 模块提供了一些操作时间的函数，在使用前需先用 import time 语句将 time 模块导入 Python 环境中。

使用 time()函数，可以获取当前时间的时间戳。例如：

```
import time
time.time()
```

时间戳是自 1970 年 01 月 01 日 00 时 00 分 00 秒起经过的秒数，是一个浮点数。

使用 sleep()函数，可以让运行中的程序暂停一段时间(以秒(s)为单位)。例如：

```
import time
time.sleep(4)
```

在执行 time.sleep(4)函数时，将使程序暂停 4s。

2.2 字符串的深入学习

根据操作符之后的值的数据类型，操作符的含义可能会改变。例如，在操作两个整型或浮点型值时，"+"是相加操作符。但是，在用于两个字符串时，它将字符串连接起来，成为"字符串连接"的操作符。在交互式环境中输入以下内容：

```
>>> 'Lily' + 'Bob'
'LilyBob'
```

该表达式的值为一个包含两个字符串的新字符串。但是，如果对一个字符串和一个整型值使用"+"操作符，Python 就不知道如何处理了，它将显示一条错误信息。

```
>>> 'Lily' + 35
Traceback (most recent call last):
  File "<stdin>", line 1, in <module>
TypeError: can only concatenate str (not "int") to str
```

错误信息 can only concatenate str (not "int") to str 表示，Python 认为你试图将一个整数连接到字符串'Lily'。在 Python 代码中，必须显式地将整数转换为字符串，因为 Python 不能自动完成转换。

在用于两个整型或浮点型值时，"*"操作符表示乘法。但"*"操作符用于一个字符串和一个整型值时，它变成了"字符串复制"。在交互式环境中输入一个字符串乘一个数字：

```
>>> 'Lily' * 6
'LilyLilyLilyLilyLilyLily'
```

该表达式的值为一个字符串，它将原来的字符串重复若干次，次数就是整型的值。字符串复制是一个有用的技巧，但不像字符串连接那样常用。

“*”操作符只能用于两个数字(作为乘法),或一个字符串和一个整型(作为字符串复制操作符),否则 Python 将显示错误信息。

```
>>> 'Lily' * 'Bob'
Traceback (most recent call last):
  File "<stdin>", line 1, in <module>
TypeError: can't multiply sequence by non-int of type 'str'
>>> 'Lily' * 6.0
Traceback (most recent call last):
  File "<stdin>", line 1, in <module>
TypeError: can't multiply sequence by non-int of type 'float'
```

Python 不理解这些表达式是有道理的,因为我们不能把两个单词相乘,也很难将一个任意字符串复制小数次。

2.2.1 字符的相关方法

字符串本质上是由多个字符组成的,因此程序允许通过索引来操作字符,比如获取指定索引处的字符,获取指定字符在字符串中的位置等。

直接在字符串后面的方括号“[]”中使用索引即可获取对应的字符,字符串中第一个字符的索引为 0、第二个字符的索引为 1,后面各字符依此类推。此外,Python 也允许从后面开始计算索引,最后一个字符的索引为－1,倒数第二个字符的索引为－2,以此类推。

【例 2-1】 根据索引获取字符串的字符。

```
s = "pythontab.com is very good"
#获取 s 中索引 2 的字符
print(s[2])          #输出 t
#获取 s 中从右边开始,索引 5 的字符
print(s[-3])         #输出 o
```

除可获取单个字符外,还可在方括号中使用范围来获取字符串的中间“一段”(被称为子串)。例如:

```
#获取 s 中从索引 2 到索引 5(不包含)的子串
print(s[2:5])
#获取 s 中从索引 2 到倒数第 5 个字符的子串
print(s[2:-5])
#获取 s 中从倒数第 6 个字符到倒数第 3 个字符的子串
print(s[-6:-3])
```

运行程序,输出如下:

```
tho
thontab.com is very
y g
```

上面用法还允许省略起始索引或结束索引。如果省略起始索引,相当于从字符串开始处开始截取;如果省略结束索引,相当于截取到字符串的结束处。例如:

```
#获取 s 中从索引 4 到结束的子串
print(s[4:])
#获取 s 中从倒数第 5 个字符到结束的子串
print(s[-5:])
#获取 s 中从开始到索引 5 的子串
print(s[:5])
#获取 s 中从开始到倒数第 5 个字符的子串
```

```
print(s[:-5])
```

运行程序，输出如下：

```
ontab.com is very good
  good
pytho
pythontab.com is very
```

此外，Python 字符串还支持用 in 运行符判断是否包含某个子串。例如：

```
#判断 s 是否包含'very'子串
print('very' in s)
print('org' in s)
```

运行程序，输出如下：

```
True
False
```

如果要获取字符串的长度，则可调用 Python 内置的 len()函数。例如：

```
#输出 s 的长度
print(len(s))
#输出'good'的长度
print(len('good'))
```

运行程序，输出如下：

```
26
4
```

还可以使用全局内置的 min()和 max()函数获取字符串中最小字符和最大字符。例如：

```
#输出 s 中的最大字符
print(max(s))      #y
#输出 s 中的最小字符
print(min(s))      #空格
```

2.2.2 查找、替换方法

str 提供了如下常用的执行查找、替换等操作的方法。

- startswith()：判断字符串是否以指定子串开头。
- endswith()：判断字符串是否以指定子串结尾。
- find()：查找指定子串在字符串中出现的位置，如果没有找到指定子串，则返回-1。
- index()：查找指定子串在字符串中出现的位置，如果没有找到指定子串，则引发 ValueError 错误。
- replace()：使用指定子串替换字符串中的目标子串。
- translate()：使用指定的翻译映射表对字符串执行替换。

【例 2-2】 字符串的查找、替换操作。

```
str = "i love python"
#判断 str 是否以 i 开头
print(str.startswith('i'))
#判断 str 是否以 python 结尾
print(str.endswith("python"))
#索引
print(str.index("o",4))
```

```
#将字符串中的所有 love 替换成 ****
print(str.replace('love','****'))
#定义翻译映射表:97(a)->945(α),98(b)->945(β),116(t)->964(τ)
table={97:945,98:946,116:964}
print(str.translate(table))
```

运行程序,输出如下:

```
True
True
11
i **** python
i love pyτhon
```

从上面程序可以看出,str 的 translate()方法需要根据翻译映射表对字符串进行查找、替换。在上面程序中自定义了一个翻译映射表,这种方式需要开发者能记住所有字符的编码,这显然不太可能。为此,Python 为 str 类提供了一个 maketrans()方法,通过该方法可以非常方便地创建翻译映射表。

2.2.3 分割、连接方法

Python 还为 str 提供了以下分割和连接方法。

- split():通过指定分隔符 sep 对字符串进行分割,并返回分割后的字符串列表,默认值为空格,但不能为空即('')。
- join():将 iterable 变量的每一个元素后增加一个 str 字符串。

【例 2-3】 字符串的分割、连接操作。

```
#对字符串进行操作
str = "python"
print(" ".join(str))          #以空格为分隔符
print(",".join(str))          #以逗号为分隔符
str1 = "i love python"
str2 = "https://www.baidu.com"
str3 = "script<i love python>script"
str4 = "i \n love \n python"
print(str1.split())           #默认空格分割
print(str2.split("."))        #以"."为分隔符,maxsplit 默认为-1
print(str2.split(".",-1))     #maxsplit 为-1
print(str2.split(".",1))      #以"."为分隔符,分割一次。
print(str2.split(".")[1])     #分割后,输出列表中下标为 1 的元素
print(str3.split("<")[1].split(">")[0])
print(str4.split("\n"))       #可用于去掉字符串中的"\n" "\t"等
```

运行程序,输出如下:

```
p y t h o n
p,y,t,h,o,n
['i', 'love', 'python']
['https://www', 'baidu', 'com']
['https://www', 'baidu', 'com']
['https://www', 'baidu.com']
baidu
i love python
['i ', ' love ', ' python']
```

2.3 列表

由于 Python 的变量没有数据类型，故 Python 是没有数组的，但是 Python 有更为强大的列表。Python 的列表有多强大？如果把数组比作一个集装箱，那么 Python 的列表就是一个工厂的仓库。列表应用非常广，基本所有的 Python 程序都要用到列表。

2.3.1 创建列表

创建列表和创建普通变量一样，用方括号括起一堆数据就可以了，数据之间用逗号隔开。

```
list = ['red', 'green', 'blue', 'yellow', 'white', 'black']
```

也可以创建一个空列表：

```
list1 = []
```

2.3.2 访问列表中的值

与字符串的索引一样，列表索引也是从 0 开始，第二个索引是 1，以此类推，列表 list 结构如图 2-1 所示。

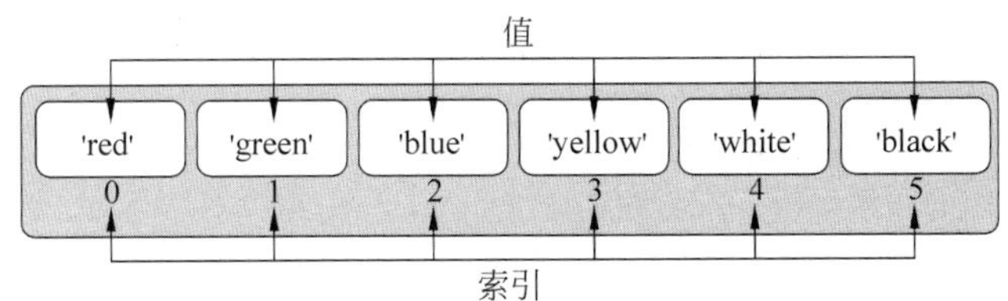

图 2-1 列表 list 结构

通过索引列表可以进行截取、组合等操作。

【例 2-4】 访问所创建的列表 list。

```
list = ['red', 'green', 'blue', 'yellow', 'white', 'black']
print(list[0])
print(list[1])
print(list[2])
```

运行程序，输出如下：

```
red
green
blue
```

索引也可以从尾部开始，最后一个元素的索引为−1，往前一位为−2，以此类推，反向索引如图 2-2 所示。

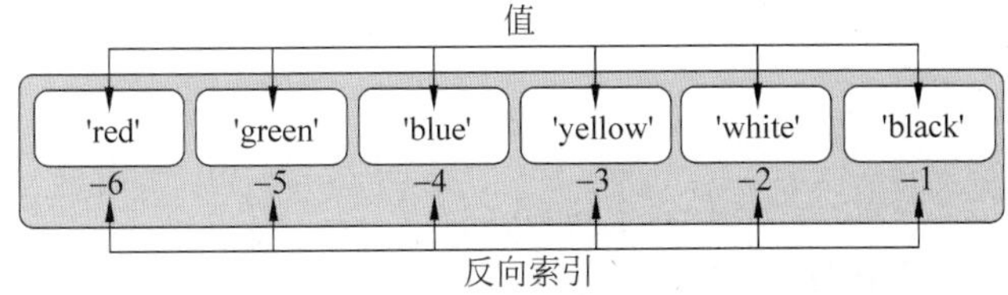

图 2-2 反向索引

【例 2-5】 创建列表,并利用反向索引进行访问。

```
list = ['red', 'green', 'blue', 'yellow', 'white', 'black']
print(list[ - 1])
print(list[ - 2])
print(list[ - 3])
```

运行程序,输出如下:

```
black
white
yellow
```

可以使用方括号"[]"来截取列表,如图 2-3 所示。

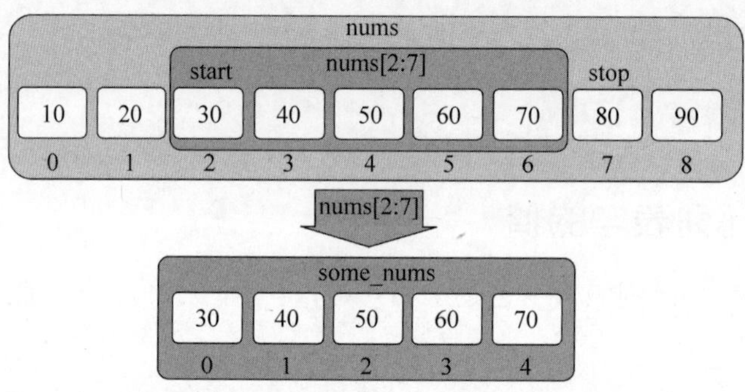

图 2-3 使用"[]"截取列表

【例 2-6】 使用"[]"与负数索引截取列表。

```
#使用"[]"截取列表
nums = [10, 20, 30, 40, 50, 60, 70, 80, 90]
print(nums[0:4])
[10, 20, 30, 40]

#使用负数索引值截取
list = ['Python', 'C++', "Jave", "MATLAB", "TensorFlow"]
#读取第 2 位
print("list[1]: ", list[1])
list[1]: C++

#从第 2 位开始(包含)截取到倒数第 2 位(不包含)
print("list[1: - 2]: ", list[1: - 2])
list[1: - 2]: ['C++', 'Jave']
```

2.3.3 更新列表

列表相当灵活,所以它的内容不是一成不变的,如果要向列表添加元素(即更新列表),可以使用 append()方法。例如:

```
num = [1,2,3,4,5]
num.append(6)
num
[1, 2, 3, 4, 5, 6]
```

代码 num.append(6)中的这个"."可理解为 append()这个方法是属于 num 列表对象的。但需要注意的是,append()方法不能同时添加多个元素,如果要同时添加多个元素可使用 extend()方法。例如:

```
num = [1,2,3,4,5]
num.extend([7,8])
num
[1, 2, 3, 4, 5, 7, 8]
```

前面两个函数都是在列表的末尾添加新的元素，如果想在中间添加元素，应该怎么办呢？利用 insert()方法可以实现。insert()方法有两个参数，第一个参数代表在列表中的位置；第二个参数是在这个位置处插入的那个元素。例如：

```
num.insert(2,11)
num
[1, 2, 11, 3, 4, 5, 7, 8]
```

2.3.4 删除列表

从列表中删除元素，有三种方法：remove()、del 和 pop()。

```
list2 = ['Python', 'C++', "Java", "MATLAB", "TensorFlow"]
list2.remove('Java')
list2
['Python', 'C++', 'MATLAB', 'TensorFlow']
```

使用 remove()删除元素，并不需要知道这个元素在列表中的具体位置，只需要知道该元素在列表中就可以了。如果要删除的元素根本不在列表中，程序就会报错。例如：

```
list2.remove('C')
Traceback (most recent call last):
  File "<pyshell#34>", line 1, in <module>
    list2.remove('C')
ValueError: list.remove(x): x not in list
```

remove()方法并不能删除某个指定位置的元素，但 del 方法可以实现。例如：

```
del list2[2]
list2
['Python', 'C++', 'TensorFlow']
```

注意，del 不需要调用 list，也不需要在后边加上圆括号“()”。此外，如果想删除整个列表，还可以直接用 del 加列表名删除。例如：

```
del list2
list2
Traceback (most recent call last):
  File "<pyshell#42>", line 1, in <module>
    list2
NameError: name 'list2' is not defined. Did you mean: 'list'?
```

pop()方法表示弹出列表中的一个元素。例如：

```
list2 = ['Python', 'C++', "Java", "MATLAB", "TensorFlow"]
list2.pop()
'TensorFlow'
list2.pop()
'MATLAB'
list2
['Python', 'C++', 'Java']
```

由以上代码可以看到，pop()方法默认是弹出列表中的最后一个元素。但当为它加上一个索引值作为参数时，它就会弹出这个索引值对应的元素。例如：

```
list2 = ['Python', 'C++', "Java", "MATLAB", "TensorFlow"]
list2.pop(2)
'Jave'
list2
['Python', 'C++', 'MATLAB', 'TensorFlow']
```

2.3.5 列表分片

利用索引值,每次可以从列表中获取一个元素,如果需要一次性获取多个元素可以利用列表分片(slice)来实现。例如:

```
list2 = ['Python', 'C++', "Java", "MATLAB", "TensorFlow"]
list2[0:2]
['Python', 'C++']
list[1:]
['C++', 'Java', 'MATLAB', 'TensorFlow']
list2[:]
['Python', 'C++', 'Java', 'MATLAB', 'TensorFlow']
```

从操作过程可看出,用一个冒号隔开两个索引值,左边是开始位置,右边是结束位置。需要注意的是,结束位置上的元素是不包含的。利用列表分片,得到一个原来列表的复制,原来列表并没有发生改变。

另外可看到,如果没有开始位置,Python 会默认开始位置是 0。同样的,如果要得到从指定索引值到列表末尾的所有元素,把结束位置省去即可。如果没有放入任何索引值,而只有一个冒号,将得到整个列表的复制。

2.4 元组

元组和列表最大的区别就是可以任意修改列表中的元素,可以在列表中任意插入或删除一个元素,而元组是不行的,元组不可改变。

2.4.1 元组的创建

元组和列表,除了不可改变这个显著特征之外,还有一个明显的区别是,创建列表用的是方括号,而创建元组大部分时候用的是圆括号(有时不用圆括号也可以),元组结构如图 2-4 所示。

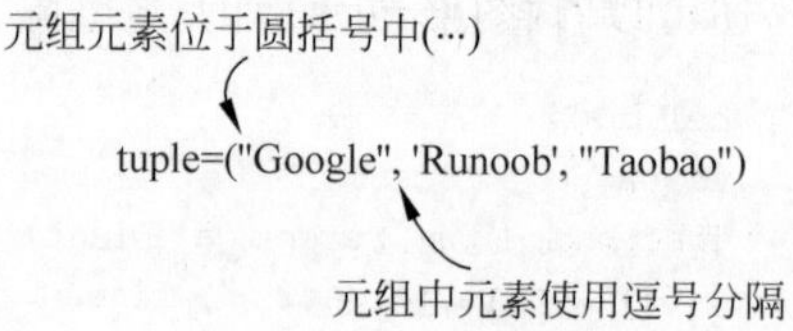

元组元素位于圆括号中(...)

tuple=("Google", 'Runoob', "Taobao")

元组中元素使用逗号分隔

图 2-4 元组结构

【例 2-7】 创建元组。

```
tup1 = ('Google', 'Runoob', 1997, 2000)
#创建空元组
tup2 = ()
tup1
('Google', 'Runoob', 1997, 2000)
tup3 = "a", "b", "c", "d" #不需要括号也可以
tup3
('a', 'b', 'c', 'd')
```

元组中只包含一个元素时,需要在元素后面添加逗号“,”,否则括号会被当作运算符使用。例如:

```
tup4 = (100)
```

```
type(tup4)          # 不加逗号,类型为整型
<class 'int'>
tup4 = (100,)
type(tup4)          # 加上逗号,类型为元组
<class 'tuple'>
```

元组与字符串类似,下标索引从 0 开始,可以进行截取、组合等,元组的索引如图 2-5 所示。

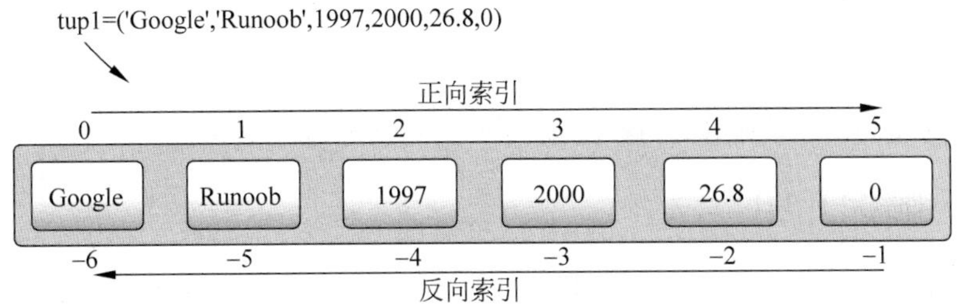

图 2-5 元组的索引

2.4.2 元组的访问

可以使用下标索引来访问元组中的值。例如:

```
tup5 = (1,2,3,4,5,6,7)
tup5
(1, 2, 3, 4, 5, 6, 7)
tup5[2]
3
tup5[3:]
(4, 5, 6, 7)
```

还可以使用分片的方式来复制一个元组。例如:

```
tup6 = tup5[:]
tup6
(1, 2, 3, 4, 5, 6, 7)
```

但如果试图修改元组的元素,那它就会出错。例如:

```
tup5[2] = 10
Traceback (most recent call last):
  File "<pyshell#87>", line 1, in <module>
    tup5[2] = 10
TypeError: 'tuple' object does not support item assignment
```

需要注意的是,如果要创建的元组中只有一个元素,请在它后面加上一个逗号",",这样可以明确地让 Python 知道,所创建的对象是一个元组。例如:

```
tup8 = (1)
type(tup8)
<class 'int'>
tup9 = (1,)
type(tup9)
<class 'tuple'>
tup10 = 1, # 不用圆括号也可以创建元组,但必须有逗号
type(tup10)
<class 'tuple'>
```

2.4.3 更新元组

元组中元素的值是不允许修改的，但可以对元组进行连接组合。例如：

```
tup1 = (12, 34.56)
tup2 = ('ABC', 'XYZ')
#创建一个新的元组
tup3 = tup1 + tup2
tup3
(12, 34.56, 'ABC', 'XYZ')
```

需要注意的是，在更新元组时，逗号是必需的，圆括号也是必需的。

2.4.4 删除元组

元组中的元素是不允许删除的，但可以使用 del 语句来删除整个元组，例如：

```
tup3
(12, 34.56, 'ABC', 'XYZ')
del tup3
tup3
Traceback (most recent call last):
  File "<pyshell#112>", line 1, in <module>
    tup3
NameError: name 'tup3' is not defined. Did you mean: 'tup1'?
```

2.5 字典

字典是另一种可变容器模型，字典结构如图 2-6 所示，它可存储任意类型对象。字典的每个键值对(key=>value)用冒号“:”分隔，每个键值对之间用逗号“,”分隔，整个字典包括在花括号{}中，语法格式为：

```
d = {key1 : value1, key2 : value2, key3 : value3}
```

注意：dict 是 Python 的关键字和内置函数，变量名不建议命名为 dict。

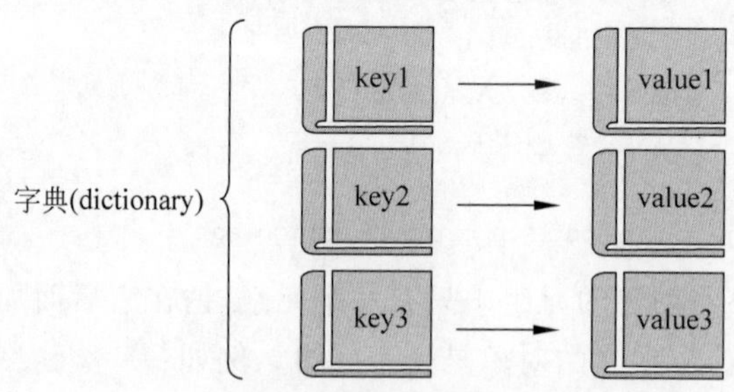

图 2-6 字典结构

字典中的键必须是唯一的，键可以是字符串或数字；但值不必是唯一的，值可以取任何数据类型。

一个简单的字典实例如下：

```
tinydict = {'name': 'runoob', 'likes': 123, 'url': 'www.runoob.com'}
```

对应的存储效果如图 2-7 所示。

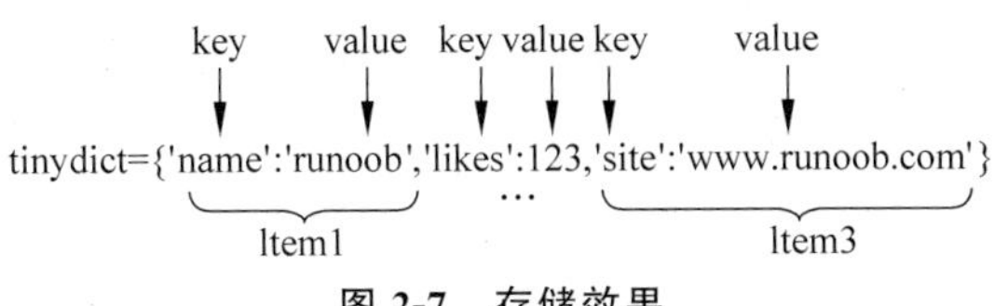

图 2-7 存储效果

【例 2-8】 创建字典实例演示。

```
#使用花括号{}来创建空字典
emptyDict = {}
emptyDict           #显示字典
{}
#查看字典的数量
len(emptyDict)
0
#查看类型
type(emptyDict)
<class 'dict'>

#使用内建函数 dict()创建字典
emptyDict = dict()
emptyDict           #显示创建的字典
{}
#查看字典的数量
len(emptyDict)
0
#查看类型
type(emptyDict)
<class 'dict'>
```

2.5.1 字典的访问

向字典添加新内容的方法是增加新的键值对、修改或删除已有键值对。例如：

```
dict1 = dict(f = 80,i = 120,s = 108,h = 115,c = 69)
dict1
{'f': 80, 'i': 120, 's': 108, 'h': 115, 'c': 69}
```

需要注意的是，键的位置不能加上字符串的引号，否则会报错。例如：

```
dict1 = dict('f' = 80,'i' = 120,'s' = 108,'h' = 115,'c' = 69)
SyntaxError: expression cannot contain assignment, perhaps you meant "=="?
#向字典添加新的内容
dict1
{'f': 80, 'i': 120, 's': 108, 'h': 115, 'c': 69}
dict1['x'] = 99
dict1
{'f': 80, 'i': 120, 's': 108, 'h': 115, 'c': 69, 'x': 99}
dict1['x'] = 100
dict1
{'f': 80, 'i': 120, 's': 108, 'h': 115, 'c': 69, 'x': 100}
```

2.5.2 几种常见的内置方法

字典是 Python 中唯一的映射类型，字典不是序列。如果在序列中试图为一个不存在的位置赋值时，会报错；但是如果在字典中，会自动创建相应的键并添加对应的值进去。

1. fromkeys()方法

fromkeys()方法用于创建并返回一个新的字典，它的语法格式如下。

dict.fromkeys(seq[,value])：参数 seq 是字典的键；参数[,value]为传入键对应的值。如果不提供，那么默认是 None。例如：

```
seq = ('Python', 'MATLAB', 'C++')
#不指定默认的键值,默认为 None
print("新字典为 : %s" % str(seq))
新字典为 : ('Python', 'MATLAB', 'C++')
```

fromkeys()方法只用来创建新字典，不负责保存。当通过一个字典来调用 fromkeys()方法时，如果需要后续使用一定记得把它复制给其他的变量。例如：

```
dict1 = {}
dict1.fromkeys((1,2,3),'number')
{1: 'number', 2: 'number', 3: 'number'}
print(dict1)
{}
dict2 = dict1.fromkeys((1,2,3),'number')
dict2
{1: 'number', 2: 'number', 3: 'number'}
```

2. key()、value()和 items()方法

访问字典的方法有 key()、value()和 items()三种。key()用于返回字典中的键，value()用于返回字典中所有的值，items()用于返回字典中所有的键值对(也就是项)。例如：

```
dict1 = {}
dict1 = dict1.fromkeys(range(10),'Python')
dict1.keys()
dict_keys([0, 1, 2, 3, 4, 5, 6, 7, 8, 9])
dict1.values()
dict_values(['Python', 'Python', 'Python', 'Python', 'Python', 'Python', 'Python', 'Python', 'Python',
'Python'])
dict1.items()
dict_items([(0, 'Python'), (1, 'Python'), (2, 'Python'), (3, 'Python'), (4, 'Python'), (5, 'Python'), (6,
'Python'), (7, 'Python'), (8, 'Python'), (9, 'Python')])
```

字典可以很大，有时我们并不知道提供的项是否在字典中，如果不在，Python 就会报错。例如：

```
print(dict1[10])
Traceback (most recent call last):
  File "<pyshell#20>", line 1, in <module>
    print(dict1[10])
KeyError: 10
```

3. get()方法

get()方法提供了更宽松的方式去访问字典，当键不存在时，get()方法并不会报错，只是返回一个 None。

```
>>> dict1.get(8)
'Python'
>>> dict1.get(11)
>>>
```

如果希望找不到数据时返回指定的值，那么可以在 get()方法的第二个参数设置对应的默认返回值。例如：

```
dict1.get(11,'None')
'None'
```

如果不知道一个键是否在字典中，那么可以使用成员资格操作符(in 或 not in)来判断。例如：

```
8 in dict1
True
10 in dict1
False
```

在字典中检查键的成员资格比序列更高效，当数据规模很大时，两者的差距会很明显，原因在于字典是采用哈希的方法一对一找到成员，而序列则是采取迭代的方式逐个比对。最后要注意的一点是，此处查找的是键而不是值，但是在序列中查找的是元素的值而不是元素的索引。

如果要清空一个字典，可使用 clear()方法。例如：

```
dict1
{0: 'Python', 1: 'Python', 2: 'Python', 3: 'Python', 4: 'Python', 5: 'Python', 6: 'Python', 7: 'Python', 8:
'Python', 9: 'Python'}
dict1.clear()
dict1
{}
```

get()方法对嵌套字典的使用方法如下：

```
tinydict = {'百度' : {'url' : 'baidu.com'}}
res = tinydict.get('百度', {}).get('url')
#输出结果
print("百度 url 为 : %s" % str(res))
百度 url 为 : baidu.com
```

4. copy()方法

copy()方法用于复制字典。例如：

```
a = {1:'one',2:'two',3:'three',4:'four'}
b = a.copy()
id(a)
2342530266112
id(b)
2342530267264
a[1] = 'five'
a
{1: 'five', 2: 'two', 3: 'three', 4: 'four'}
b
{1: 'one', 2: 'two', 3: 'three', 4: 'four'}
```

5. pop()和 popitem()方法

pop()方法是给定键弹出对应的值，而 popitem()方法是弹出一个项。例如：

```
a = {1:'one',2:'two',3:'three',4:'four'}
a.pop(2)
'two'
a
{1: 'one', 3: 'three', 4: 'four'}
a.popitem()
(4, 'four')
a
{1: 'one', 3: 'three'}
```

setdefault()方法和 get()方法类似，但是 setdefault()在字典中找不到相应的键时会自动添加。例如：

```
a = {1:'one',2:'two',3:'three',4:'four'}
a
{1: 'one', 2: 'two', 3: 'three', 4: 'four'}
a.setdefault(3)
'three'
a.setdefault(5)
a
{1: 'one', 2: 'two', 3: 'three', 4: 'four', 5: None}
```

6. update()方法

update()用来更新字典。例如：

```
tinydict = {'Name': 'Zhangming', 'Age': 8}
tinydict2 = {'Sex': 'male'}
tinydict.update(tinydict2)
print("Value : %s" % tinydict)
Value : {'Name': 'Zhangming', 'Age': 8, 'Sex': 'male'}
```

2.6 集合

集合(set)是一个无序的不重复元素序列。集合中的元素不会重复，并且可以进行交集、并集、差集等常见的集合操作。

2.6.1 集合的创建

可以使用花括号"{ }"创建集合，元素之间用逗号","分隔，或者也可以使用 set()函数创建集合。创建格式为：

```
parame = {value01,value02, … }
```

或者

```
set(value)
```

例如：

```
set1 = {1, 2, 3, 4}              #直接使用花括号创建集合
set2 = set([4, 5, 6, 7])         #使用 set()函数从列表创建集合
```

注意：创建一个空集合必须用 set()而不是"{ }"，因为"{ }"是用来创建一个空字典的。

【例 2-9】 创建集合的方法。

```
basket = {'apple', 'orange', 'apple', 'pear', 'orange', 'banana'}
basket #演示去重功能
{'pear', 'orange', 'apple', 'banana'}
'orange' in basket #快速判断元素是否在集合内
True
'crabgrass' in basket
False
# 下面展示两个集合间的运算
a = set('abracadabra')
b = set('alacazam')
a
{'d', 'b', 'a', 'c', 'r'}
a - b
{'r', 'b', 'd'}
a|b
```

```
{'z', 'd', 'm', 'b', 'a', 'c', 'r', 'l'}
a&b
{'a', 'c'}
a^b
{'z', 'l', 'm', 'd', 'r', 'b'}
```

2.6.2 访问集合

由于集合中的元素是无序的，所以并不能像序列那样用下标来进行访问，但可以使用迭代把集合中的数据一个个读取出来。例如：

```
set1 = {1,2,3,4,5,6,5,4,3,2,1}
for each in set1:
    print(each,end = '')
123456
```

也可以使用 in 和 not in 判断一个元素是否在集合中。例如：

```
6 in set1
True
'oo' in set1
False
'ss' not in set1
True
```

使用 add()方法可以为集合添加元素，使用 remove()方法可以删除集合中已有的元素。例如：

```
set1.add(7)
set1
{1, 2, 3, 4, 5, 6, 7}
set1.remove(5)
set1
{1, 2, 3, 4, 6, 7}
```

2.6.3 不可变集合

有时希望集合中的数据具有稳定性，也就是说，像元组一样不能随意地增加或删除集合中的元素。那么可以定义不可变集合，使用 frozenset()方法可以实现，意为把集合中的元素“冰冻”起来。例如：

```
set1 = {1,2,3,4,5,6,5,4,3,2,1}
set1 = frozenset({1,2,3,4,5,6})
set.add(7)
Traceback (most recent call last):
  File "<pyshell#108>", line 1, in <module>
    set.add(7)
TypeError: descriptor 'add' for 'set' objects doesn't apply to a 'int' object
```

2.7 练习

1. 在 1～10 范围内随机生成一个整数，应该使用 random 模块中的________函数。
2. 已知直角三角形的斜边为 100，一个锐角为 35°，请编程求出三角形的周长。
3. 列表与元组最大的区别是什么？
4. 可以使用哪些方法进行字典的更新操作？

第3章 CHAPTER 3 Python程序与函数

作为程序设计语言,Python 同样支持程序设计所需要的各种结构,并提供相应指令语句。Python 与各种常见的高级语言一样,提供了多种经典的程序结构控制语句。一般来讲,程序结构分为顺序结构、循环结构、选择结构三种。每种结构都有各自的流控制机制,相互配合使用可以编制功能强大的程序。

3.1 顺序结构

顺序结构只能用来描述顺序执行的程序,常见的输入数据、处理数据、输出数据"三步曲式"的程序就是顺序结构。在流程图中,顺序结构使用流程线将程序框自上而下连接起来,按顺序依次执行各个操作步骤。图 3-1 所示的顺序结构示意图中,步骤 A 和步骤 B 是依次执行的,只有在执行完步骤 A 中的操作后,才能执行步骤 B 中的操作。

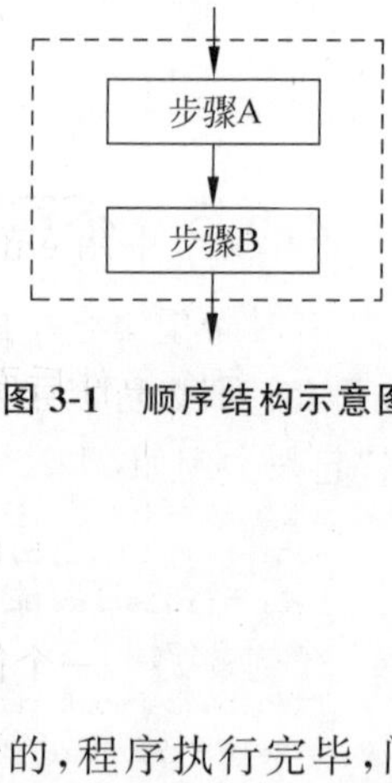

无论是简单的问题,还是复杂的问题,如果想使用顺序结构来描述其算法,都必须将解决问题的方法描述成可以顺序执行的操作步骤。

步骤A

步骤B

图 3-1 顺序结构示意图

【例 3-1】 顺序结构实例演示。

```
f = input('请输入一个华氏温度:')
f = int(f)
c = (f - 32)/1.8
c = round(c,1)
print('摄氏温度为:',c)
```

运行程序,输出如下:

```
请输入一个华氏温度:100
摄氏温度为: 37.8
```

在这个温度转换程序中,5 行代码是按照自上而下的顺序依次执行的,程序执行完毕,问题随之解决。

3.2 选择结构

在程序设计中,顺序结构无法描述复杂的控制流程。在某些时候,程序需要根据给定的条件做出选择,如果条件成立执行步骤 A,否则执行步骤 B。

Python 条件语句(也称选择语句)是通过一条或多条语句的执行结果(True 或者 False)来决定执行的代码块。可以通过图 3-2 来简单了解条件语句的执行过程。

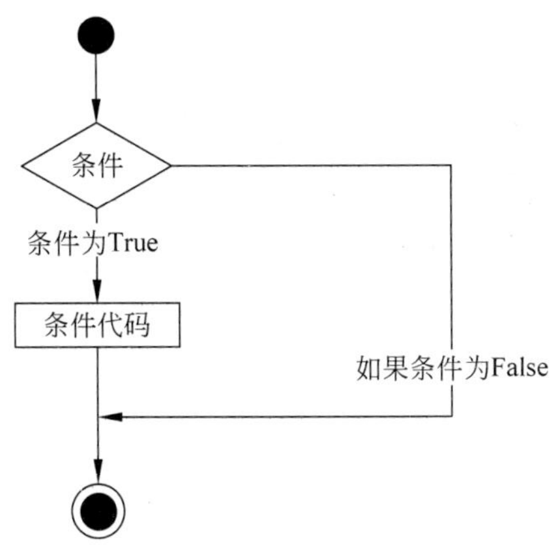

图 3-2　条件语句的执行过程

3.2.1　if 语句

Python 中的 if 语句用于改变程序中的控制流。通过指定条件的真假结果，可以判断要执行哪条语句。if 语句的一般形式如下：

```
if condition_1:
    statement_block_1
elif condition_2:
    statement_block_2
else:
    statement_block_3
```

- 如果 condition_1 为 True，将执行 statement_block_1 语句块。
- 如果 condition_1 为 False，将判断 condition_2 语句块。
- 如果 condition_2 为 True，将执行 statement_block_2 语句块。
- 如果 condition_2 为 False，将执行 statement_block_3 语句块。

Python 中用 elif 代替 else if，所以 if 语句的关键字为：if-elif-else。

注意：

- 每个条件后面要使用冒号"："，表示接下来是满足条件后要执行的语句块；
- 使用缩进来划分语句块，相同缩进数的语句在一起组成一个语句块；
- 在 Python 中没有 switch…case 语句，但在 Python 3.10 版本添加了 match…case 语句，它的功能与 switch…case 语句类似。

【例 3-2】 一个简单的 if 实例。

```
var1 = 99
if var1:
    print("1 - if 表达式条件为 True")
    print(var1)

var2 = 0
if var2:
    print("2 - if 表达式条件为 True")
    print(var2)
print("Hello Python")
```

运行程序，输出如下：

```
1 - if 表达式条件为 True
```

```
99
Hello Python
```

从结果可以看到,由于变量 var2 为 0,所以对应的 if 内的语句没有执行。

【例 3-3】 演示 if 的多分支结构

```
age = int(input("请输入狗狗的年龄: "))
print("")
if age <= 0:
    print("你是不小心按错了吗?")
elif age == 1:
    print("相当于 14 岁的人.")
elif age == 2:
    print("相当于 22 岁的人.")
elif age > 2:
    human = 22 + (age - 2) * 5
    print("对应人类年龄: ", human)
##退出提示
input("单击 enter 键退出")
```

运行程序,输出如下:

```
请输入狗狗的年龄: 12
对应人类年龄: 72
单击 enter 键退出
```

表 3-1 是 if 中常用的操作运算符。

表 3-1 if 中常用的操作运算符

操作符	描述
<	小于
<=	小于或等于
>	大于
>=	大于或等于
==	等于,比较两个值是否相等
!>	不等于

【例 3-4】 演示数字的比较运算。

```
#实例演示了数字猜谜游戏
number = 7
guess = -1
print("数字猜谜游戏!")
while guess != number:
    guess = int(input("请输入你猜的数字:"))

    if guess == number:
        print("恭喜,你猜对了!")
    elif guess < number:
        print("猜的数字小了 ......")
    elif guess > number:
        print("猜的数字大了 ......")
```

运行程序,输出如下:

```
数字猜谜游戏!
请输入你猜的数字:6
猜的数字小了 ......
```

```
请输入你猜的数字:10
猜的数字大了……
请输入你猜的数字:8
猜的数字大了……
请输入你猜的数字:7
恭喜,你猜对了!
```

3.2.2 if 嵌套

在嵌套 if 语句中，可以把 if…elif…else 结构放在另外一个 if…elif…else 结构中。语法格式为：

```
if 表达式 1:
    语句
    if 表达式 2:
        语句
    elif 表达式 3:
        语句
    else:
        语句
elif 表达式 4:
    语句
else:
    语句
```

【例 3-5】 if 嵌套的实例演示。

```
num = int(input("输入一个数字:"))
if num % 2 == 0:
    if num % 3 == 0:
        print("输入的数字可以整除 3 和 4")
    else:
        print("输入的数字可以整除 4,但不能整除 3")
else:
    if num % 3 == 0:
        print("输入的数字可以整除 3,但不能整除 4")
    else:
        print("输入的数字不能整除 3 和 4")
```

运行程序，输出如下：

```
输入一个数字:18
输入的数字可以整除 3 和 4
```

3.2.3 match…case 语句

Python 3.10 引入了新语法 match…case 的条件判断，不需要再使用一连串的 if-else 来判断了，它提供了一种更强大的模式匹配方法。模式匹配是一种在编程中处理数据结构的方式，可以使代码更简洁、易读。语法的格式如下：

```
match expression:
    case pattern1:
        # 处理 pattern1 的逻辑
    case pattern2 if condition:
        # 处理 pattern2 并且满足 condition 的逻辑
    case _:
        # 处理其他情况的逻辑
```

- match 语句后跟一个表达式,然后使用 case 语句来定义不同的模式。
- case 后跟一个模式,可以是具体值、变量、通配符等。
- 可以使用 if 关键字在 case 中添加条件。
- “_”通常用作通配符,可以匹配任何值。

【例 3-6】 匹配模式和类实例。

解析:如果使用类来结构化数据,可以使用类的名字,后面跟一个类似构造函数的参数列表作为一种模式。这种模式可以将类的属性捕捉到变量中。

```
class Point:
    x: int
    y: int
point = Point()
point.x = 1
point.y = 2
match point:
     case Point(x = 0,y = 0):
         print('1:0,0')
     case Point(x = x,y = 0):
         print(f'2:{x},0')
     case Point(x = 0,y = y):
         print(f'3:0,{y}')
     case Point(x = x,y = y):
         print(f'4:{x},{y}')
```

运行程序,输出如下:

```
4:1,2
```

【例 3-7】 数据是一个 list,观察其匹配效果。

```
def match_list(arg):
    match arg:
        case []:
            print("空 list")
        case [1]:
            print("一个一的 list")
        case [x]:
            print(f"一个值({x})的 list")
        case [x,y]:
            print(f"两个值({x},{y})的 list")
        case _:
            print("其他情况")
match_list([])          #空 list
match_list([1])         #一个一的 list
match_list([2])         #一个值(2)的 list
match_list([1,2])       #两个值(1,2)的 list
match_list([1,2,3])     #其他情况
```

运行程序,输出如下:

```
空 list
一个一的 list
一个值(2)的 list
两个值(1,2)的 list
其他情况
```

3.3 循环结构

许多编程语言都具有能够重复执行一系列语句的结构，即循环结构。循环调用的代码被称为循环的主体。Python 提供两种不同的循环：while 循环和 for 循环，循环结构如图 3-3 所示。

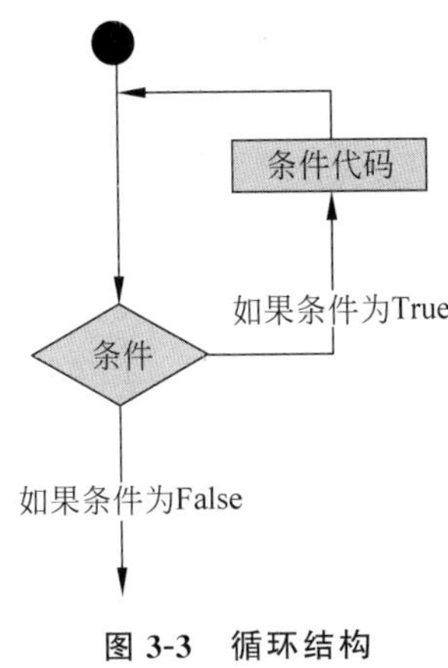

图 3-3 循环结构

3.3.1 while 循环

while 循环是不断地运行，直到指定的条件不满足为止。其语法格式如下：

```
while 判断条件(condition):
    执行语句(statements)……
```

while 语句判断条件表达式的值是布尔型，表达式的值为 True 或者 False 决定了循环继续或者停止。while 循环流程图如图 3-4 所示。

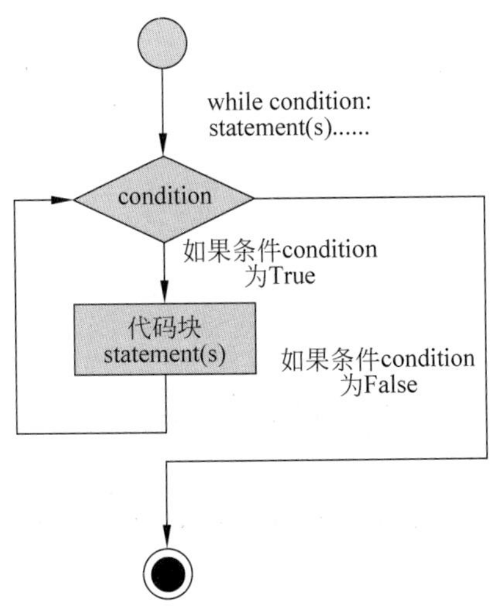

图 3-4 while 循环流程图

值得注意的是：

(1) while 语句的语法与 if 语句类似，要使用缩进来分割子句；

(2) while 语句的条件表达式不需要用括号括起来，条件表达式后面必须有冒号；

(3) Python 与其他大多数语言不同，在 while 循环中可以使用 else 语句，构成 while-else

语句循环结构。

【例 3-8】 使用 while 循环来计算 1～100 的总和。

```
n = 100
sum = 0
counter = 1
while counter <= n:
    sum = sum + counter
    counter += 1

print("1 到 %d 之和为: %d" % (n,sum))
```

运行程序,输出如下:

```
1 到 100 之和为: 5050
```

1. 无限循环

当 while 语句条件表达式的值永远为真(True)时,循环将永远不会结束,会形成无限循环,也称死循环。大多数循环结构设计应避免进入死循环,但是在某些场合,有意设置的无限循环是非常有用的。例如,一个手机程序将持续自动运行直到关机或者没电,手机的主程序便是一个无限循环的结构。

其格式如下:

```
while True:
    循环体
```

此时条件表达式的值恒为真,循环不会自动结束。为了使循环能够结束,通常在循环体内嵌套 if 语句,当某个特定的条件成立时,就执行 break 语句退出循环。

【例 3-9】 无限循环实例演示。

```
var = 1
while var == 1 : # 表达式永远为 True
   num = int(input("输入一个数字 :"))
   print("你输入的数字是: ", num)

print("Hello Python!")
```

运行程序,输出如下:

```
输入一个数字 :5
你输入的数字是: 5
输入一个数字 :15
你输入的数字是: 15
输入一个数字 :
```

可以使用[CTRL+C]组合键来退出当前的无限循环。

2. while 循环使用 else 语句

如果 while 后面的条件语句为 False,则执行 else 的语句块。语法格式如下:

```
while <expr>:
    <statement(s)>
else:
    <additional_statement(s)>
```

若 expr 条件语句为 True,则执行 statement(s)语句块,若为 False,则执行 additional_statement(s)语句块。

【例 3-10】 循环输出数字,并判断大小。

```
count = 0
while count < 5:
   print(count, " 小于 5")
   count = count + 1
else:
   print(count, " 大于或等于 5")
```

运行程序，输出如下：

```
0 小于 5
1 小于 5
2 小于 5
3 小于 5
4 小于 5
5 大于或等于 5
```

3.3.2 for 循环

for 循环提供了 Python 中最强大的循环结构(for 循环是一种迭代循环机制，而 while 循环是条件循环，迭代即重复相同的逻辑操作，每次操作都是基于上一次的结果而进行的)。for 循环的语句结构如下：

```
for <variable> in <sequence>:
    <statements>
else:
    <statements>
```

for 循环流程图如图 3-5 所示。

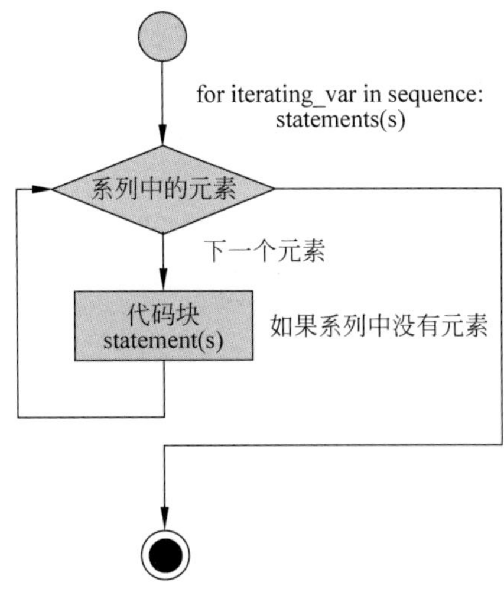

图 3-5　for 循环流程图

【例 3-11】 使用 for in 循环来求 20～60 的质数。

```
import math
for i in range(20, 60 + 1):
    for j in range(2, int(math.sqrt(i)) + 1):
        if i % j == 0:
            break
    else:
        print(i)
```

运行程序，输出如下：

```
23
29
31
37
41
43
47
53
59
```

整数范围值可以配合 range()函数使用。例如：

```
#1 到 5 的所有数字
for number in range(1, 6):
    print(number)
```

运行程序，输出如下：

```
1
2
3
4
5
```

在 Python 中，for…else 语句用于在循环结束后执行一段代码。语法格式如下：

```
for item in iterable:
    #循环主体
else:
    #循环结束后执行的代码
```

当循环执行完毕(即遍历完 iterable 中的所有元素)后，会执行 else 子句中的代码，如果在循环过程中遇到了 break 语句，则会中断循环，此时不会执行 else 子句。

【例 3-12】 for…else 语法使用演示。

```
for x in range(6):
  print(x)
else:
  print("终于完成了!")
```

运行程序，输出如下：

```
0
1
2
3
4
5
终于完成了!
```

3.3.3 range()函数

如果需要遍历数字序列，可以使用内置的 range()函数，它会生成数列。例如：

```
for i in range(5):
    print(i)
```

```
0
1
2
```

```
3
4
```

也可以使用 range()指定区间的值。例如：

```
for i in range(5,9):
    print(i)
5
6
7
8
```

还可以使用 range()函数指定数字的开始并指定不同的增量(甚至可以是负数,有时这也叫作步长)。例如：

```
for i in range(0, 12, 3):
    print(i)
0
3
6
9
```

可以指定数字为负数。例如：

```
for i in range(-10, -80, -20):
    print(i)
-10
-30
-50
-70
```

也可以结合 range()和 len()函数以遍历一个序列的索引。例如：

```
a = ['MATLAB', 'Baidu', 'Python', 'Java', 'C++']
for i in range(len(a)):
    print(i,a[i])
0 MATLAB
1 Baidu
2 Python
3 Java
4 C++
```

还可以使用 range()函数来创建一个列表。例如：

```
list(range(5))
[0, 1, 2, 3, 4]
```

3.3.4 break 语句

在循环体中,当某个条件满足时,使用 break 语句可以从一个循环结构中提前退出,让程序开始执行循环结构后面的代码,break 语句流程图如图 3-6 所示。退出循环是强制性的,不用考虑循环体中的代码是否全部执行完,也不用考虑循环控制条件是否依然成立。

【例 3-13】 利用 break 语句强制结束循环。

```
for letter in 'Python':        # 第一个实例
   if letter == 't':
      break
   print('当前字母为 :', letter)
```

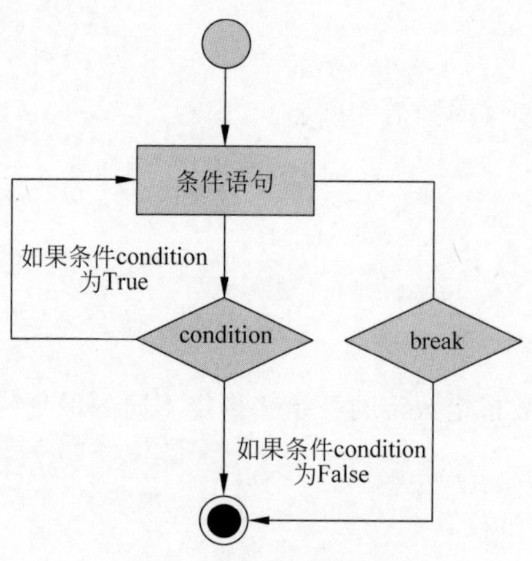

图 3-6 **break 语句流程图**

```
var = 10                    #第二个实例
while var > 0:
    print('当前变量值为 :', var)
    var = var - 1
    if var == 5:
        break
print("Hello Python")
```

运行程序,输出如下:

```
当前字母为 : P
当前字母为 : y
当前变量值为 : 10
当前变量值为 : 9
当前变量值为 : 8
当前变量值为 : 7
当前变量值为 : 6
Hello Python
```

3.3.5 continue 语句

在循环体中,当某个条件满足时,使用 continue 语句可立即结束本轮循环,continue 语句之后的代码会被忽略,并跳转到循环结构开始,开始新一轮循环。continue 语句流程图如图 3-7 所示。

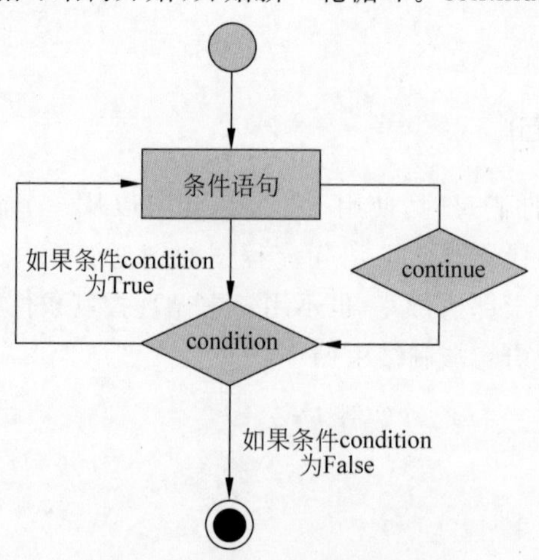

图 3-7 **continue 语句流程图**

【例 3-14】 利用 continue 语句跳出循环体。

```
n = 5
while n > 0:
    n -= 1
    if n == 2:
        continue
    print(n)
print('循环结束')
```

运行程序,输出如下:

```
4
3
1
0
循环结束
```

循环语句可以有 else 子句,它在循环列表(以 for 循环)或条件变为 false(以 while 循环)导致循环终止时被执行,但循环被 break 终止时不执行。

【例 3-15】 用于查询质数的循环。

```
for n in range(2, 10):
    for x in range(2, n):
        if n % x == 0:
            print(n, '等于', x, '*', n//x)
            break
    else:
        # 循环中没有找到元素
        print(n, '是质数')
```

运行程序,输出如下:

```
2 是质数
3 是质数
4 等于 2 * 2
5 是质数
6 等于 2 * 3
7 是质数
8 等于 2 * 4
9 等于 3 * 3
```

3.3.6 pass 语句

Python 中的 pass 语句为空语句,其不做任何事情,一般用作占位语句,只是为了保持程序结构的完整性。

【例 3-16】 在字母为 o 时,执行 pass 语句块。

```
for letter in 'Runoob':
   if letter == 'o':
      pass
      print('执行 pass 块')
   print('当前字母 :', letter)

print("Hello Python")
```

运行程序,输出如下:

```
当前字母 : R
```

```
当前字母 : u
当前字母 : n
执行 pass 块
当前字母 : o
执行 pass 块
当前字母 : o
当前字母 : b
Hello Python
```

3.3.7 return 语句

return 语句用于直接从包围它的最直接方法、函数或匿名函数中返回。当函数或方法执行到一条 return 语句时(在 return 关键字后还可以跟变量、常量或表达式),这个函数或方法将被结束。

Python 程序中的大部分循环被放在函数或方法中执行,一旦在循环体内执行到一条 return 语句,就会结束该函数或方法,循环自然也随之结束。

【例 3-17】 return 语句结束循环。

```
def count():
    fs = []
    for i in range(1,4):
        def f():
            return i * i
        fs.append(f)
    return fs

f1, f2, f3 = count()
print(f1())
print(f2())
print(f3())
```

运行程序,输出如下:

```
9
9
9
```

虽然 return 语句并不是专门用于控制循环结构的关键字,但通过 return 语句确实可以结束一个循环。与 continue 语句和 break 语句不同的是,return 语句直接结束整个函数或方法,而不管 return 语句处于多少层循环之内。

3.4 函数

函数是组织好的、可重复使用的、用来实现单一或相关联功能的代码段。函数能提高应用的模块性和代码的重复利用率。Python 已经提供了许多内建函数,如 print()函数。用户还可以自己创建函数,这称为用户自定义函数。

3.4.1 定义一个函数

用户可以自己定义一个函数,以下是简单的规则。

- 函数代码块以 def 关键词开头,后接函数标识符名称和圆括号"()"。
- 任何传入参数和自变量必须放在圆括号中,圆括号之间可以用于定义参数。

- 函数的第一行语句可以选择性地使用文档字符串，用于存放函数说明。
- 函数内容以冒号"："起始，并且缩进。
- return [表达式]结束函数，选择性地返回一个值给调用方，不带表达式的 return 相当于返回 None。

定义函数的流程如图 3-8 所示。

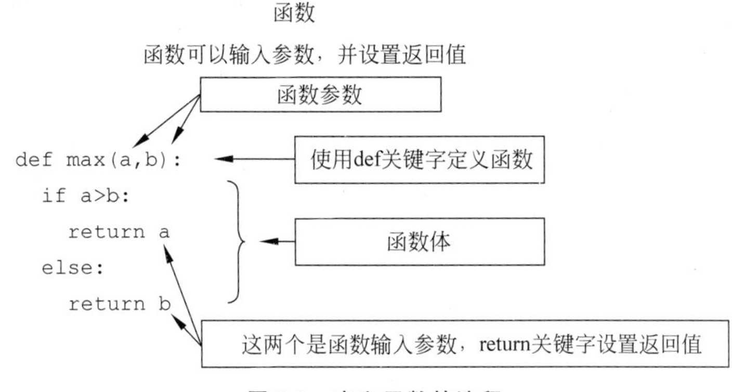

图 3-8　定义函数的流程

Python 定义函数使用 def 关键字，一般格式如下：

```
def 函数名(参数列表):
    函数体
```

默认情况下，参数值和参数名称是按函数声明中定义的顺序匹配起来的。

3.4.2　自定义函数实现

下面以"字母榨汁机"函数为例，介绍自定义函数的相关知识，这个字母榨汁机能将英文单词分解成单个字母，并放在一个列表中。

(1) 没有参数的函数。例如，创建一个 apple 榨汁机函数，在 IDLE 窗口输入如下代码：

```
def juicer():
    juice = list('apple')
    return juice
```

在用 def 语句定义 juicer()函数时，没有在圆括号中设定函数的参数，字符串 'apple' 是直接放在函数体中被处理的，因此这个函数返回的永远是"苹果法"。

```
glass = juicer()
print(glass)
['a', 'p', 'p', 'l', 'e']
```

在调用上面定义的 juicer()函数时，不需要提供参数，只要在函数名 juicer 后面加上一对圆括号即可。由于这个函数没有参数，如果想要一杯橙汁，就要修改定义函数的代码，将 'apple'换成 'orange'，这样显然是不够灵活的。

(2) 有参数的函数。例如，使用如下代码创建一个通用的榨汁机函数：

```
def juicer(fruit):
    juice = list(fruit)
    return juice
```

在定义 juicer()函数时，在圆括号内设定一个名为 fruit 的参数，这样在调用这个函数时，就可以放入不同的水果，从而得到不同的果汁。例如：

```
glass = juicer('orange')
print(glass)
['o', 'r', 'a', 'n', 'g', 'e']
```

在调用juicer()函数时,将'orange'作为参数值,函数将返回一杯“橙汁”。这个函数只有一个参数,如果想在制作果汁时加点料(如牛奶),那么这个函数就无法做到了。

(3) 多个参数的函数。例如,使用如下代码创建一个能添加不同口味的榨汁机函数:

```
def juicer(fruit,milk):
    juice = list(fruit)
    juice.extend(milk)
    return juice
```

在定义juicer()函数时设定了fruit和milk两个参数,中间用逗号分隔。在调用该函数时,需要提供两个参数,按此方法还可以设置更多参数。

```
glass = juicer('orange','mike')
print(glass)
['o', 'r', 'a', 'n', 'g', 'e', 'm', 'i', 'l', 'k']
```

在调用juicer()函数时,将'orange'和'milk'作为参数值,函数返回一杯加奶的橙汁。

(4) 参数有默认值的函数。为了方便使用,在创建榨汁机函数时可以设定一种常用的口味,那在调用函数时可不提供这个参数。

```
def juicer(fruit,taste = 'milk'):
    juice = list(fruit)
    juice.extend(taste)
    return juice
```

在定义juicer()函数时,参数变量taste的默认值设为'milk'。在调用juicer()函数时,如果不提供taste参数值,Python就会把'milk'传递给taste参数变量。

```
glass = juicer('pear')
print(glass)
['p', 'e', 'a', 'r', 'm', 'i', 'l', 'k']
```

在调用juicer()函数时,将'pear'提供给fruit参数,而taste参数使用默认值'milk',函数返回的是一杯加奶的雪梨水。

如果在调用juicer()函数时为taste参数提供一个值,那么该参数的默认值将不再起作用。例如:

```
glass = juicer('pear','chocolate')
print(glass)
['p', 'e', 'a', 'r', 'c', 'h', 'o', 'c', 'o', 'l', 'a', 't', 'e']
```

在调用juicer()函数时,将'pear'提供给fruit参数,将'chocolate'提供给taste参数,函数调用后返回的是一杯巧克力味的雪梨汁。

1. 变量的作用域

变量按作用域,即变量按可使用范围,可分为全局变量和局部变量。

1) 局部变量

在函数体中创建的变量是局部变量,只能在函数体中使用。

```
def add(a,b):
    c = a + b
    return c
```

在上面定义的 add()函数中，创建了一个变量 c，它是一个局部变量，只能在函数中使用。如果在函数之外使用，就会报变量名未定义的错误。

```
print(c)
Traceback (most recent call last):
  File "<pyshell#16>", line 1, in <module>
    print(c)
NameError: name 'c' is not defined
```

函数的参数也是局部变量，在函数调用时会被赋予具体的值，只能在函数体中使用。

2）全局变量

在函数之外创建的变量是全局变量，它在整个代码中都能够使用。

```
c = 0
def add(a,b):
    c = a + b
    return c
```

代码中在 add()函数之外创建了一个变量 c，它是一个全局变量，其值为 0。另外，在 add()函数中也创建了一个变量 c，它是一个局部变量，其值为变量 a 和 b 之和。

```
print(add(3,5))
8
print(c)
0
```

在调用函数 add(3,5)后，会在函数体中求出参数变量 a、b 之和为 8，并赋值给变量 c，作为函数的返回值。但是，在打印变量 c 的值时，其输出为 0。由此可见，add()函数内的变量 c 是一个局部变量，而函数之外的变量 c 是一个全局变量。两者虽然同名，但是作用范围不一样。

如果要在函数中使用全局变量，可以使用 global 语句声明。

```
c = 0
def add(a,b):
    global c
    c = a + b
    return c
```

以上代码使用 global 关键字声明变量 c 为全局变量，当在函数体中通过赋值创建变量 c 时，Python 将不再创建局部变量，而是使用全局变量。

```
print(add(3,5))
8
print(c)
8
```

由于变量 c 在 add()函数中被声明为全局变量，所以在调用函数 add(3,5)后，再打印变量 c 的值时，输出的是 8，而不再是 0。

2. 函数的递归调用

当在一个函数中直接或间接调用了自身时，这种调用方式称为函数的递归调用。

1）无限递归调用

下面演示无限递归调用，向屏幕不停地输出 Python。在 IDLE 窗口中输入如下代码，即创建一个 Hello_Python()函数，在函数体中调用了该函数自身。

```
def Hello_Python():
    print('Hello Python')
```

```
    Hello_Python()
```

接着调用 Hello_Python()函数，就会进入无限递归调用。

```
Hello_Python()
Hello Python
Hello Python
...
```

提示：要让它停下来，请按[Ctrl+C]组合键，或执行 Shell→Interrupt Execution 菜单命令。

2）设置递归终止条件

在使用递归方式调用函数时，一定要设置递归终止条件，否则就会进入无限递归调用。

修改上面的 Hello_Python()函数，让它输出指定个数的 Hello Python 然后停止，代码如下：

```
def Hello_Python(i):
    if i == 0:return
    print('Hello Python')
    Hello_Python(i - 1)
```

程序实现每次调用 Hello_Python()函数时，就将参数变量 i 的值减少 1，使之趋向于 0。当变量 i 为 0 时，就会终止递归调用。

接着调用 Hello_Python()函数，就不会进入无限递归调用。例如，输出 3 个 Hello Python 的代码如下：

```
Hello_Python(3)
Hello Python
Hello Python
Hello Python
```

提示：在编程中，请慎用递归函数，如果确实需要使用递归函数，必须设置好递归终止条件，避免出现无限递归调用。

3.5 lambda 函数

lambda 表达式又称匿名函数，常用来表示内部仅包含 1 行表达式的函数。如果一个函数的函数体仅有 1 行表达式，则该函数可以用 lambda 表达式来代替。语法格式如下：

```
name = lambda [list] : value
```

其中，定义 lambda 表达式，必须使用 lambda 关键字；[list]作为可选参数，等同于定义函数所指定的参数列表；value 为该表达式的名称。

该语法格式转换成普通函数的形式如下：

```
def name(list):
    return 表达式
name(list)
```

两者对比，可看出，使用普通方法定义此函数需要 3 行代码，而使用 lambda 表达式仅需 1 行即可。

例如，如果设计一个求 3 个数之和的函数，使用普通函数的方式，定义如下：

```
def add(x, y,z):
```

```
    return x + y + z
print(add(3,4,5))
```

运行程序,输出如下:

```
12
```

lambda 表达式可理解为:简单函数(函数体仅是单行的表达式)的简写版本。相比函数,lambda 表达式具有以下 2 个优势。

- 对于单行函数,使用 lambda 表达式可以省去定义的过程,让代码更加简洁。
- 对于不需要多次复用的函数,使用 lambda 表达式可以在用完之后立即释放,提高程序执行的性能。

3.5.1 使用匿名函数

lambda 函数的特性主要表现在以下几方面。

(1) lambda 函数是匿名的。所谓匿名函数,即没有名字的函数,没有名字就代表着不必担心名称冲突。

(2) lambda 函数函数有输入和输出。

- 匿名函数也是一个函数对象,所以可以把匿名函数赋值给一个变量,再利用变量来调用函数。
- 匿名函数的输入是传入参数列表[list]的值。
- 匿名函数的输出是根据表达式计算得到的值。

(3) lambda 函数拥有自己的命名空间。

下面通过实例来演示 lambda 函数的三个特性。

【例 3-18】 演示 lambda 函数的三个特性。

```
a = 10
f = lambda x: x * a
print('函数分配的地址:',f)      % 特性 1
print('函数类型:',type(f))      % 特性 2
print('f(3)的值:',f(3))         % 特性 3
```

运行程序,输出如下

```
函数分配的地址: <function <lambda> at 0x000001EB5B204180>
函数类型: <class 'function'>
f(3)的值: 30
```

3.5.2 lambda 函数常用方法

lambda 语法是固定的,其本质上只有一种用法,那就是定义一个 lambda 函数。在实际中,根据 lambda 函数使用场景的不同,可将 lambda 函数的用法进行简单扩展。

(1) 把一个变量赋值给 lambda 函数,通过变量间接调用该 lambda 函数。

以下代码在定义加法函数后将其赋值给了变量 add,这样变量 add 就指向了具有加法功能的函数。

```
add = lambda x,y,z:x + y + z
print(add(3,4,5))
```

运行程序,输出如下:

```
12
```

(2) 将 lambda 函数赋值给其他函数，从而将其他函数用该 lambda 函数替换。

例如，以下代码改变了内置函数 sum 的求和功能。

```
print(sum([1,4,7,11],20))
43
print('sum 计算结果:',sum([1,4,7,11],20))
sum 计算结果: 43
sum = lambda *args: None
print('lambda 赋值 sum 计算结果:',sum([1,4,7,11],20))
lambda 赋值 sum 计算结果: None
```

(3) 将 lambda 函数作为参数传递给其他函数。

• map()函数

map()会根据提供的函数对指定序列做映射，语法格式如下：

```
map(function, iterable, …)
```

参数 function 为序列中的每一个元素所调用的函数，返回包含每次 function 函数返回值的新列表；参数 iterable 为一个或多个序列；返回值为一个迭代器。

【例 3-19】 将 lambda 函数作为参数传给 map()函数。

```
"""计算 x 的平方"""
def square(x):
    return x ** 2

#通过 map()和 square()计算列表中各个元素的平方
result = list(map(square, [1,4,7,2,5]))
print('test_1:', result)

"""匿名函数写法"""
#通过 map()和 lambda 计算列表各个元素的三次方
result = list(map(lambda x: x ** 3, [1,4,7,2,5]))
print('test_2:', result)
#提供两个列表,将其相同索引位置的列表元素进行相加
result = list(map(lambda x, y: x + y, [1,4,7,2,5], [2,5, 8, 3,9]))
print('test_3:', result)
#列表长度不同时,相加后的结果列表长度为较小列表的长度
result = list(map(lambda x, y: x + y, [1, 3, 5, 7, 9, 11, 13], [2, 5, 8, 3, 9]))
print('test_4:', result)
result = list(map(lambda x, y: x + y, [1,4,7,2,5], [2, 4, 6, 8, 10, 12, 14]))
print('test_5:', result)
```

运行程序，输出如下：

```
test_1: [1, 16, 49, 4, 25]
test_2: [1, 64, 343, 8, 125]
test_3: [3, 9, 15, 5, 14]
test_4: [3, 8, 13, 10, 18]
test_5: [3, 8, 13, 10, 15]
```

• sorted()函数

sorted()函数对所有可迭代的对象进行排序操作。与 sort()函数的不同之处在于：sort()是 list 的一个方法，而 sorted()可以对所有可迭代的对象进行排序操作。list 的 sort()方法是对已经存在的列表进行操作，无返回值，而内建函数 sorted()方法返回的是一个新的 list，而不是在原来的基础上进行的操作。sorted()函数语法格式如下：

```
sorted(iterable, /, *, key=None, reverse=False)
```

参数 iterable 为可迭代对象；key 为用来进行比较的元素，只有一个参数，具体的参数取自可迭代对象，指定可迭代对象中的一个元素来进行排序；reverse 为排序规则，reverse＝True 为降序，reverse ＝False 为升序。

【例 3-20】 返回重新排序的列表。

```
#通过 sorted()排序,不改变元列表
a = [5, 7, 2, 11, 3, 4, 9, 8]
b = sorted(a)
print('a:', a)
print('b:', b)
test = [('b', 6), ('c', 2), ('b', 3), ('d', 9), ('a', 10), ('f', 4), ('b', 5), ('a', 2)]
'''利用参数 key 和 lambda 对函数内的容器元素以下标为 0 的元素进行升序排列'''
#如果下标为 0 的元素相同则按照原数组的先后顺序排列
result = sorted(test, key = lambda x: x[0])
print('test_1:', result)
'''利用参数 key 和 lambda 对函数内的容器元素以下标为 1 的元素进行升序排列'''
#如果下标为 1 的元素相同则按照原数组的先后顺序排列
result = sorted(test, key = lambda x: x[1])
print('test_2:', result)
'''利用参数 key 和 lambda 对函数内的容器元素以下标为 1 的元素进行降序排列'''
#如果下标为 1 的元素相同则按照原数组的先后顺序排列
result = sorted(test, key = lambda x: x[1], reverse = True)
print('test_3:', result)
```

运行程序，输出如下：

```
a: [5, 7, 2, 11, 3, 4, 9, 8]
b: [2, 3, 4, 5, 7, 8, 9, 11]
test_1: [('a', 10), ('a', 2), ('b', 6), ('b', 3), ('b', 5), ('c', 2), ('d', 9), ('f', 4)]
test_2: [('c', 2), ('a', 2), ('b', 3), ('f', 4), ('b', 5), ('b', 6), ('d', 9), ('a', 10)]
test_3: [('a', 10), ('d', 9), ('b', 6), ('b', 5), ('f', 4), ('b', 3), ('c', 2), ('a', 2)]
```

- filter()函数

filter()函数用于过滤序列，过滤掉不符合条件的元素，返回由符合条件元素组成的新列表。函数的语法格式如下：

```
filter(function, iterable)
```

该函数接收两个参数，第一个参数 function 为函数，第二个参数 iterable 为序列，序列的每个元素作为参数传递给函数进行判断，然后返回 True 或 False，最后将返回 True 的元素放到新列表中。

【例 3-21】 利用 filter()函数对数组进行过滤。

```
#判断 x 是否为奇数
def is_odd(x):
    return x % 2 == 1

#通过 filter()和 is_odd()筛选列表中的奇数元素
result = list(filter(is_odd, [1,4,7,2,5,8]))
print('test_1:', result)
'''匿名函数写法'''
#通过 filter()和 lambda 筛选列表偶数元素
result = list(filter(lambda x: x % 2 == 0,[1,4,7,2,5,8]))
print('test_2:', result)
```

运行程序，输出如下：

```
test_1: [1, 7, 5]
test_2: [4, 2, 8]
```

3.6 日期时间

1. Python 日期

Python 中的日期不是其自身的数据类型，但可以导入名为 datetime 的模块，把日期视作日期对象进行处理。

【例 3-22】 导入 datetime 模块并显示当前日期。

```
import datetime
x = datetime.datetime.now()
print(x)
2024-02-23 08:01:12.886802
```

2. 日期输出

日期包含年、月、日、小时、分钟、秒和微秒。datetime 模块有许多方法可以返回有关日期对象的信息。

【例 3-23】 返回 weekday 的名称和年份。

```
import datetime
x = datetime.datetime.now()
print(x.year)                    #返回当前年份
2024
print(x.strftime("%A"))          #返回当前是星期几
Friday
```

3. 创建日期对象

如果需要创建日期，可以使用 datetime 模块的 datetime()类（构造函数）。datetime()类需要三个参数来创建日期：年、月、日。

【例 3-24】 创建日期对象。

```
import datetime
x = datetime.datetime(2024, 2, 23)
print(x)
2024-02-23 00:00:00
```

datetime()类还接收时间和时区（小时、分钟、秒、微秒、tzone）为参数，不过它们是可选的，默认值为 0（时区默认为 None）。

4. strftime()方法

datetime 对象拥有把日期对象格式化为可读字符串的方法，该方法称为 strftime()，并使用一个 format 参数来指定返回字符串的格式。

【例 3-25】 显示月份的名称。

```
import datetime
x = datetime.datetime(2023, 2, 22)
print(x.strftime("%B"))
February
```

3.7 练习

1. 在顺序结构程序中，各个执行步骤是按照________的顺序依次执行的。

2. 诗仙李白爱喝酒，后人常以此为题材编成数学题。例如：

李白街上走，提壶去买酒。遇店加一倍，见花喝一斗。三遇店和花，喝光壶中酒。试问此壶中，原有多少酒？

请试一试，编程求出答案。

3. 请完善程序，实现判断闰年的功能。判断闰年的标准：①年份能整除 400；②年份能整除 4 且不能整除 100。

```
year = int(input('请输入一个年份:'))
if(________)or(________):
    print('是闰年')
else:
    print('不是闰年')
```

4. 请完善程序，使用递归方式计算 1～50 的和。

```
def add(n):
    if n > 1:
        return ________
    else:
        return ________
s = add(50)
print(s)
```

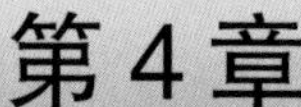

第4章 NumPy数组运算

CHAPTER 4

NumPy 是一个开源的 Python 科学计算库，通常与 SciPy（Scientific Python）和 Matplotlib（绘图库）一起使用，这种组合广泛用于替代 MATLAB，是一个强大的科学计算环境，有助于我们通过 Python 学习数据科学或者机器学习。

4.1 NumPy 安装

Python 官网上的发行版不包含 NumPy 模块，可以使用以下几种方法来安装。

1. 使用已有的发行版本

对于许多用户，尤其是在 Windows 操作系统上，最简单的方法是下载 Python 发行版，它们包含所有的关键包（包括 NumPy、SciPy、Matplotlib、IPython、SymPy 以及 Python 核心自带的其他包）。

- Anaconda：免费的 Python 发行版，用于进行大规模数据处理、预测分析和科学计算，致力于简化包的管理和部署。支持 Linux、Windows 和 Mac 系统。
- Enthought Canopy：提供了免费和商业发行版。支持 Linux、Windows 和 macOS 系统。
- Python(x,y)：免费的 Python 发行版，包含了完整的 Python 语言开发包及 Spyder IDE。支持 Windows 系统。
- WinPython：免费的 Python 发行版，包含科学计算包与 Spyder IDE。支持 Windows 系统。
- Pyzo：基于 Anaconda 的免费发行版及 IEP 的交互开发环境，超轻量级。支持 Linux、Windows 和 Mac 系统。

2. 使用 pip 安装

安装 NumPy 最简单的方法就是使用 pip 工具，命令代码如下：

```
pip3 install numpy
```

默认情况使用国外线路，若国外线路太慢，可使用清华的镜像：pip3 install numpy -i https://pypi.tuna.tsinghua.edu.cn/simple。

安装完成后，可通过以下代码查看 NumPy 对应的版本：

```
>>> import numpy
>>> print(numpy.__version__)
1.26.3
```

4.2 NumPy 基本操作

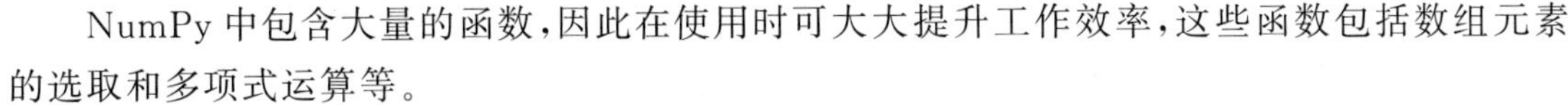

NumPy 中包含大量的函数,因此在使用时可大大提升工作效率,这些函数包括数组元素的选取和多项式运算等。

4.2.1 NumPy 初识

NumPy 最重要的一个特点是其 *N* 维数组对象 ndarray 是一系列同类型数据的集合,以下标 0 为开始进行集合元素的索引。ndarray 对象是用于存放同类型元素的多维数组,并且每个元素在内存中都有相同大小的存储区域。

ndarray 内部由以下内容组成。

- 一个指向数据的指针。
- data-type 表示数据类型。
- 一个表示数组形状的元组,表示各维度大小。
- 一个跨度元组,其中的整数指的是为了前进到当前维度,下一个元素需要"跨过"的字节数。

ndarray 的内部结构如图 4-1 所示。

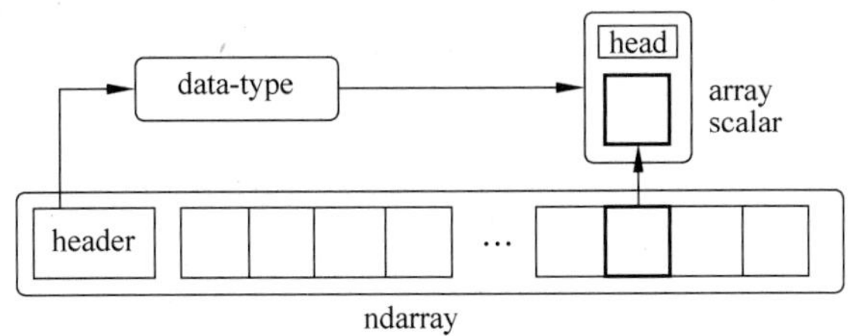

图 4-1 ndarray 的内部结构

跨度可以是负数,这样会使数组在内存中后向移动。创建一个 ndarray 只需调用 NumPy 的 array 函数即可,函数语法格式如下:

```
numpy.array(object, dtype = None, copy = True, order = None, subok = False, ndmin = 0)
```

其中,参数 object 为数组或嵌套的数列; dtype 为数组元素的数据类型,可选; 参数 copy 为对象是否需要复制,可选; order 为创建数组的样式,"C"为行方向,"F"为列方向,"A"为任意方向(默认); subok 默认返回一个与此类型一致的数组; ndmin 指定生成数组的最小维度。

【例 4-1】 初识 NumPy。

```
import numpy as np
a = np.random.random(4)         #创建一个浮点随机数组
type(a)                         #显示类型
<class 'numpy.ndarray'>
a.shape                         #显示长度
(4,)
a #显示所创建的 a
array([0.28330394, 0.00877269, 0.62165509, 0.10623207])
```

4.2.2 NumPy 数据类型

对于科学计算来说,Python 中自带的整型、浮点型和复数类型还远远不够,因此 NumPy

中增添了许多数据类型。在实际应用中，需要不同精度的数据类型，它们占用的内存空间也是不同的。在 NumPy 中，大部分数据类型名是以数字结尾的，这个数字表示其在内存中占用的位数，NumPy 数据类型如表 4-1 所示。

表 4-1 NumPy 数据类型

类型	描述
bool_	布尔型数据类型(True 或 False)
int_	默认的整数类型(类似于 C 语言中的 long、int32 或 int64)
intc	与 C 的 int 类型一样，一般是 int32 或 int64
intp	用于索引的整数类型(类似于 C 的 ssize_t，一般情况下仍然是 int32 或 int64)
int8	字节(−128～127)
int16	整数(−32768～32767)
int32	整数(−2147483648～2147483647)
int64	整数(−9223372036854775808 ～ 9223372036854775807)
uint8	无符号整数(0～255)
uint16	无符号整数(0～65535)
uint32	无符号整数(0～4294967295)
uint64	无符号整数(0～18446744073709551615)
float_	float64 类型的简写
float16	半精度浮点数，包括 1 个符号位，5 个指数位，10 个尾数位
float32	单精度浮点数，包括 1 个符号位，8 个指数位，23 个尾数位
float64	双精度浮点数，包括 1 个符号位，11 个指数位，52 个尾数位
complex_	complex128 类型的简写，即 128 位复数
complex64	复数，表示双 32 位浮点数(实数部分和虚数部分)
complex128	复数，表示双 64 位浮点数(实数部分和虚数部分)

在使用 NumPy 的过程中，可以通过 dtype 来指定数据类型，通常这个参数是可选的，或通过 astype()来指定。同样，每一种数据类型均有对应的类型转换函数。在 Python 中，通常并不强制要求内存控制。

【例 4-2】 NumPy 数据类型操作。

```
import numpy as np
#使用标量类型
dt = np.dtype(np.int32)
print(dt)
int32
print(float(32))
32.0
print(bool(16))
True
print(float(True))
1.0
student = np.dtype([('name','S20'), ('age', 'i1'), ('marks', 'f4')])
student
dtype([('name', 'S20'), ('age', 'i1'), ('marks', '<f4')])
```

4.2.3 NumPy 创建数组

NumPy 创建数组的方法有多种，下面一一进行介绍。

1. ndarray 构造器创建数组

1) numpy.empty 方法

numpy.empty 方法用来创建一个指定形状(shape)、数据类型(dtype)且未初始化的数组，语法格式如下：

```
numpy.empty(shape, dtype = float, order = 'C')
```

参数 shape 为数组形状；dtype 为数据类型，可选；order 有"C"和"F"两个选项，分别代表行优先和列优先，表示在计算机内存中的存储元素的顺序。

【例 4-3】 利用 numpy.empty 方法创建一个空数组。

```
import numpy as np
x = np.empty([3,2], dtype = int)
print(x)
```

运行程序，输出如下：

```
[[0 0]
 [0 0]
 [0 0]]
```

2）numpy.zeros 方法

numpy.zeros 方法用于创建指定大小的数组，数组元素以 0 来填充，语法格式如下：

```
numpy.zeros(shape, dtype = float, order = 'C')
```

参数 shape 为数组形状；dtype 为数据类型，可选；order 为数组在内存中的存储顺序，可选值为'C'(按行优先)或'F'(按列优先)。

【例 4-4】 利用 numpy.zeros 方法创建数组。

```
import numpy as np
# 默认为浮点数
x= np.zeros(5)
print('默认为浮点数:',x)
#设置类型为整数
y = np.zeros((5,), dtype = int)
print('设置类型为整数:',y)
#自定义类型
z = np.zeros((2,2), dtype = [('x', 'i4'), ('y', 'i4')])
print('自定义类型:',z)
```

运行程序，输出如下：

```
默认为浮点数: [0. 0. 0. 0. 0.]
设置类型为整数: [0 0 0 0 0]
自定义类型: [[(0, 0) (0, 0)]
[(0, 0) (0, 0)]]
```

3）numpy.ones 方法

numpy.one 方法用于创建指定形状的数组，数组元素以 1 来填充，语法格式如下：

```
numpy.ones(shape, dtype = None, order = 'C')
```

参数 shape 为数组形状；dtype 为数据类型，可选；order 为数组在内存中的存储顺序，可选值为'C'(按行优先)或'F'(按列优先)。

【例 4-5】 利用 numpy.ones 方法创建数组。

```
import numpy as np
#默认为浮点数
x = np.ones(5)
print('默认为浮点数:',x)
#自定义类型
```

```
x = np.ones([2,2], dtype = int)
print('自定义类型:',x)
```

运行程序,输出如下:

```
默认为浮点数: [1. 1. 1. 1. 1.]
自定义类型: [[1 1]
[1 1]]
```

4) numpy.zeros_like 方法

numpy.zeros_like 方法用于创建一个与给定数组具有相同形状的数组,数组元素以 0 来填充。numpy.zeros 和 numpy.zeros_like 都是用于创建一个指定形状的数组,其中所有元素都是 0。它们之间的区别在于:numpy.zeros 可以直接指定要创建的数组的形状,而 numpy.zeros_like 则是创建一个与给定数组具有相同形状的数组。numpy.zeros_like 的语法格式如下:

```
numpy.zeros_like(a, dtype = None, order = 'K', subok = True, shape = None)
```

参数 a 为给定的数组;dtype 为创建的数组的数据类型;order 为数组在内存中的存储顺序,可选值为'C'(按行优先)或'F'(按列优先),默认为'C';subok 为是否允许返回子类,如果为 True,则返回一个子类对象,否则返回一个与 a 数组具有相同数据类型和存储顺序的数组;参数 shape 为创建的数组的形状,如果不指定,则默认为 a 数组的形状。

【例 4-6】 创建一个与 arr 形状相同的、所有元素都为 0 的数组。

```
import numpy as np
#创建一个 3*3 的二维数组
arr = np.array([[1, 2, 3], [4, 5, 6], [7, 8, 9]])
#创建一个与 arr 形状相同的、所有元素都为 0 的数组
zeros_arr = np.zeros_like(arr)
print(zeros_arr)
```

运行程序,输出如下:

```
[[0 0 0]
 [0 0 0]
 [0 0 0]]
```

5) numpy.ones_like 方法

numpy.ones_like 方法用于创建一个与给定数组具有相同形状的数组,数组元素以 1 来填充。numpy.ones 和 numpy.ones_like 都是用于创建一个指定形状的数组,其中所有元素都是 1。它们之间的区别在于:numpy.ones 可以直接指定要创建的数组的形状,而 numpy.ones_like 则是创建一个与给定数组具有相同形状的数组。numpy.ones_like 的语法格式如下:

```
numpy.ones_like(a, dtype = None, order = 'K', subok = True, shape = None)
```

参数 a 为给定的数组;dtype 为创建的数组的数据类型;order 为数组在内存中的存储顺序,可选值为'C'(按行优先)或'F'(按列优先),默认为'C';参数 subok 为是否允许返回子类,如果为 True,则返回一个子类对象,否则返回一个与 a 数组具有相同数据类型和存储顺序的数组;shape 为创建的数组形状,如果不指定,则默认为 a 数组的形状。

【例 4-7】 创建一个与 arr 形状相同的、所有元素都为 1 的数组。

```
import numpy as np
#创建一个 3*3 的二维数组
```

```
arr = np.array([[1, 2, 3], [4, 5, 6], [7, 8, 9]])

# 创建一个与 arr 形状相同的、所有元素都为 1 的数组
ones_arr = np.ones_like(arr)
print(ones_arr)
```

运行程序,输出如下:

```
[[1 1 1]
 [1 1 1]
 [1 1 1]]
```

2. 从已有的数组创建数组

本部分将学习如何从已有的数组创建数组。

1) numpy. asarray 方法

numpy. asarray 类似 numpy. array,但 numpy. asarray 参数只有三个,比 numpy. array 少两个。其语法格式如下:

```
numpy.asarray(a, dtype = None, order = None)
```

参数 a 为任意形式的输入参数,可以是列表、列表的元组、元组、元组的元组、元组的列表、多维数组; dtype 为数据类型,可选; order 可选,有"C"和"F"两个选项,分别代表行优先和列优先,表示在计算机内存中的存储元素的顺序。

【例 4-8】 将元组转换为 ndarray 对象。

```
import numpy as np
x = [1,2,3]
a = np.asarray(x, dtype = float)
print(a)
```

运行程序,输出如下:

```
[1. 2. 3.]
```

2) numpy. frombuffer 方法

numpy. frombuffer 方法用于实现动态数组,numpy. frombuffer 接收 buffer 输入参数,以流的形式读入转换成 ndarray 对象。其语法格式如下:

```
numpy.frombuffer(buffer, dtype = float, count = -1, offset = 0)
```

参数 buffer 可以是任意对象,会以流的形式读入; dtype 为返回数组的数据类型,可选; count 为读取的数据数量,默认为-1,表示读取所有数据; offset 为读取的起始位置,默认为 0。

【例 4-9】 利用 numpy. frombuffer 将数组以流形式读入。

```
import numpy as np

s = b'Hello World'
a = np.frombuffer(s, dtype = 'S1')
print(a)
```

运行程序,输出如下:

```
[b'H' b'e' b'l' b'l' b'o' b' ' b'W' b'o' b'r' b'l' b'd']
```

3) numpy. fromiter 方法

numpy. fromiter 方法从可迭代对象中建立 ndarray 对象,返回一维数组。函数的语法格

式如下：

```
numpy.fromiter(iterable, dtype, count = -1)
```

参数 iterable 为可迭代对象；dtype 为返回数组的数据类型；count 为读取的数据数量，默认为−1，表示读取所有数据。

【例 4-10】 从对象中建立 ndarray 对象。

```
import numpy as np

#使用 range 函数创建列表对象
list = range(6)
it = iter(list)
#使用迭代器创建 ndarray 对象
x = np.fromiter(it, dtype = float)
print(x)
```

运行程序，输出如下：

```
[0. 1. 2. 3. 4. 5.]
```

3. 从数值范围中创建数组

本部分学习如何从数值范围中创建数组。

1）numpy.arange 方法

numpy 包使用 arange 函数创建数值范围并返回 ndarray 对象，语法格式如下：

```
numpy.arange(start, stop, step, dtype)
```

参数 start 为起始值，默认为 0；stop 为终止值（不包含终止值）；step 为步长，默认为 1；dtype 返回 ndarray 的数据类型，如果没有提供，则会使用输入数据的类型。

【例 4-11】 利用 arange 函数创建数组。

```
import numpy as np
a = np.arange(12)
a
array([ 0, 1, 2, 3, 4, 5, 6, 7, 8, 9, 10, 11])
a2 = np.arange(1,2,0.2)
a2
array([1. , 1.2, 1.4, 1.6, 1.8])
```

2）numpy.linspace 方法

numpy.linspace 函数用于创建一个一维数组，数组是由一个等差数列构成的，语法格式如下：

```
np.linspace(start, stop, num = 50, endpoint = True, retstep = False, dtype = None)
```

参数 start 为序列的起始值；stop 为序列的结束值；num 为生成的样本数，默认值为 50；endpoint 为布尔值，如果为 True，则最后一个样本包含在序列内；retstep 为布尔值，如果为 True，则返回间距；dtype 为数组的类型。

【例 4-12】 利用 linsapce 函数创建数组。

```
import numpy as np
a = np.linspace(1,10,10,retstep = True)
a
(array([ 1., 2., 3., 4., 5., 6., 7., 8., 9., 10.]), 1.0)
b = np.linspace(1,10,10).reshape([10,1])
b
```

```
array([[ 1.],
       [ 2.],
       [ 3.],
       [ 4.],
       [ 5.],
       [ 6.],
       [ 7.],
       [ 8.],
       [ 9.],
       [10.]])
```

3）numpy.logspace 方法

numpy.logspace 函数用于创建一个由等比数列构成的数组，语法格式如下：

```
np.logspace(start, stop, num = 50, endpoint = True, base = 10.0, dtype = None)
```

参数 start 指基底 base 的 start 次幂作为左边界；stop 指基底 base 的 stop 次幂作为右边界；num 为生成的样本数，默认值为 50；endpoint 为布尔值，如果为 True，则最后一个样本包含在序列内；base 为基底，表示取对数时 log 的下标；dtype 为数组的类型。

【例 4-13】 利用 numpy.logspace 方法创建数组。

```
import numpy as np
#默认底数是 10
a = np.logspace(1.0,2.0, num = 10)
a
array([ 10. , 12.91549665, 16.68100537, 21.5443469,
        27.82559402, 35.93813664, 46.41588834, 59.94842503,
        77.42636827, 100. ])
```

4.2.4 NumPy 切片和索引

ndarray 对象的内容可以通过索引或切片来访问和修改。如前所述，ndarray 对象中的元素遵循基于零的索引，可用的索引方法类型有 3 种：索引机制、切片机制和高级索引。

1. 索引机制

Python 中的下标索引，就好比超市中的存储框的编号，通过这个编号就能找到相应的存储空间。字符串实际上就是字符的数组，也支持下标索引。

【例 4-14】 索引机制。

```
a = np.arange(1,6)
#使用正数作为索引
a[3]
4
#使用负数作为索引
a[ - 5]
1
#方括号中传入对应索引值,可同时选择多个元素
a[[0,3,4]]
array([1, 4, 5])
```

2. 切片机制

通过指定下标的方式来获得某一数据元素，或通过指定下标范围来获得一组序列的元素，这种访问序列的方式称作切片。

切片操作符在 Python 中的原型是[start:stop:step]，即[开始索引:结束索引:步长值]。

- 开始索引：同其他语言一样，索引从 0 开始。序列从左向右方向中，第一个值的索引为 0，最后一个值的索引为−1。
- 结束索引：切片操作符将取到该索引为止，不包含该索引的值。
- 步长值：默认是一个接着一个地切取，如果为 2，则表示进行隔一取一操作。步长值为正，表示从左向右取；为负，表示从右向左取。步长值不能为 0。

【例 4-15】 切片机制。

```
import numpy as np

a = np.array([[1,2,3],[3,4,5],[4,5,6]])
print('从数组索引 a[1:] 处开始切割:',a[1:])
print('第 2 列元素:',a[...,1])                    #第 2 列元素
print('第 2 行元素:',a[1,...])                    #第 2 行元素
print('第 2 列及剩下的所有元素:',a[...,1:])       #第 2 列及剩下的所有元素
```

运行程序，输出如下：

```
从数组索引 a[1:] 处开始切割: [[3 4 5]
[4 5 6]]
第 2 列元素: [2 4 5]
第 2 行元素: [3 4 5]
第 2 列及剩下的所有元素: [[2 3]
[4 5]
[5 6]]
```

3. 高级索引

NumPy 中的高级索引指的是使用整数数组、布尔数组或者其他序列来访问数组的元素。相比于基本索引，高级索引可以访问数组中的任意元素，并且可以对数组进行复杂的操作和修改。

1）整数数组索引

整数数组索引是指使用一个数组来访问另一个数组的元素。这个数组中的每个元素都是目标数组中某个维度上的索引值。

【例 4-16】 获取 4×3 数组中四个角的元素。行索引是[0,0]和[3,3]，列索引是[0,2]和[0,2]。

```
import numpy as np
x = np.array([[ 0, 1, 2],[ 3, 4, 5],[ 6, 7, 8],[ 9, 10, 11]])
print('创建的数组是:',x)
rows = np.array([[0,0],[3,3]])
cols = np.array([[0,2],[0,2]])
y = x[rows,cols]
print('这个数组的四个角元素是:',y)
```

运行程序，输出如下：

```
创建的数组是: [[ 0 1 2]
[ 3 4 5]
[ 6 7 8]
[ 9 10 11]]
这个数组的四个角元素是: [[ 0 2]
[ 9 11]]
```

返回的结果是包含每个角元素的 ndarray 对象。

2）布尔数组索引

可以通过一个布尔数组来索引目标数组。布尔数组索引通过布尔运算（如：比较运算符）来获取符合指定条件的元素。

【例 4-17】 获取大于 5 的元素。

```
import numpy as np
x = np.array([[ 0, 1, 2],[ 3, 4, 5],[ 6, 7, 8],[ 9, 10, 11]])
print('创建的数组是:',x)
# 现在打印出大于 5 的元素
print('大于 5 的元素是:',x[x > 5])
```

运行程序，输出如下：

```
创建的数组是: [[ 0 1 2]
[ 3 4 5]
[ 6 7 8]
[ 9 10 11]]
大于 5 的元素是: [ 6 7 8 9 10 11]
```

3）花式索引

花式索引指的是利用整数数组进行索引。花式索引将索引数组的值作为目标数组的某个轴的下标来取值。当使用一维整型数组作为索引时，如果目标是一维数组，那么索引的结果就是对应位置的元素，如果目标是二维数组，那么就是对应下标的行。花式索引跟切片不一样，它总是将数据复制到新数组中。

【例 4-18】 一维数组索引演示。

解析：一维数组只有一个轴 axis=0，所以一维数组就在 axis=0 这个轴上取值。

```
import numpy as np
x = np.arange(9)
print(x)
# 一维数组读取指定下标对应的元素
print("读取下标对应的元素:")
x2 = x[[0, 6]] # 使用花式索引
print(x2)
print(x2[0])
print(x2[1])
```

运行程序，输出如下：

```
[0 1 2 3 4 5 6 7 8]
读取下标对应的元素:
[0 6]
0
6
```

【例 4-19】 索引二维数组演示。

```
import numpy as np
x = np.arange(32).reshape((8,4))
print(x)
# 二维数组读取指定下标对应的行
print("读取下标对应的行:")
print(x[[4,2,1,7]])
```

运行程序，输出如下：

```
[[ 0 1 2 3]
```

```
 [ 4 5 6 7]
 [ 8 9 10 11]
 [12 13 14 15]
 [16 17 18 19]
 [20 21 22 23]
 [24 25 26 27]
 [28 29 30 31]]
读取下标对应的行:
[[16 17 18 19]
 [ 8 9 10 11]
 [ 4 5 6 7]
 [28 29 30 31]]
```

4.2.5 数组重塑

重塑意味着更改数组的形状,数组的形状是每个维中元素的数量。通过重塑,可以添加或删除维度或更改每个维度中的元素数量。

1. 从一维重塑为二维

【例 4-20】 将具有 12 个元素的一维数组转换为多维数组。

```
import numpy as np
arr = np.array([1, 4, 7, 2, 5, 8, 3, 6, 9, 10, 14, 17])
#将一维数组转换为二维数组
newarr = arr.reshape(4, 3) #最外面的维度将有 4 个数组,每个数组包含 3 个元素
print(newarr)
```

运行程序,输出如下:

```
[[ 1 4 7]
 [ 2 5 8]
 [ 3 6 9]
 [10 14 17]]
```

```
#将一维数组转换为三维数组
newarr3 = arr.reshape(2, 3, 2) #最外面的维度将具有 2 个数组,其中包含 3 个数组,每个数组包含 2
                               #个元素
print(newarr3)
```

运行程序,输出如下:

```
[[[ 1 4]
  [ 7 2]
  [ 5 8]]

 [[ 3 6]
  [ 9 10]
  [14 17]]]
```

从[例 4-20]可以看到,只要重塑所需的元素在两种形状中均相等,就可以重塑成任何形状。例如,可以将 8 元素一维数组重塑为 2 行二维数组中的 4 个元素,但是不能将其重塑为 3 元素 3 行二维数组,因为这需要 3×3=9 个元素。

【例 4-21】 将具有 8 个元素的一维数组转换为每个维度中具有 3 个元素的二维数组。

```
import numpy as np
arr = np.array([1, 4, 7, 2, 5, 8, 6, 9])
newarr = arr.reshape(3, 3)
print(newarr)
```

运行程序,输出如下:

```
Traceback (most recent call last):
  File "C:/Program Files/Python311/P4_20.py", line 3, in <module>
    newarr = arr.reshape(3, 3)
ValueError: cannot reshape array of size 8 into shape (3,3)
```

同时,还可以检查返回的数组是副本还是视图。例如:

```
print(arr.reshape(2, 4).base)
[1 4 7 2 5 8 6 9]
```

结果返回原始数组,因此它是一个视图。

2. 未知的维度

在 NumPy 中,可以使用一个"未知"维度。这意味着不必在 reshape 方法中为维度指定确切的数字。如果传递值为－1,那么 reshape()函数会根据另一个参数的维度计算出数组的另一个 shape 属性值。

【例 4-22】 将 8 个元素的一维数组转换为 2×2 元素的三维数组。

```
import numpy as np
arr = np.array([1, 4, 7, 2, 5, 8, 6, 9])
newarr = arr.reshape(2, 2, -1)
print(newarr)
```

运行程序,输出如下:

```
[[[1 4]
  [7 2]]

 [[5 8]
  [6 9]]]
```

注意:如果维度大于 1,便不能将－1 传递给该维度。

3. 展平数组

展平数组(flattening the arrays)是指将多维数组转换为一维数组,可以使用 reshape(－1)来展平数组。

【例 4-23】 把数组转换为一维数组。

```
import numpy as np
arr = np.array([[1, 4, 7], [2, 5, 8]])
newarr = arr.reshape(-1)
print(newarr)
```

运行程序,输出如下:

```
[1 4 7 2 5 8]
```

提示:很多函数可以更改数组形状,如 flatten、ravel,有些函数还可以重新排列元素,如 rot90、flip、fliplr、flipud 等,这些函数都属于 NumPy 的中级至高级部分。

4.2.6 数组迭代

迭代意味着逐一遍历元素,当在 NumPy 中处理多维数组时,可以使用 Python 的基本 for 循环来完成此操作。如果对一维数组进行迭代,它将逐一遍历每个元素。

【例 4-24】 数组迭代实例。

```
import numpy as np
```

```
#迭代一维数组的元素
arr = np.array([1, 4, 7])
for x in arr:
  print(x)
1
2
3
#迭代二维数组的元素
arr2 = np.array([[1, 2, 3], [4, 5, 6]])
for x in arr2:
  print(x)
[1 2 3]
[4 5 6]
```

如果迭代一个 n 维数组,它将逐一遍历第 $n-1$ 维。若需返回实数值,必须迭代每个维中的数组。例如:

```
#迭代二维数组的每个标量元素
for x in arr2:
    for y in x:
        print(y)
1
2
3
4
5
6
#在三维数组中,遍历所有二维数组
arr3 = np.array([[[1, 2, 3], [4, 5, 6]], [[7, 8, 9], [10, 11, 12]]])
for x in arr3:
  print(x)
[[1 2 3]
 [4 5 6]]
[[ 7 8 9]
 [10 11 12]]
#迭代标量
arr4 = np.array([[[1, 2, 3], [4, 5, 6]], [[7, 8, 9], [10, 11, 12]]])
for x in arr4:
  for y in x:
    for z in y:
      print(z)
1
2
3
4
5
6
7
8
9
10
11
12
```

1. 使用 nditer()迭代数组

函数 nditer()是一个辅助函数,从非常基本的迭代到非常高级的迭代都可以使用。它解决了在迭代中面临的一些基本问题。

【例 4-25】 遍历三维数组。

```
import numpy as np
arr = np.array([[[1, 2], [3, 4]], [[5, 6], [7, 8]]])
for x in np.nditer(arr):
  print(x)
```

2. 迭代不同数据类型的数组

在迭代需更改元素的数据类型时，可以使用 op_dtypes 参数传递期望的数据类型。NumPy 不会就地更改元素的数据类型(元素位于数组中)，因此它需要一些其他空间来执行此操作，该额外空间称为 buffer，为了在 nditer()中启用它，需设置参数 flags=['buffered']。

【例 4-26】 迭代不同数据类型的数组。

```
import numpy as np
arr = np.array([1, 4, 7])
#以字符串形式遍历数组
for x in np.nditer(arr, flags = ['buffered'], op_dtypes = ['S']):
  print(x)
b'1'
b'4'
b'7'

#以不同的步长迭代
arr = np.array([[1, 2, 3, 4], [5, 6, 7, 8]])
#每遍历二维数组的一个标量元素,就跳过一个元素
for x in np.nditer(arr[:, ::2]):
  print(x)
1
3
5
7
```

3. 使用 ndenumerate()进行枚举迭代

枚举是指逐一列举事物的序号，有时在迭代时需要元素的相应索引，可以使用 ndenumerate()方法进行获取。

【例 4-27】 枚举迭代实例。

```
import numpy as np
#枚举以下一维数组元素
arr1 = np.array([1, 4, 7])
for idx, x in np.ndenumerate(arr1):
  print(idx, x)
(0,) 1
(1,) 2
(2,) 3

#枚举二维数组元素
arr2 = np.array([[1, 4, 7, 11], [2, 5, 8, 12]])
for idx, x in np.ndenumerate(arr2):
  print(idx, x)
(0, 0) 1
(0, 1) 4
(0, 2) 7
(0, 3) 11
(1, 0) 2
(1, 1) 5
```

```
(1, 2) 8
(1, 3) 12
```

4.2.7 数组连接

连接意味着将两个或多个数组的内容放在单个数组中。在 SQL 中，基于键来连接表，而在 NumPy 中，按轴连接数组，利用 concatenate()函数可实现将数组按轴进行连接。

【例 4-28】 连接两个数组。

```
import numpy as np
arr1 = np.array([1, 4, 7])
arr2 = np.array([2, 5, 8])
arr = np.concatenate((arr1, arr2))
print('连接两个一维数组:\n',arr)
#沿着行(axis = 1)连接两个二维数组
arr3 = np.array([[1, 2], [3, 4]])
arr4 = np.array([[5, 6], [7, 8]])
arr = np.concatenate((arr3, arr4), axis = 1)
print('连接两个二维数组:\n',arr)
```

运行程序，输出如下：

```
连接两个一维数组:
[1 4 7 2 5 8]
连接两个二维数组:
[[1 2 5 6]
[3 4 7 8]]
```

1. 使用堆栈函数连接数组

堆栈与连接相似，唯一的不同是堆栈是沿着新轴完成的。堆栈可以沿着第二个轴连接两个一维数组，这将导致它们彼此重叠，即堆叠(stacking)。这时就需要利用 stack()函数实现利用堆栈连接数组。

【例 4-29】 堆栈函数连接数组。

```
import numpy as np
arr1 = np.array([1, 2, 3])
arr2 = np.array([4, 5, 6])
arr = np.stack((arr1, arr2), axis = 1)
print(arr)
```

运行程序，输出如下：

```
[[1 4]
 [2 5]
 [3 6]]
```

2. 沿行、列、高度堆叠

在 NumPy 中，提供了相关函数用于实现沿行、列、高堆叠数组。hstack()函数沿行堆叠；vstack()沿列堆叠；dstack()函数沿高度堆叠，该高度与深度相同。

【例 4-30】 对数组实现沿行、列、高度堆叠。

```
import numpy as np
arr1 = np.array([1, 2, 3])
arr2 = np.array([4, 5, 6])
arr3 = np.hstack((arr1, arr2))
print('沿行堆叠:\n',arr3)
```

```
arr4 = np.vstack((arr1, arr2))
print('沿列堆叠:\n',arr4)
arr5 = np.dstack((arr1, arr2))
print('沿高度堆叠:\n',arr5)
```

运行程序,输出如下:

```
沿行堆叠:
[1 2 3 4 5 6]
沿列堆叠:
[[1 2 3]
[4 5 6]]
沿高度堆叠:
[[[1 4]
  [2 5]
  [3 6]]]
```

4.2.8 数组拆分

拆分是连接的反向操作,连接是将多个数组合并为一个,拆分是将一个数组拆分为多个。

1. 分割一维数组

在 NumPy 中,可以使用 array_split()函数分割一维数组。

【例 4-31】 拆分数组。

```
import numpy as np
arr = np.array([1, 2, 3, 4, 5, 6])
newarr = np.array_split(arr, 3) #将数组分为 3 部分
print('拆分为 3 部分:\n',newarr)
拆分为 3 部分:
[array([1, 2]), array([3, 4]), array([5, 6])]
```

从结果可看出,返回值是一个包含三个数组的数组。如果数组中的元素小于要求的数量,它将从末尾进行相应调整。例如:

```
newarr = np.array_split(arr, 4) #将数组分为 4 部分
print('拆分为 4 部分:\n',newarr)
拆分为 4 部分:
[array([1, 2]), array([3, 4]), array([5]), array([6])]
```

提示:利用 split()函数也可拆分数组,但是当原数组中的元素小于要求的数量时,它不会调整元素,在[例 4-31]中,array_split()可以正常工作,但 split()会失败。

此外,array_split()方法的返回值包含每个分割的数组。如果将一个数组拆分为 3 个数组,则可以像使用任何数值元素一样从结果中访问它们。例如:

```
print('访问第 1 个数组:\n',newarr[0])
print('访问第 2 个数组:\n',newarr[1])
print('访问第 3 个数组:\n',newarr[2])
访问第 1 个数组:
[1 2]
访问第 2 个数组:
[3 4]
访问第 3 个数组:
[5]
```

2. 分割二维数组

拆分二维数组时,其方法与分割一维数组相同。使用 array_split()方法传入要分割的数

组和想要分割的数目即可。

【例 4-32】 分割二维数组。

```
import numpy as np
arr1 = np.array([[1, 2], [3, 4], [5, 6], [7, 8], [9, 10], [11, 12]])
#arr1 拆分为 3 个二维数组
newarr1 = np.array_split(arr1, 3)
print('arr1 拆分为 3 个二维数组:\n',newarr1)
arr2 = np.array([[1, 2, 3], [4, 5, 6], [7, 8, 9], [10, 11, 12], [13, 14, 15], [16, 17, 18]])
#arr2 拆分为 3 个二维数组
newarr2 = np.array_split(arr2, 3)
print('arr2 拆分为 3 个二维数组:\n',newarr2)
#指定轴拆分,沿行
newarr3 = np.array_split(arr2, 3, axis = 1)
print('沿行拆分:\n',newarr3)
#使用与 hstack()相反的 hsplit()
newarr4 = np.hsplit(arr2, 3)
print('使用 hsplit 沿行拆分:\n',newarr4)
#使用 vsplit()沿列拆分
newarr5 = np.hsplit(arr2, 3)
print('使用 vsplit 沿列拆分:\n',newarr5)
arr3 = arr2.reshape(1,3,6)
#使用 dsplit()沿列拆分
newarr6 = np.dsplit(arr3, 3)
print('使用 dsplit 沿高度拆分:\n',newarr6)
```

运行程序,输出如下:

```
arr1 拆分为 3 个二维数组:
[array([[1, 2],
        [3, 4]]), array([[5, 6],
        [7, 8]]), array([[ 9, 10],
        [11, 12]])]
arr2 拆分为 3 个二维数组:
[array([[1, 2, 3],
        [4, 5, 6]]), array([[ 7, 8, 9],
        [10, 11, 12]]), array([[13, 14, 15],
        [16, 17, 18]])]
沿行拆分:
[array([[ 1],
        [ 4],
        [ 7],
        [10],
        [13],
        [16]]), array([[ 2],
        [ 5],
        [ 8],
        [11],
        [14],
        [17]]), array([[ 3],
        [ 6],
        [ 9],
        [12],
        [15],
        [18]])]
使用 hsplit 沿行拆分:
[array([[ 1],
```

```
       [ 4],
       [ 7],
       [10],
       [13],
       [16]]), array([[ 2],
       [ 5],
       [ 8],
       [11],
       [14],
       [17]]), array([[ 3],
       [ 6],
       [ 9],
       [12],
       [15],
       [18]])]
使用 vsplit 沿列拆分:
[array([[ 1],
       [ 4],
       [ 7],
       [10],
       [13],
       [16]]), array([[ 2],
       [ 5],
       [ 8],
       [11],
       [14],
       [17]]), array([[ 3],
       [ 6],
       [ 9],
       [12],
       [15],
       [18]])]
使用 dsplit 沿高度拆分:
[array([[[ 1, 2],
        [ 7, 8],
        [13, 14]]]), array([[[ 3, 4],
        [ 9, 10],
        [15, 16]]]), array([[[ 5, 6],
        [11, 12],
        [17, 18]]])]
```

4.2.9　数组搜索

在 NumPy 数组中,可以搜索(检索)某个值,然后返回获得匹配的索引。

1. 搜索数组

搜索数组可使用 where()方法。

【例 4-33】　利用 where()方法搜索数组。

```
import numpy as np
arr = np.array([1, 2, 3, 4, 5, 5, 4])
#查找值为 5 的索引
x = np.where(arr == 5)
print('返回查找 5 的索引:\n',x)
#查找值为偶数的索引
x2 = np.where(arr % 2 == 0)
print('返回偶数索引:\n',x2)
```

```
#查找值为奇数的索引
x2 = np.where(arr % 2 == 1)
print('返回奇数索引:\n',x2)
```

运行程序,输出如下:

```
返回查找 5 的索引:
(array([4, 5], dtype = int64),)
返回偶数索引:
(array([1, 3, 6], dtype = int64),)
返回奇数索引:
(array([0, 2, 4, 5], dtype = int64),)
```

2. 搜索排序

在 NumPy 中,提供了 searchsorted()方法用于在数组中执行二进制搜索,并返回将在其中插入指定值以维持排列顺序的索引。

【例 4-34】 查找应在其中插入 8 的索引。

```
import numpy as np
arr = np.array([5, 8, 10, 9])
x = np.searchsorted(arr, 8)
print(x)
```

运行程序,输出如下:

```
1
```

[例 4-34]表明:应该在索引 1 上插入数字 8,以保持排列顺序。该方法从左侧开始搜索,并返回第一个索引,其中数字 8 不再大于下一个值。

默认情况下,返回最左边的索引,但是可以给定 side='right',以返回最右边的索引。例如:

```
x2 = np.searchsorted(arr,8, side = 'right')
print(x2)
2
```

结果表明:应该在索引 2 上插入数字 8,以保持排列顺序。该方法从右边开始搜索,并返回第一个索引,其中数字 8 不再小于下一个值。

如果要搜索多个值,应使用拥有指定值的数组。

【例 4-35】 查找应在其中插入值 2、4 和 6 的索引。

```
import numpy as np
arr = np.array([1, 3, 5, 7])
x = np.searchsorted(arr, [2, 4, 6])
print(x)
```

运行程序,输出如下:

```
[1 2 3]
```

返回值是一个数组:[1 2 3]包含 3 个索引,其中将在原始数组中插入 2、4、6,以维持顺序。

4.2.10 算术函数

1. 简单算术运算函数

NumPy 算术函数包含简单的加减乘除运算函数:add(),subtract(),multiply(),divide()。

需要注意的是,进行运算的数组必须具有相同的形状。

【例 4-36】 数组的加减乘除运算。

```
import numpy as np
a = np.arange(9, dtype = np.float_).reshape(3,3)
print('第一个数组:',a)
print(a)
b = np.array([10,10,10])
print('第二个数组:',b)
print('两个数组相加:',np.add(a,b))
print('两个数组相减:',np.subtract(a,b))
print('两个数组相乘:',np.multiply(a,b))
print('两个数组相除:',np.divide(a,b))
```

运行程序,输出如下:

```
第一个数组: [[0. 1. 2.]
 [3. 4. 5.]
 [6. 7. 8.]]
[[0. 1. 2.]
 [3. 4. 5.]
 [6. 7. 8.]]
第二个数组: [10 10 10]
两个数组相加: [[10. 11. 12.]
 [13. 14. 15.]
 [16. 17. 18.]]
两个数组相减: [[-10. -9. -8.]
 [ -7. -6. -5.]
 [ -4. -3. -2.]]
两个数组相乘: [[ 0. 10. 20.]
 [30. 40. 50.]
 [60. 70. 80.]]
两个数组相除: [[0. 0.1 0.2]
 [0.3 0.4 0.5]
 [0.6 0.7 0.8]]
```

2. 其他重要算术运算函数

此外 Numpy 也包含以下其他重要的算术运算函数。

- numpy.reciprocal():函数返回各元素的倒数。如 1/4 的倒数为 4/1。
- numpy.power():函数将第一个输入数组中的元素作为底数,将第二个输入数组中的元素作为次数,并计算相应的幂。
- numpy.mod():计算输入数组中相应元素相除后的余数。函数 numpy.remainder()与之产生相同的结果。

【例 4-37】 数组的其他重要算术运算。

```
import numpy as np
a = np.array([0.25, 1.33, 1, 100])
print('创建的数组是:',a)
print('调用 reciprocal 函数:',np.reciprocal(a))
print('调用 power 函数:',np.power(a,2))
A = np.array([10,20,30])
B = np.array([3,5,7])

print('创建数组 A:',A)
print('创建数组 B:',B)
```

```
print('调用 mod()函数:',np.mod(A,B))
print('调用 remainder()函数:',np.remainder(A,B))
```

运行程序,输出如下：

```
创建的数组是: [ 0.25 1.33 1. 100. ]
调用 reciprocal 函数: [4. 0.7518797 1. 0.01 ]
调用 power 函数: [6.2500e-02 1.7689e+00 1.0000e+00 1.0000e+04]
创建数组 A: [10 20 30]
创建数组 B: [3 5 7]
调用 mod()函数: [1 0 2]
调用 remainder()函数: [1 0 2]
```

4.2.11 NumPy 统计函数

NumPy 是科学计算中非常重要的模块,包含很多有用的统计函数,用于从数组中给定的元素中查找最小值、最大值,计算标准差和方差等。

1. 最大值与最小值

numpy. amin()用于计算数组中的元素沿指定轴的最小值；numpy. amax()用于计算数组中的元素沿指定轴的最大值。numpy. amin()的语法格式如下：

```
numpy.amin(a, axis = None, out = None, keepdims = < no value >, initial = < no value >, where = < no value >)
```

各参数对应的含义如下。

- a：输入的数组,可以是一个 NumPy 数组或类似数组的对象。
- axis：可选参数,用于指定在哪个轴上计算最小值。如果不提供此参数,则返回整个数组的最小值。可以由一个整数表示轴的索引,也可以由一个元组表示多个轴。
- out：可选参数,用于指定结果的存储位置。
- keepdims：可选参数,如果为 True,将保持结果数组的维度数目与输入数组相同。如果为 False(默认值),则会去除计算后维度为 1 的轴。
- initial：可选参数,用于指定一个初始值,然后在数组的元素上计算最小值。
- where：可选参数,一个布尔数组,用于指定元素应满足的条件。

numpy. amax()方法的语法格式与 numpy. amin()类似,参数含义也类似。

【例 4-38】 最大值与最小值。

```
import numpy as np
a = np.array([[3,7,5],[8,4,3],[2,4,9]])
print('创建的数组是:',a)
print('调用 amin()函数:',np.amin(a,1))
print('再次调用 amin()函数:',np.amin(a,0))
print('调用 amax()函数:',np.amax(a))
print('再次调用 amax()函数:',np.amax(a,axis = 0))
```

运行程序,输出如下：

```
创建的数组是: [[3 7 5]
 [8 4 3]
 [2 4 9]]
调用 amin()函数: [3 3 2]
再次调用 amin()函数: [2 4 3]
调用 amax()函数: 9
再次调用 amax()函数: [8 7 9]
```

2. 极差

极差是指最大值与最小值之差，即最大值减最小值后所得的数据。在统计中常用极差来刻画一组数据的离散程度，以及反映变量分布的变异范围和离散幅度。在总体上，任何两个单位的标准之差都不能越过极差。同时，它能体现一组数据波动的范围。极差越大，离散程度越大；反之，离散程度越小。

极差只指明了测定值的最大离散范围，而未能利用全部测量值的信息，不能细致地反映测量值彼此相符合的程度。极差是总体标准偏差的有偏估计值，当乘以校正系数之后，可以作为总体标准偏差的无偏估计值。它的优点是计算简单、含义直观、运用方便，因此在数据统计处理中有着相当广泛的应用。NumPy 提供了 numpy. ptp()函数计算数组中元素的极差。其语法格式如下：

```
numpy.ptp(a, axis = None, out = None, keepdims = < no value >, initial = < no value >, where = < no value >)
```

各参数对应的含义如下。

- a：输入的数组，可以是一个 NumPy 数组或类似数组的对象。
- axis：可选参数，用于指定在哪个轴上计算峰/峰值。如果不提供此参数，则返回整个数组的峰/峰值。可以由一个整数表示轴的索引，也可以由一个元组表示多个轴。
- out：可选参数，用于指定结果的存储位置。
- keepdims：可选参数，如果为 True，将保持结果数组的维度数目与输入数组相同。如果为 False(默认值)，则会去除计算后维度为 1 的轴。
- initial：可选参数，用于指定一个初始值，然后在数组的元素上计算峰/峰值。
- where：可选参数，一个布尔数组，用于指定元素应满足的条件。

【例 4-39】 计算数组的极差。

```
x = np.arange(4).reshape((2,2))
X
```

运行程序，输出如下：

```
array([[0, 1],
       [2, 3]])
np.ptp(x,axis = 0)
array([2, 2])
np.ptp(x,axis = 1)
array([1, 1])
```

3. 百分数

百分数也叫百分率或百分比，通常不写成分数形式，而是采用百分号“%”来表示，如 1%。百分数只表示两个数的关系，所以百分号后不可以加单位。NumPy 提供了 numpy. percentile()方法统计数组的百分比。其语法格式如下：

```
numpy.percentile(a, q, axis)
```

其中，参数 a 为输入数组；q 为要计算的百分位数，范围为 0～100；axis 为计算百分位数所沿的轴。

【例 4-40】 计算数组的百分数。

```
import numpy as np
a = np.array([[10, 7, 4], [3, 2, 1]])
print('创建的数组是:',a)
```

```
# 50% 的分位数,就是 a 里排序之后的中位数
print('调用 percentile()函数:',np.percentile(a, 50))
print('axis 为 0,在纵列上求:',np.percentile(a, 50, axis = 0))
print('#axis 为 1,在横行上求:',np.percentile(a, 50, axis = 1))
print('#保持维度不变:',np.percentile(a, 50, axis = 1, keepdims = True))
```

运行程序,输出如下:

```
创建的数组是: [[10 7 4]
 [ 3 2 1]]
调用 percentile()函数: 3.5
axis 为 0,在纵列上求: [6.5 4.5 2.5]
#axis 为 1,在横行上求: [7. 2.]
#保持维度不变: [[7.]
 [2.]]
```

4. 中位数

中位数(median)又称中值,是按顺序排列的一组数据中居于中间位置的数,代表一个样本、种群或概率分布中的一个数值,其可将数值集合划分为相等的上下两部分。NumPy 中提供了 numpy.median()函数用于计算数组 a 中元素的中位数(中值)。函数的语法格式如下:

```
numpy.median(a, axis = None, out = None, overwrite_input = False, keepdims = <no value>)
```

各参数含义如下。

- a:输入的数组,可以是一个 NumPy 数组或类似数组的对象。
- axis:可选参数,用于指定在哪个轴上计算中位数。如果不提供此参数,则计算整个数组的中位数。可以由一个整数表示轴的索引,也可以由一个元组表示多个轴。
- out:可选参数,用于指定结果的存储位置。
- overwrite_input:可选参数,如果为 True,则允许在计算中使用输入数组的内存。这可能会在某些情况下提高性能,但可能会修改输入数组的内容。
- keepdims:可选参数,如果为 True,将保持结果数组的维度数目与输入数组相同。如果为 False(默认值),则会去除计算后维度为 1 的轴。

【例 4-41】 中位数实例演示。

```
import numpy as np
a = np.array([[30,65,70],[80,95,10],[50,90,60]])
print('创建数组是:',a)
print('调用 median()函数:',np.median(a))
print('沿轴 0 调用 median()函数:',np.median(a, axis = 0))
print('沿轴 1 调用 median()函数:',np.median(a, axis = 1))
```

运行程序,输出如下:

```
创建数组是: [[30 65 70]
 [80 95 10]
 [50 90 60]]
调用 median()函数: 65.0
沿轴 0 调用 median()函数: [50. 90. 60.]
沿轴 1 调用 median()函数: [65. 80. 60.]
```

5. 其他统计函数

- numpy.average()方法:根据在另一个数组中给出的权重计算数组中元素的加权平均值。
- numpy.mean()方法:返回数组中元素的算术平均值,如果提供了轴,则沿轴计算。

- std()：计算数据标准差，即算术平方根。
- var()：计算随机变量和均值之间的偏离程度的值。

【例 4-42】 其他统计函数。

```
import numpy as np
a = np.array([[1,2,3],[3,4,5],[4,5,6]])
print('创建的数组是:',a)
print('调用 mean()函数:',np.mean(a))
A = np.array([1,2,3,4])
print('创建的数组是:',A)
print('调用 average()函数:',np.average(A))
#不指定权重时相当于 mean 函数
wts = np.array([4,3,2,1])
print('再次调用 average()函数:')
print(np.average(A,weights = wts))
#如果 returned 参数设为 true,则返回权重的和
print('权重的和:')
print(np.average([1,2,3,4],weights = [4,3,2,1], returned = True))
print('标准差:',np.std(A))
print('方差:',np.var(A))
```

运行程序，输出如下：

```
创建的数组是: [[1 2 3]
 [3 4 5]
 [4 5 6]]
调用 mean()函数: 3.6666666666666665
创建的数组是: [1 2 3 4]
调用 average()函数: 2.5
再次调用 average()函数:
2.0
权重的和:
(2.0, 10.0)
标准差: 1.118033988749895
方差: 1.25
```

4.2.12 排序、条件筛选

NumPy 支持对数组进行排序与筛选操作，下面分别进行介绍。

1. numpy.sort()方法

numpy.sort()函数返回输入数组的排序副本。函数格式如下：

```
numpy.sort(a, axis, kind, order)
```

其中，参数 a 为要排序的数组；axis 为数组排序所沿的轴，如果没有数组被展开，则沿着最后的轴排序，axis=0 按列排序，axis=1 按行排序；kind 默认值为'quicksort'(快速排序)；如果数组包含字段，则 order 是要排序的字段。

【例 4-43】 排序实例。

```
import numpy as np
a = np.array([[3,7],[9,1]])
print('创建的数组是:',a)
print('调用 sort()函数:',np.sort(a))
print('按列排序:',np.sort(a, axis = 0))
#在 sort 函数中排序字段
dt = np.dtype([('name', 'S10'),('age', int)])
```

```
a = np.array([("raju",21),("anil",25),("ravi", 17), ("amar",27)], dtype = dt)
```

运行程序,输出如下:

```
创建的数组是: [[3 7]
 [9 1]]
调用 sort()函数: [[3 7]
 [1 9]]
按列排序: [[3 1]
 [9 7]]
```

2. numpy.argsort()方法

numpy.argsort()函数返回的是数组元素从小到大的索引值。

【例 4-44】 numpy.argsort()方法排序实例。

```
import numpy as np
x = np.array([3, 1, 2])
print('创建的数组是:',x)
y = np.argsort(x)
print('对 x 调用 argsort()函数:',y)
print('以排序后的顺序重构原数组:',x[y])
print('使用循环重构原数组:')
for i in y:
    print(x[i], end = " ")
```

运行程序,输出如下:

```
创建的数组是: [3 1 2]
对 x 调用 argsort()函数: [1 2 0]
以排序后的顺序重构原数组: [1 2 3]
使用循环重构原数组:
1 2 3
```

3. numpy.lexsort()方法

numpy.lexsort()方法用于对多个序列进行排序。把它想象成对电子表格进行排序,每一列代表一个序列,排序时优先照顾靠后的列。

比如,小升初考试,重点班录取学生按照总成绩录取。在总成绩相同时,数学成绩高的优先录取,在总成绩和数学成绩都相同时,英语成绩高的优先录取…… 这里,总成绩排在电子表格的最后一列,数学成绩在倒数第二列,英语成绩在倒数第三列。

【例 4-45】 numpy.lexsort()方法排序实例。

```
import numpy as np
nm = ('raju','anil','ravi','amar')
dv = ('f.y.', 's.y.', 's.y.', 'f.y.')
ind = np.lexsort((dv,nm))
print('调用 lexsort()函数:',ind)
print('使用这个索引来获取排序后的数据:')
print([nm[i] + ", " + dv[i] for i in ind])
```

运行程序,输出如下:

```
调用 lexsort()函数: [3 1 0 2]
使用这个索引来获取排序后的数据:
['amar, f.y.', 'anil, s.y.', 'raju, f.y.', 'ravi, s.y.']
```

4. numpy.argmax()和 numpy.argmin()方法

numpy.argmax()和 numpy.argmin()函数分别沿给定轴返回最大和最小元素的索引。

【例 4-46】 搜索数组中的最大值和最小值。

```
import numpy as np
a = np.array([[30,40,70],[80,20,10],[50,90,60]])
print('创建的数组是:',a)
print('调用 argmax() 函数:',np.argmax(a))
print('展开数组:',a.flatten())
maxindex = np.argmax(a, axis = 0)
print('沿轴 0 的最大值索引:',maxindex)
maxindex = np.argmax(a, axis = 1)
print('沿轴 1 的最大值索引:',maxindex)
minindex = np.argmin(a)
print('调用 argmin()函数:',minindex)
print('展开数组中的最小值:',a.flatten()[minindex])
minindex = np.argmin(a, axis = 0)
print('沿轴 0 的最小值索引:',minindex)
minindex = np.argmin(a, axis = 1)
print('沿轴 1 的最小值索引:',minindex)
```

运行程序,输出如下:

```
创建的数组是: [[30 40 70]
 [80 20 10]
 [50 90 60]]
调用 argmax() 函数: 7
展开数组: [30 40 70 80 20 10 50 90 60]
沿轴 0 的最大值索引: [1 2 0]
沿轴 1 的最大值索引: [2 0 1]
调用 argmin()函数: 5
展开数组中的最小值: 10
沿轴 0 的最小值索引: [0 1 1]
沿轴 1 的最小值索引: [0 2 0]
```

5. numpy.nonzero()方法

numpy.nonzero()方法返回输入数组中非零元素的索引。

【例 4-47】 返回数组中非零元素的索引。

```
import numpy as np
a = np.array([[30,40,0],[0,20,10],[50,0,60]])
print('创建的数组是:',a)
print('调用 nonzero()函数:')
print(np.nonzero(a))
```

运行程序,输出如下:

```
创建的数组是: [[30 40 0]
 [ 0 20 10]
 [50 0 60]]
调用 nonzero()函数:
(array([0, 0, 1, 1, 2, 2], dtype = int64), array([0, 1, 1, 2, 0, 2], dtype = int64))
```

6. numpy.where()方法

numpy.where()方法返回输入数组中满足给定条件的元素的索引。

【例 4-48】 利用 numpy.where()方法返回满足给定条件的元素的索引。

```
import numpy as np
x = np.arange(9.).reshape(3, 3)
print('创建的数组是:',x)
y = np.where(x > 3)
```

```
print( '大于 3 的元素的索引:',y)
print('使用这些索引来获取满足条件的元素:',x[y])
```

运行程序,输出如下:

```
创建的数组是: [[0. 1. 2.]
 [3. 4. 5.]
 [6. 7. 8.]]
大于 3 的元素的索引:(array([1, 1, 2, 2, 2], dtype = int64), array([1, 2, 0, 1, 2], dtype = int64))
使用这些索引来获取满足条件的元素:[4. 5. 6. 7. 8.]
```

7. numpy. extract()方法

numpy. extract()方法根据某个条件从数组中抽取元素,返回满足条件的元素。

【例 4-49】 利用 numpy. extract()方法抽取满足条件的元素。

```
import numpy as np
x = np.arange(9.).reshape(3, 3)
print('创建的数组是:',x)
#定义条件, 选择偶数元素
condition = np.mod(x,2) == 0
print('按元素的条件值:',condition)
print('使用条件提取元素:')
print(np.extract(condition, x))
```

运行程序,输出如下:

```
创建的数组是: [[0. 1. 2.]
 [3. 4. 5.]
 [6. 7. 8.]]
按元素的条件值: [[ True False True]
 [False True False]
 [ True False True]]
使用条件提取元素:
[0. 2. 4. 6. 8.]
```

4.3 NumPy 线性代数

NumPy 提供了线性代数函数库 linalg,其常用函数如表 4-2 所示。

表 4-2 numpy. linalg 常用函数

函 数		说 明
线性函数基础	np. linalg. norm	表示范数,需要注意的是,范数是对向量或矩阵的度量,是一个标量
	np. linalg. inv	矩阵的逆。注意,如果矩阵 A 是奇异矩阵或非方阵,则会抛出异常(方阵: 行数与列数相等的矩阵)。计算矩阵 A 的广义逆矩阵,采用 numpy. linalg. pinv
	np. linalg. solve	求解线性方程组
	np. linalg. det	求矩阵的行列式
	np. linalg. lstsq	lstsq 表示 LeaST Square,是用最小二乘法求解线性函数
特征值与特征分解	numpy. linalg. eig	特征值和特征向量
	numpy. linalg. eigvals	特征值
	numpy. linalg. svd	奇异值分解
	numpy. linalg. qr	矩阵的 QR 分解

1. 范数计算

依据给定的参数计算范数,其语法格式如下:

```
np.linalg.norm(x,ord = None,axis = None,keepdims = False)
```

参数 x 表示要度量的向量；ord 表示范数的各类；axis 表示处理类型，主要取值如下。

- axis=1 表示按行向量处理，求多个行向量的范数。
- axis=0 表示按列向量处理，求多个列向量的范数。
- axis=None 表示矩阵范数。

【例 4-50】 数组的范数计算。

```
import numpy as np
x = np.array([[0,3,4],[1,6,3]])
#默认参数 order = None,axis = None,keepdims = False
print('默认参数(矩阵二范数,不保留矩阵二维特性:)',np.linalg.norm(x))
print('矩阵二范数,保留矩阵二维特性:',np.linalg.norm(x,keepdims = True))
print('矩阵每个行向量,求向量的二范数:',np.linalg.norm(x,axis = 1,keepdims = True))
print('矩阵每个列向量,求向量的二范数:',np.linalg.norm(x,axis = 0,keepdims = True))
print('矩阵一范数:',np.linalg.norm(x,ord = 1,keepdims = True))
print('矩阵二范数:',np.linalg.norm(x,ord = 2,keepdims = True))
print('矩阵∞范数:',np.linalg.norm(x,ord = np.inf,keepdims = True))
print('矩阵每个行向量,求向量的一范数:',np.linalg.norm(x,ord = 1,axis = 1,keepdims = True))
```

运行程序，输出如下：

```
默认参数(矩阵二范数,不保留矩阵二维特性:) 8.426149773176359
矩阵二范数,保留矩阵二维特性: [[8.42614977]]
矩阵每个行向量,求向量的二范数: [[5.        ]
 [6.78232998]]
矩阵每个列向量,求向量的二范数: [[1.         6.70820393 5.        ]]
矩阵一范数: [[9.]]
矩阵二范数: [[8.20270871]]
矩阵∞范数: [[10.]]
矩阵每个行向量,求向量的一范数: [[ 7.]
 [10.]]
```

2. 求矩阵的逆

设 A 是数域上的一个 n 阶矩阵，如果在相同数域上存在另一个 n 阶矩阵 $\boldsymbol{B}$，使得 $\boldsymbol{AB}=\boldsymbol{BA}=\boldsymbol{E}$，则称 $\boldsymbol{B}$ 是 $\boldsymbol{A}$ 的逆矩阵，而 $\boldsymbol{A}$ 则被称为可逆矩阵。注：$\boldsymbol{E}$ 为单位矩阵。

【例 4-51】 求矩阵的逆。

```
import numpy as np
a = np.mat('0,1,2;1,0,3;4,-3,8')
a_inv = np.linalg.inv(a)
print(a_inv)
print(a * a_inv) #检查原矩阵和求得的逆矩阵相乘的结果是否为单位矩阵
```

运行程序，输出如下：

```
[[-4.5  7.  -1.5]
 [-2.   4.  -1. ]
 [ 1.5 -2.   0.5]]
[[1. 0. 0.]
 [0. 1. 0.]
 [0. 0. 1.]]
```

3. 求方程组的解

numpy.linalg.solve()函数给出了矩阵形式的线性方程的解。

【例 4-52】 以下线性方程：

$$\begin{cases}x+y+z=6\\2y+5z=-4\\2x+5y-z=27\end{cases}$$

可以使用矩阵表示为

$$\begin{bmatrix}1&1&1\\0&2&5\\2&5&-1\end{bmatrix}\begin{bmatrix}x\\y\\z\end{bmatrix}=\begin{bmatrix}6\\-4\\27\end{bmatrix}$$

```
import numpy as np
a = np.array([[1,1,1],[0,2,5],[2,5, - 1]])
print('数组 a:\n',a)
ainv = np.linalg.inv(a)
print('a 的逆:\n',ainv)
b = np.array([[6],[ - 4],[27]])
print('矩阵 b:\n',b)
x = np.linalg.solve(a,b)
print('计算:A^( - 1)B:\n',x)
#这就是线性方程的解 x = 5, y = 3, z = -2
数组 a:
 [[ 1 1 1]
 [ 0 2 5]
 [ 2 5 -1]]
a 的逆:
 [[ 1.28571429 - 0.28571429 - 0.14285714]
 [ - 0.47619048 0.14285714 0.23809524]
 [ 0.19047619 0.14285714 - 0.0952381 ]]
矩阵 b:
 [[ 6]
 [ - 4]
 [27]]
计算:A^( - 1)B:
 [[ 5.]
 [ 3.]
 [ - 2.]]
```

结果也可以使用以下函数获取：

```
x = np.dot(ainv,b)
```

4. 计算矩阵行列式

行列式在线性代数中是非常有用的值，对于 2×2 矩阵，它是左上和右下元素的乘积与其他两个元素乘积的差。换句话说，对于矩阵[[a,b],[c,d]]，行列式计算为 ad－bc。较大的方阵被认为是 2×2 矩阵的组合。

【例 4-53】 计算矩阵行列式。

```
import numpy as np
b = np.array([[6,1,1], [4, -2, 5], [2,8,7]])
print('创建的矩阵:\n',b)
print('矩阵的行列式:\n',np.linalg.det(b))
print(6 * ( - 2 * 7 - 5 * 8) - 1 * (4 * 7 - 5 * 2) + 1 * (4 * 8 -  - 2 * 2))        #手动计算
```

运行程序，输出如下：

```
创建的矩阵:
 [[ 6 1 1]
```

```
 [ 4 -2 5]
 [ 2 8 7]]
矩阵的行列式:
 -306.0
-306
```

5. 最小二乘求解线性函数

在 NumPy 中,存在一个二元一次回归函数 $y=mx+c$,可利用 linalg. lstsq()函数通过最小二乘法可求解参数 m 与 c,其中,m 和 c 分别表示最小二乘法回归曲线(此处为直线)的斜率和截距。函数格式如下:

```
numpy.linalg.lstsq(array_A,array_B)
```

其中,参数 array_A 是一个 $n\times2$ 的数组,array_B 是一个 $1\times n$ 的数组。

【例 4-54】 利用最小二乘法求解线性函数。

```
import numpy as np
x = np.array([0,1,2,3])
y = np.array([-1,0.2,0.8,2.2])
A = np.vstack([x,np.ones(len(x))]).T #x,np.ones(len(x))为常数项的构建
print(A)
m,c = np.linalg.lstsq(A,y)[0]
print(m,c)
import matplotlib.pyplot as plt
#显示中文
plt.rcParams['font.sans-serif'] = ['SimHei']
plt.rcParams['axes.unicode_minus'] = False
#绘图
plt.plot(x,y,'+',label = '原数据')
plt.plot(x,m*x+c,'r',label = '拟合直线')
plt.legend()
plt.show()
```

运行程序,输出如下,线性拟合效果如图 4-2 所示。

```
[[0. 1.]
 [1. 1.]
 [2. 1.]
 [3. 1.]]
1.0199999999999998 -0.9799999999999995
```

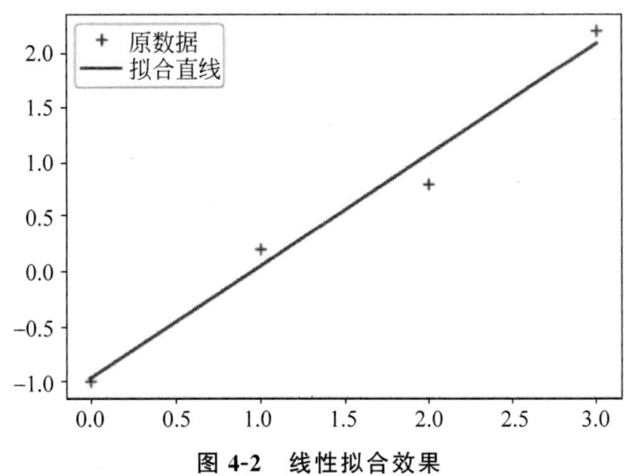

图 4-2 线性拟合效果

6. 点积

对于两个一维的数组,numpy. dot()计算的是这两个数组对应下标元素的乘积和(数学上

称为向量点积)；对于二维数组，计算的是两个数组的矩阵乘积；对于多维数组，它是计算数组 a 的最后一维上的所有元素与数组 b 的倒数第二维上的所有元素的乘积和：dot(a,b)[i,j,k,m]=sum(a[i,j,:] * b[k,:,m])。函数的语法格式如下：

```
numpy.dot(a, b, out = None)
```

其中，参数 a 为 ndarray 数组；b 为 ndarray 数组；out 可选，用来保存 dot()的计算结果。

numpy.vdot()函数是两个向量的点积。如果第一个参数是复数，那么会计算它的共轭复数。如果参数是多维数组，它会被展开。

计算两个向量的内积可用 vdot()函数实现。

【例 4-55】 计算数组与向量的点积。

```
import numpy as np
a = np.array([[1,2],[3,4]])
b = np.array([[11,12],[13,14]])
print('两数组的点积:\n',np.dot(a,b))
#vdot 将数组展开计算内积
print('vdot 计算两个向量的内积:\n',np.vdot(a,b))
```

运行程序，输出如下：

```
两数组的点积:
 [[37 40]
 [85 92]]
vdot 计算两个向量的内积:
 130
```

7. 内积

numpy.inner()函数返回一维数组的向量内积。对于更高的维度，它返回最后一个轴上的乘积的和。

【例 4-56】 利用 inner()函数计算一维数组的向量内积。

```
import numpy as np
a = np.array([[1,2], [3,4]])
print('数组 a:\n',a)
b = np.array([[11, 12], [13, 14]])
print('数组 b:\n',b)
print('内积:\n',np.inner(a,b))
```

运行程序，输出如下：

```
数组 a:
 [[1 2]
 [3 4]]
数组 b:
 [[11 12]
 [13 14]]
内积:
 [[35 41]
 [81 95]]
```

8. 求解特征值与特征向量

特征值是指使方程 $\boldsymbol{A}\boldsymbol{x}=a\boldsymbol{x}$ 成立的值。其中，$\boldsymbol{A}$ 为一个二维矩阵，$\boldsymbol{x}$ 为一个一维向量。特征向量是关于特征值的向量。

在 numpy.linalg 模块中，eigvals 函数可以计算矩阵的特征值，而 eig 函数可以返回一个包含特征值和对应的特征向量的元组。

【例 4-57】 计算矩阵的特征值与特征向量。

```
import numpy as np
#创建一个矩阵
c = np.mat('3, - 2;1,0')
#调用 eigvals 函数求解特征值
c0 = np.linalg.eigvals(c)
print('特征值为:\n',c0)
#调用 eig 函数求解特征值和特征向量(返回一个元组;第一列为特征值,第二列为特征向量)
c1,c2 = np.linalg.eig(c)
print('特征值:\n',c1)
print('特征向量:\n',c2)
#使用 dot 函数验证求得的解是否正确
for i in range(len(c1)):
    print('left:',np.dot(c,c2[:,i]))
    print('right:',c1[i] * c2[:,i])
```

运行程序,输出如下:

```
特征值为:
 [2. 1.]
特征值:
 [2. 1.]
特征向量:
 [[0.89442719 0.70710678]
 [0.4472136 0.70710678]]
left: [[1.78885438]
 [0.89442719]]
right: [[1.78885438]
 [0.89442719]]
left: [[0.70710678]
 [0.70710678]]
right: [[0.70710678]
 [0.70710678]]
```

9. 奇异值分解

奇异值分解(Singular Value Decomposition,SVD)是一种因子分解运算,即将一个矩阵分解为 3 个矩阵的乘积。

numpy.linalg 模块中的 svd 函数可以对矩阵进行奇异值分解。该函数返回的 3 个矩阵分别为 U、Sigma 和 V,其中 U 和 V 是正交矩阵,Sigma 包含输入矩阵的奇异值。

【例 4-58】 对矩阵进行奇异值分解。

```
import numpy as np
D = np.mat('4 11 14;8 7 - 2')
#使用 SVD 函数分解矩阵
U,Sigma,V = np.linalg.svd(D,full_matrices = False)
print("U:{}\nSigma:{}\nV:{}".format(U,Sigma,V))
```

运行程序,输出如下:

```
U:[[ - 0.9486833  - 0.31622777]
 [ - 0.31622777 0.9486833 ]]
Sigma:[18.97366596 9.48683298]
V:[[ - 0.33333333  - 0.66666667  - 0.66666667]
 [ 0.66666667 0.33333333  - 0.66666667]]
```

4.4 NumPy IO

NumPy 可以读写磁盘上的文本数据或二进制数据，它为 ndarray 对象引入了一个简单的文件格式：npy。npy 文件用于存储重建 ndarray 所需的数据、图形、dtype 和其他信息。常用的 IO 函数如下。

- load()和 save()函数是读写文件数组数据的两个主要函数，默认情况下，数组以未压缩的原始二进制格式保存在扩展名为.npy 的文件中。
- savez()函数用于将多个数组写入文件，默认情况下，数组以未压缩的原始二进制格式保存在扩展名为.npz 的文件中。
- loadtxt()和 savetxt()函数处理正常的文本文件(.txt 等)。

1. numpy.save()方法

numpy.save()方法将数组保存到以.npy 为扩展名的文件中。函数的语法如下：

```
numpy.save(file, arr, allow_pickle = True, fix_imports = True)
```

各参数含义如下。

- file：要保存的文件，扩展名为.npy，如果文件路径末尾没有扩展名.npy，该扩展名会被自动加上。
- arr：要保存的数组。
- allow_pickle：可选，布尔值，为 Ture 则允许使用 Python pickles 保存对象数组，Python 中的 pickle 用于在对象保存到磁盘文件或从磁盘文件读取对象之前，对对象进行序列化和反序列化。
- fix_imports：可选，方便在 Pyhton2 中读取 Python3 保存的数据。

【例 4-59】 利用 save()方法保存数组到磁盘中。

```
import numpy as np
a = np.array([1,2,3,4,5])
#保存到 outfile.npy 文件上
np.save('outfile.npy',a)
#保存到 outfile2.npy 文件上，如果文件路径末尾没有扩展名.npy，该扩展名会被自动加上
np.save('outfile2',a)
```

如果可以使用 load()函数来读取数据，就可以正常显示了：

```
import numpy as np
b = np.load('outfile.npy') #加载数组
b #显示保存的数组
array([1, 2, 3, 4, 5])
```

2. np.savez 方法

numpy.savez()方法将多个数组保存到以.npz 为扩展名的文件中。函数语法格式如下：

```
numpy.savez(file, *args, **kwds)
```

各参数含义如下。

- file：要保存的文件，扩展名为.npz，如果文件路径末尾没有扩展名.npz，该扩展名会被自动加上。
- args：要保存的数组，可以使用关键字参数为数组起一个名字，非关键字参数传递的数组会自动起名为 arr_0，arr_1，……

• kwds：要保存的数组使用的关键字名称。

【例 4-60】 利用 np.savez()保存数据并进行读取。

```
import numpy as np
a = np.array([[1,2,3],[4,5,6]])
b = np.arange(0, 1.0, 0.1)
c = np.sin(b)
# c使用了关键字参数 sin_array
np.savez("savefile.npz", a, b, sin_array = c)
r = np.load("savefile.npz")
print(r.files)               # 查看各个数组的名称
print(r["arr_0"])            #数组 a
print(r["arr_1"])            #数组 b
print(r["sin_array"])        #数组 c
```

运行程序，输出如下：

```
['sin_array', 'arr_0', 'arr_1']
[[1 2 3]
 [4 5 6]]
[0. 0.1 0.2 0.3 0.4 0.5 0.6 0.7 0.8 0.9]
[0. 0.09983342 0.19866933 0.29552021 0.38941834 0.47942554
 0.56464247 0.64421769 0.71735609 0.78332691]
```

3. savetxt()方法

savetxt()方法是以简单的文本文件格式存储数据，对应的使用 loadtxt()函数来获取数据。函数的语法如下：

```
np.loadtxt(FILENAME, dtype = int, delimiter = ' ')
np.savetxt(FILENAME, a, fmt = "%d", delimiter = ",")
```

参数 delimiter 可以指定各种分隔符、针对特定列的转换器函数、需要跳过的行数等。

【例 4-61】 利用 savetxt()方法保存数据并进行读取。

```
import numpy as np
a = np.arange(0,10,0.5).reshape(4, - 1)
np.savetxt("out.txt",a,fmt = "%d",delimiter = ",")      #改成保存为整数,以逗号分隔
b = np.loadtxt("out.txt",delimiter = ",")               #load时也要指定为逗号分隔
print(b)
```

运行程序，输出如下：

```
[[0. 0. 1. 1. 2.]
 [2. 3. 3. 4. 4.]
 [5. 5. 6. 6. 7.]
 [7. 8. 8. 9. 9.]]
```

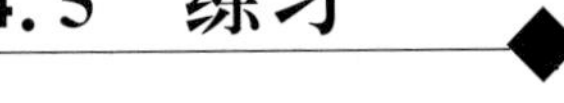

4.5 练习

1. 创建一个由 1～29 构成的数组，并将其倒序排列。
2. 按照数组的某一列进行排序。
3. 将一个向量进行反转(第一个元素变为最后一个元素)。
4. 创建一个 8×8 的随机数组，并找出该数组中的最大值与最小值。
5. 一个 5×3 的矩阵和一个 3×2 的矩阵相乘，得到的积是一个几维的矩阵？

第5章 CHAPTER 5 图形可视化

数据可视化、数据分析是 Python 的主要应用场景之一，Python 提供了丰富的数据分析、数据展示库来支持数据的可视化。数据可视化分析对于挖掘数据的潜在价值、制定企业决策都有非常大的帮助。

5.1 Matplotlib 可视化

Matplotlib 是 Python 中常用的可视化工具之一，使用它可以非常方便地创建海量类型的二维(2D)图表和一些基本的三维(3D)图表。当前基于 Python 的 Matplotlib 在科学计算领域都得到了广泛应用。

5.1.1 安装 Matplotlib

使用 pip 工具来安装 Matplotlib 库，首先需升级 pip：

```
python3 -m pip install -U pip
```

安装 Matplotlib 库的代码如下：

```
python3 -m pip install -U matplotlib
```

安装完成后，可以通过 import 来导入 Matplotlib：

```
import matplotlib
```

可通过以下代码查看 Matplotlib 库的版本号：

```
import matplotlib
print(matplotlib.__version__)
```

5.1.2 Matplotlib Pyplot

Pyplot 是 Matplotlib 的子库，提供了和 MATLAB 类似的绘图 API。Pyplot 是常用的绘图模块，能方便地绘制 2D 图表。它包含一系列绘图的相关函数，每个函数会对当前的图像进行一些修改，例如给图像加上标记、生成新的图像、在图像中产生新的绘图区域等。使用时，可以使用 import 导入 Pyplot 库，并设置一个别名 plt，如：

```
import matplotlib.pyplot as plt
```

这样就可以使用 plt 来引用 Pyplot 包的方法。以下是一些常用的 pyplot 函数。

- plot()：用于绘制线图和散点图。

- scatter()：用于绘制散点图。
- bar()：用于绘制垂直条形图和水平条形图。
- hist()：用于绘制直方图。
- pie()：用于绘制饼图。
- imshow()：用于绘制图像。
- subplots()：用于创建子图。

1. 绘制点和线

除了这些基本的函数，Pyplot 还提供了很多其他函数，例如用于设置图表属性的函数、用于添加文本和注释的函数、用于保存图表到文件的函数等。

利用 plot()函数可以绘制点和线，语法格式如下：

```
plot([x], y, [fmt], *, data=None, **kwargs)             #画单条线
plot([x], y, [fmt], [x2], y2, [fmt2], …, **kwargs)     #画多条线
```

其中，各参数含义如下。

- x,y：点或线的节点，x 为 x 轴数据，y 为 y 轴数据，数据可以是列表或数组。
- fmt：可选，用于定义基本格式(如颜色、标记和线条样式)。
- **kwargs：可选，用在二维平面图上，设置指定属性，如标签、线的宽度等。

此外，颜色、标记和线条样式如下。

- 颜色字符：'b'表示蓝色，'m'表示洋红色，'g'表示绿色，'y'表示黄色，'r'表示红色，'k'表示黑色，'w'表示白色，'c'表示青绿色，'#008000'表示 RGB 颜色符串。多条曲线不指定颜色时，会自动选择不同的颜色。
- 线条样式参数：'-'表示实线，'--'表示破折线，'-.'表示点画线，':'表示虚线。
- 标记字符：'.'表示点标记，','表示像素标记(极小点)，'o'表示实心圈标记，'v'表示倒三角标记，'^'表示上三角标记，'>'表示右三角标记，'<'表示左三角标记等。

【例 5-1】 绘制正弦和余弦曲线。

解析：在 plt.plot()参数中包含两对 x,y 值，第一对是 x,y，对应正弦函数，第二对是 x,z，对应余弦函数。

```
import matplotlib.pyplot as plt
import numpy as np
x = np.arange(0,4*np.pi,0.1) #开始，停止，步长
y = np.sin(x)
z = np.cos(x)
plt.plot(x,y,'r+',x,z)
plt.show()
```

运行程序，正弦和余弦曲线如图 5-1 所示。

2. fmt 参数

fmt 参数定义了基本格式，如标记、线条样式和颜色。

```
fmt = '[marker][line][color]'
```

例如“o:r”中，o 表示实心圆标记，:表示虚线，r 表示颜色为红色。

```
import matplotlib.pyplot as plt
import numpy as np
ypoints = np.array([6, 2, 13, 10])
plt.plot(ypoints, 'o:r')       #定义基本格式效果如图 5-2 所示
plt.show()
```

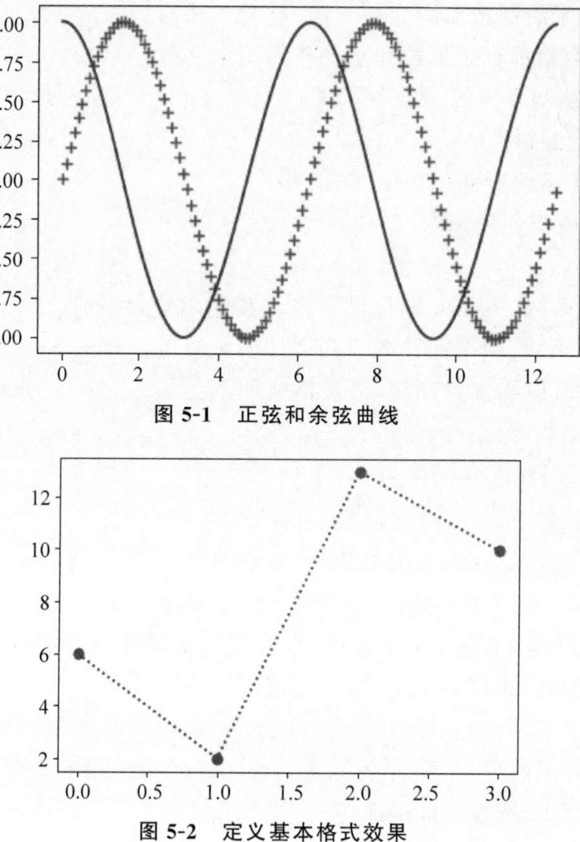

图 5-1 正弦和余弦曲线

图 5-2 定义基本格式效果

3. 线的宽度

线的宽度可以使用 linewidth 参数来定义，简写为 lw，值可以是浮点数，如 1、2.0、6.5 等。

【例 5-2】 设置指定线的宽度。

```
import matplotlib.pyplot as plt
import numpy as np
ypoints = np.array([6, 2, 13, 10])
plt.plot(ypoints, linewidth = '10.5')
plt.show()
```

运行程序，指定线的宽度效果如图 5-3 所示。

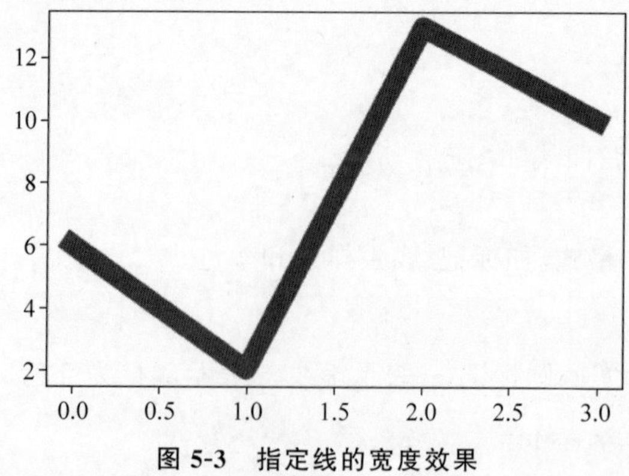

图 5-3 指定线的宽度效果

4. 轴标签和标题

在 Matplotlib 中可以使用 xlabel()和 ylabel()函数分别设置 x 轴和 y 轴的标签。title()

函数用来设置标题。

此外，Matplotlib 作图时默认设置为英文，无法显示中文，若要显示中文，需要添加下面一行代码：

```
plt.rcParams['font.sans-serif'] = ['SimHei']
```

【例 5-3】 在图像中显示中文标注。

```
import numpy as np
from matplotlib import pyplot as plt
import matplotlib
#显示中文
plt.rcParams['font.sans-serif'] = ['SimHei']
plt.rcParams['axes.unicode_minus'] = False
x = np.arange(1,11)
y = 2 * x + 5
plt.title("显示中文标注")
plt.xlabel("x 轴")
plt.ylabel("y 轴")
plt.plot(x,y)
plt.show()
```

运行程序，显示中文标注效果如图 5-4 所示。

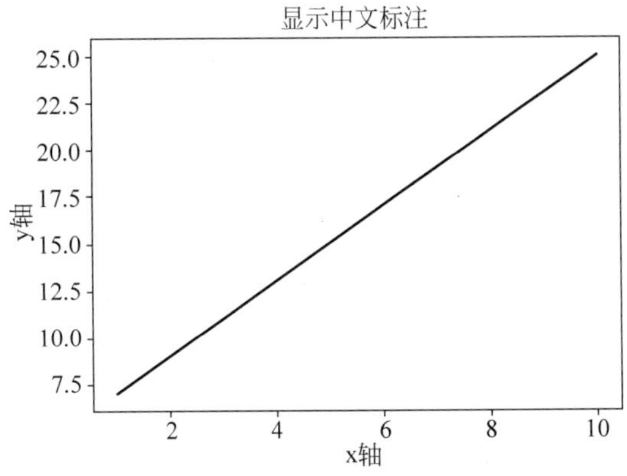

图 5-4　显示中文标注效果

5. 显示负号

一般在数据绘图时，数据的坐标轴部分容易出现负数，但在图中并不显示负号，如图 5-5 所示。

【例 5-4】 图片显示负号演示。

```
import numpy as np
import matplotlib.pyplot as plt
plt.rcParams['font.sans-serif'] = ['SimHei']      #设置字体
x = np.linspace(-5, 5, 100)
y = np.cos(x)
plt.plot(x, y)
plt.show()
```

运行程序，不显示负号效果如图 5-5 所示。

由图 5-5 可观察到，图中的负号并没有显示，要解决该问题，在 Maplotlib 中，可通过添加以下语句实现负号的显示，添加代码后运行程序，显示负号效果如图 5-6 所示。

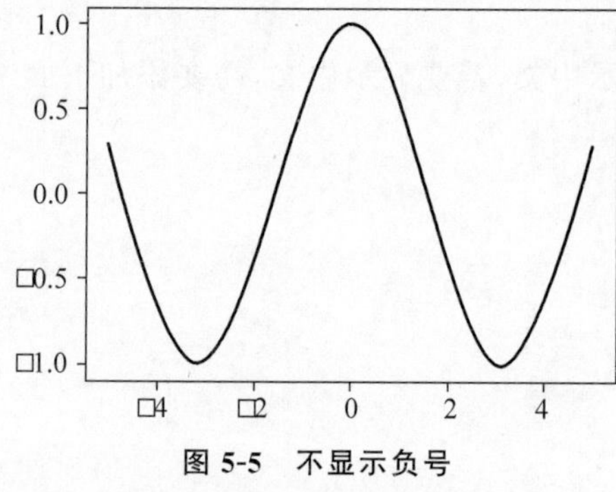

图 5-5 不显示负号

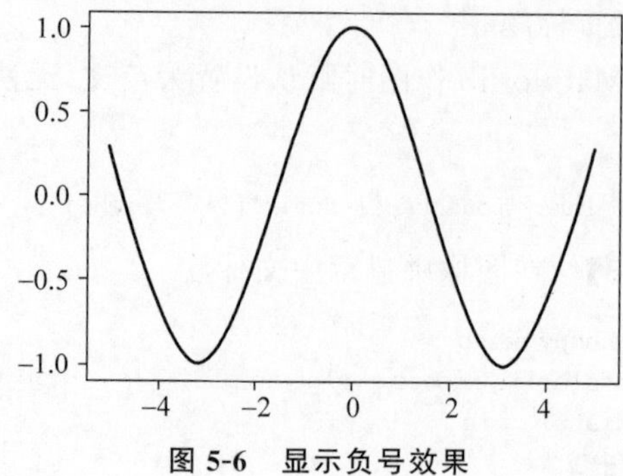

图 5-6 显示负号效果

```
plt.rcParams['axes.unicode_minus'] = False
```

6. 添加网格线

可以使用 Pyplot 中的 grid()函数设置图表中的网格线。语法格式如下：

```
matplotlib.pyplot.grid(b = None, which = 'major', axis = 'both', ** kwargs)
```

其中,各参数含义如下。

- b：可选,默认为 None,可以设置布尔值,true 为显示网格线,false 为不显示,如果设置 ** kwargs 参数,则值为 true。
- which：可选,可选值有'major'、'minor' 和 'both',默认为'major',表示应用更改的网格线。
- axis：可选,设置显示哪个方向的网格线,可以取 'both'(默认)、'x'或'y',分别表示两个方向、x 轴方向或 y 轴方向。
- ** kwargs：可选,设置网格样式,可以是 color＝'r'、linestyle＝'-'和 linewidth＝2,分别表示网格线的颜色、样式和宽度。

【例 5-5】 添加一个简单的网格线,axis 参数使用 x,设置 x 轴方向显示网格线。

```
import numpy as np
import matplotlib.pyplot as plt

x = np.array([1, 2, 3, 4])
y = np.array([1, 4, 9, 16])
#显示中文
plt.rcParams['font.sans - serif'] = ['SimHei']
plt.rcParams['axes.unicode_minus'] = False
plt.title("添加网络实例")
plt.xlabel("x 标签")
plt.ylabel("y 标签")
plt.plot(x, y)
plt.grid(axis = 'x')        #设置 x 就是在 x 轴方向显示网格线
plt.show()
```

运行程序,显示网格线效果如图 5-7 所示。

5.1.3 绘制多子图

在 Matplotlib 中,可以使用 Pyplot 中的 subplot()和 subplots()函数来绘制多个子图。subplot()函数在绘图时需要指定位置,subplots()函数可以一次生成多个子图,在调用时只需要调用生成对象的 ax 即可。

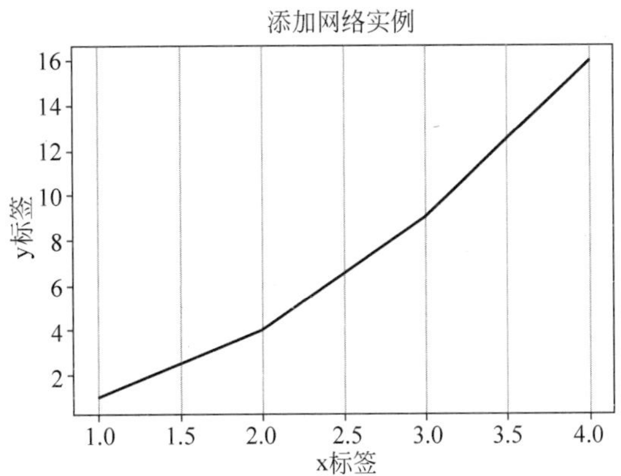

图 5-7 显示网格线效果

1. subplot()函数

subplot()函数的语法格式如下：

```
subplot(nrows, ncols, index, **kwargs)
subplot(pos, **kwargs)
subplot(**kwargs)
subplot(ax)
```

函数将整个绘图区域分成 nrows 行和 ncols 列，然后按照从左到右、从上到下的顺序将子区域编号为 1～N，左上的子区域的编号为 1、右下的子区域编号为 N，编号可以通过参数 index 来设置。

• 如果设置 nrows=1，ncols=2，就是将图表绘制成 1×2 的图片区域，对应的坐标为

(1,1)，(1,2)

plotNum=1，表示的坐标为(1,1)，即第一行第一列的子图。

plotNum=2，表示的坐标为(1,2)，即第一行第二列的子图。

• 如果设置 nrows=2，ncols=2，就是将图表绘制成 2×2 的图片区域，对应的坐标为

(1,1)，(1,2)

(2,1)，(2,2)

plotNum=1，表示的坐标为(1,1)，即第一行第一列的子图。

plotNum=2，表示的坐标为(1,2)，即第一行第二列的子图。

plotNum=3，表示的坐标为(2,1)，即第二行第一列的子图。

plotNum=4，表示的坐标为(2,2)，即第二行第二列的子图。

【例 5-6】 利用 subplot()绘制多子图。

```
import matplotlib.pyplot as plt
import numpy as np
#显示中文
plt.rcParams['font.sans-serif'] = ['SimHei']
plt.rcParams['axes.unicode_minus'] = False
#图 1:
x = np.array([0, 6])
y = np.array([0, 100])
plt.subplot(2, 2, 1)
plt.plot(x,y)
plt.title("plot 1")
#图 2:
```

```
x = np.array([1, 2, 3, 4])
y = np.array([1, 4, 9, 16])
plt.subplot(2, 2, 2)
plt.plot(x,y)
plt.title("plot 2")
#图 3:
x = np.array([1, 2, 3, 4])
y = np.array([3, 5, 7, 9])
plt.subplot(2, 2, 3)
plt.plot(x,y)
plt.title("plot 3")
#图 4:
x = np.array([1, 2, 3, 4])
y = np.array([4, 5, 6, 7])
plt.subplot(2, 2, 4)
plt.plot(x,y)
plt.title("plot 4")
plt.suptitle("subplot 绘制多子图测试")
plt.show()
```

运行程序,subplot 绘制多子图效果如图 5-8 所示。

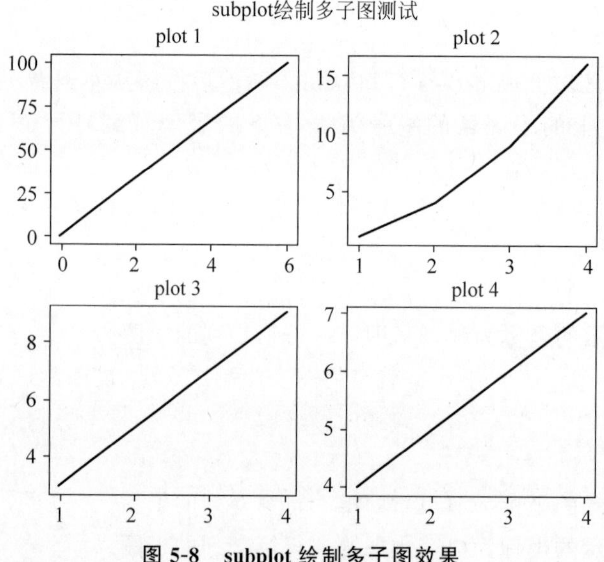

图 5-8 subplot 绘制多子图效果

2. subplots()函数

subplots()函数的语法格式如下:

```
matplotlib.pyplot.subplots(nrows = 1, ncols = 1, *, sharex = False, sharey = False, squeeze = True, subplot_kw = None, gridspec_kw = None, ** fig_kw)
```

各参数含义如下。

- nrows: 默认为 1,设置图表的行数。
- ncols: 默认为 1,设置图表的列数。
- sharex、sharey: 设置 x、y 轴是否共享,默认为 false,可设置为'none'、'all'、'row'或'col'。为 false 或'none'时,表示每个子图的 x 轴或 y 轴都是独立的;为 true 或'all'时,表示所有子图共享 x 或 y 轴;为'row'时,设置每个子图行共享一个 x 轴或 y 轴;为'col'时,设置每个子图列共享一个 x 轴或 y 轴。
- squeeze: 布尔值,默认为 true,表示额外的维度从返回的 Axes(轴)对象中挤出,对于

$N\times1$ 或 $1\times N$ 个子图，返回一个一维数组，对于 $N\times M$（$N>1$ 和 $M>1$）返回一个二维数组。如果设置为 false，则不进行挤压操作，返回一个元素为 Axes 对象的二维数组，即使它最终是 1×1。

- subplot_kw：可选，字典类型。把字典的关键字传递给 add_subplot()来创建每个子图。
- gridspec_kw：可选，字典类型。把字典的关键字传递给 GridSpec 构造函数，创建子图放在网格中(grid)。
- ** fig_kw：把详细的关键字参数传给 figure()函数。

【例 5-7】 利用 subplots()函数创建多子图。

```
import matplotlib.pyplot as plt
import numpy as np

#创建一些测试数据
x = np.linspace(0, 2 * np.pi, 400)
y = np.sin(x ** 2)
#创建 4 个子图
fig, axs = plt.subplots(2, 2, subplot_kw = dict(projection = "polar"))
axs[0, 0].plot(x, y)
axs[1, 1].scatter(x, y)
plt.show()
```

运行程序，subplots()方法创建多子图效果如图 5-9 所示。

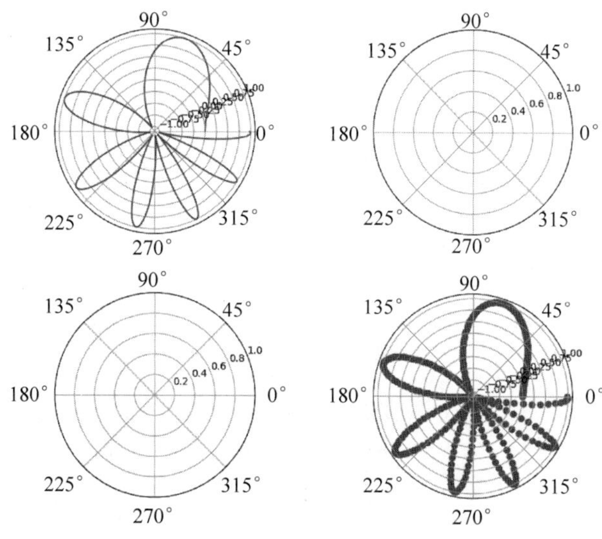

图 5-9　subplots()方法创建多子图效果

5.1.4　散点图

在 Matplotlib 中，可以使用 Pyplot 中的 scatter()函数来绘制散点图。scatter()函数的语法格式如下：

```
matplotlib.pyplot.scatter(x, y, s = None, c = None, marker = None, cmap = None, norm = None, vmin = None, vmax = None, alpha = None, linewidths = None, edgecolors = None, plotnonfinite = False, data = None, ** kwargs)
```

各参数含义如下。

- x,y：长度相同的数组，也就是绘制散点图的数据点(输入数据)。

- s：点的大小，默认为 20，也可以是个数组，数组的每个参数为对应点的大小。
- c：点的颜色，默认为蓝色'b'，也可以是 RGB 或 RGBA 的二维行数组。
- marker：点的样式，默认为小圆圈'o'。
- cmap：默认为 None，标量或者一个 colormap(颜色条)的名称，只有 c 是一个浮点数数组时才使用。如果没有申明即为 image. cmap。
- norm：默认为 None，数据亮度在 0～1，只有 c 是一个浮点数的数组时才使用。
- vmin，vmax：亮度设置，在 norm 参数存在时会忽略。
- alpha：透明度设置，为 0～1，默认为 None，即不透明。
- linewidths：标记点的长度。
- edgecolors：颜色或颜色序列，默认为'face'，可选值有'face'、'none'、None。
- plotnonfinite：布尔值，设置是否使用非限定的 c(inf,-inf 或 nan) 绘制点。
- ** kwargs：其他参数，如透明度、线形颜色、边框边缘颜色等。

【例 5-8】 使用随机数来设置散点图。

```
import numpy as np
import matplotlib.pyplot as plt
#随机数生成器的种子
np.random.seed(19680801)
#显示中文
plt.rcParams['font.sans-serif'] = ['SimHei']
plt.rcParams['axes.unicode_minus'] = False
N = 50
x = np.random.rand(N)
y = np.random.rand(N)
colors = np.random.rand(N)
area = (30 * np.random.rand(N)) ** 2                #0 到 15 点半径
plt.scatter(x, y, s = area, c = colors, alpha = 0.5)  #设置颜色及透明度
plt.title("散点图")                                  #设置标题
plt.show()
```

运行程序，散点图效果如图 5-10 所示。

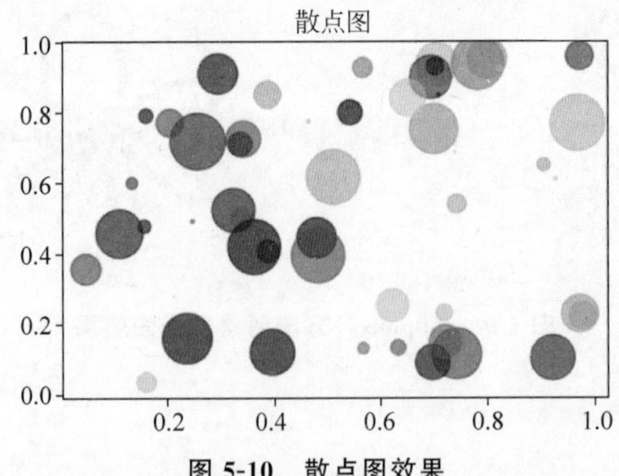

图 5-10 散点图效果

Matplotlib 模块提供了很多可用的颜色条(colormap)，颜色条就像一个颜色列表，设置颜色条需要使用 cmap 参数，默认值为'viridis'，之后颜色值设置为 0～100 的数组。如果要显示颜色条，需要使用 plt. colorbar()函数。

【例 5-9】 显示带颜色条的散点图。

```
import matplotlib.pyplot as plt
import numpy as np
```

```
x = np.array([5,7,8,7,2,17,2,9,4,11,12,9,6])
y = np.array([99,86,87,88,111,86,103,87,94,78,77,85,86])
colors = np.array([0, 10, 20, 30, 40, 45, 50, 55, 60, 70, 80, 90, 100])
plt.scatter(x, y, c = colors, cmap = 'afmhot_r') #设置颜色条颜色为 afmhot_r
plt.colorbar()                                    #有该语句则显示颜色图,没有则不显示
plt.show()
```

运行程序,显示带颜色条的散点图效果如图 5-11 所示。

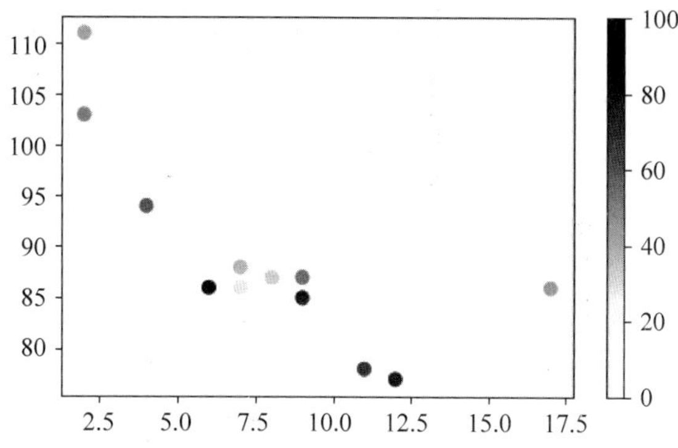

图 5-11 显示带颜色条的散点图效果

5.1.5 柱形图

在 Matplotlib 中,可以使用 Pyplot 中的 bar()函数来绘制柱形图。bar()函数语法格式如下:

```
matplotlib.pyplot.bar(x, height, width = 0.8, bottom = None, align = 'center', data = None,
**kwargs)
```

各参数的含义如下。

- x: 浮点型数组,柱形图的 x 轴数据。
- height: 浮点型数组,柱形图的高度。
- width: 浮点型数组,柱形图的宽度。
- bottom: 浮点型数组,底座的 y 坐标,默认为 0。
- align: 柱形图与 x 坐标的对齐方式。'center'表示以 x 位置为中心,是默认值。'edge'表示将柱形图的左边缘与 x 位置对齐。要对齐右边缘的条形,可以传递负数的宽度值及设置 align='edge'。

此外,垂直方向的柱形图可以使用 barh()函数来设置。需要注意的是,设置柱形图宽度,bar()函数使用 width 设置,barh()函数使用 height 设置 height。

【例 5-10】 绘制柱形图,并设置相应的宽度。

```
import matplotlib.pyplot as plt
import numpy as np
x = np.array(["柱形 1", "柱形 2", "柱形 3", "C-柱形"])
y = np.array([12, 22, 6, 18])
#显示中文
plt.rcParams['font.sans-serif'] = ['SimHei']
plt.rcParams['axes.unicode_minus'] = False
plt.subplot(1,2,1);plt.bar(x, y, width = 0.1)
plt.title('垂直柱形图')
plt.subplot(1,2,2);plt.barh(x, y, height = 0.1)
```

```
plt.title('水平柱形图')
plt.show() #显示图像
```

运行程序，柱形图效果如图 5-12 所示。

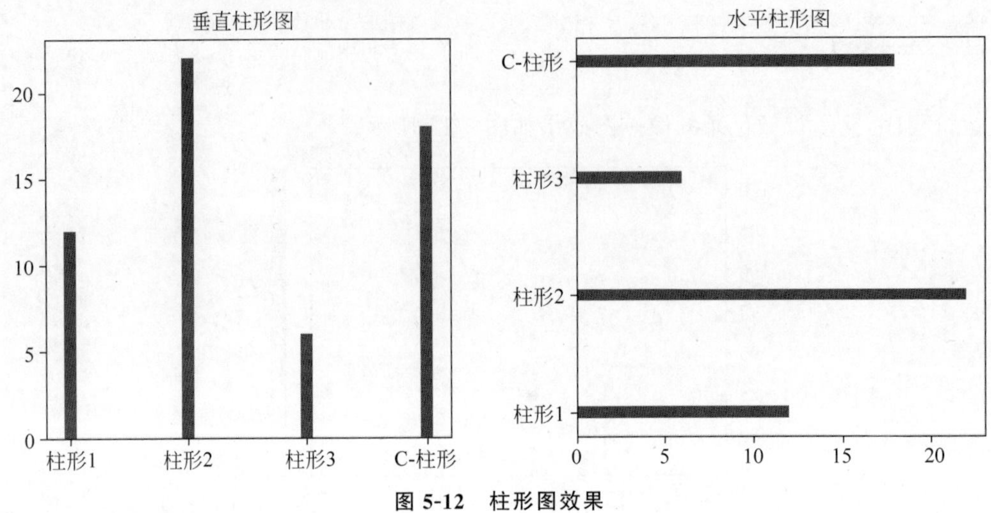

图 5-12 柱形图效果

5.1.6 饼图

饼图是一种常用的数据可视化图形，用来展示各类别在总体中所占的比例。在 Matplotlib 中可以使用 Pyplot 中的 pie()函数来绘制饼图。函数的语法格式如下：

```
matplotlib.pyplot.pie(x, explode = None, labels = None, colors = None, autopct = None, pctdistance = 0.6, shadow = False, labeldistance = 1.1, startangle = 0, radius = 1, counterclock = True, wedgeprops = None, textprops = None, center = 0, 0, frame = False, rotatelabels = False, normalize = None, data = None)[source]
```

各参数的含义如下。

- x：浮点型数组或列表，绘制饼图的数据，表示每个扇形的面积。
- explode：数组，表示各个扇形之间的间隔，默认值为 0。
- labels：列表，表示各个扇形的标签，默认值为 None。
- colors：数组，表示各个扇形的颜色，默认值为 None。
- autopct：设置饼图内各个扇形百分比的显示格式，"%d%%"表示整数百分比，"%0.1f"表示一位小数，"%0.1f%%"表示一位小数百分比，"%0.2f%%"表示两位小数百分比。
- labeldistance：标签标记的绘制位置，是相对于半径的比例，默认值为 1.1，如"<1"表示绘制在饼图内侧。
- pctdistance：类似于 labeldistance，指定 autopct 的位置刻度，默认值为 0.6。
- shadow：布尔值 True 或 False，设置饼图的阴影，默认为 False，不设置阴影。
- radius：设置饼图的半径，默认为 1。
- startangle：用于指定饼图的起始角度，默认为从 x 轴正方向逆时针画起，如设定为 90 则从 y 轴正方向画起。
- counterclock：布尔值，用于指定是否逆时针绘制扇形。默认为 True，即逆时针绘制；False 为顺时针绘制。
- wedgeprops：字典类型，默认值为 None。用于指定扇形的属性，比如边框线颜色、边框线宽度等。例如：wedgeprops={'linewidth':5}表示设置 wedge 线宽为 5。

- textprops：字典类型，用于指定文本标签的属性，比如字体大小、字体颜色等，默认值为 None。
- center：浮点类型的列表，用于指定饼图的中心位置，默认值为(0,0)。
- frame：布尔类型，用于指定是否绘制饼图的边框，默认值为 False。如果为 True，则绘制带有表的轴框架。
- rotatelabels：布尔类型，用于指定是否旋转文本标签，默认为 False。如果为 True，则表示旋转每个 label 到指定的角度。
- data：用于指定数据。如果设置了 data 参数，则可以直接使用数据框中的列作为 x、labels 等参数的值，无须再次传递。

除此之外，pie()函数还可以返回以下三个参数。

- wedges：一个包含扇形对象的列表。
- texts：一个包含文本标签对象的列表。
- autotexts：一个包含自动生成的文本标签对象的列表。

【例 5-11】 饼图的绘制。

```
import matplotlib.pyplot as plt
import numpy as np
#显示中文
plt.rcParams['font.sans-serif'] = ['SimHei']
plt.rcParams['axes.unicode_minus'] = False
y = np.array([35, 25, 25, 15])
plt.subplot(1,2,1);
plt.pie(y,labels = ['A','B','C','D'],                    #设置饼图标签
        colors = ["#d5695d", "#5d8ca8", "#65a479", "#a564c9"],      #设置饼图颜色
        )
plt.title("带标签饼图")                                  #设置标题
plt.subplot(1,2,2)
plt.pie(y,labels = ['A','B','C','D'],                    #设置饼图标签
        colors = ["#d5695d", "#5d8ca8", "#65a479", "#a564c9"],      #设置饼图颜色
        explode = (0, 0.2, 0, 0),                        #第二部分突出显示,值越大,距离中心越远
        autopct = '%.2f%%',                              #格式化输出百分比
        )
plt.title("第二部分突出显示")
plt.show()
```

运行程序，饼图效果如图 5-13 所示。

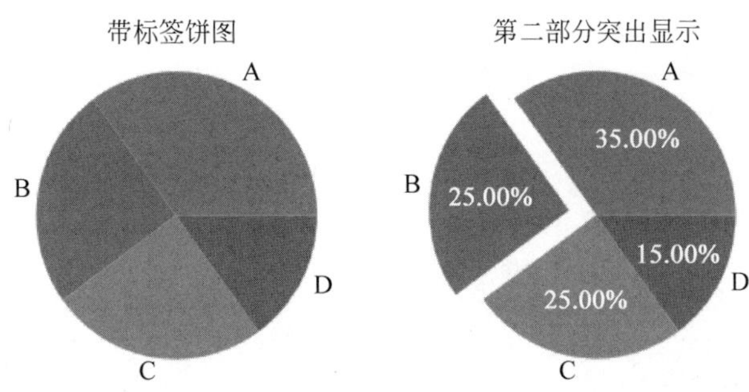

图 5-13 饼图效果

5.1.7 直方图

在 Matplotlib 中，可以使用 Pyplot 中的 hist()函数来绘制直方图。hist()函数可以用于可视化数据的分布情况，例如观察数据的中心趋势、偏态和异常值等。函数语法格式如下：

```
matplotlib.pyplot.hist(x, bins = None, range = None, density = False, weights = None, cumulative = False, bottom = None, histtype = 'bar', align = 'mid', orientation = 'vertical', rwidth = None, log = False, color = None, label = None, stacked = False, ** kwargs)
```

各参数的含义如下。

- x：绘制直方图的数据，可以是一个一维数组或列表。
- bins：可选参数，表示直方图的箱数，默认为 10。
- range：可选参数，表示直方图的值域范围，可以是一个二元组或列表，默认为 None，即使用数据中的最小值和最大值。
- density：可选参数，表示是否将直方图归一化，默认为 False，即直方图的高度为每个箱子内的样本数，而不是频率或概率密度。
- weights：可选参数，表示每个数据点的权重，默认为 None。
- cumulative：可选参数，表示是否绘制累积分布图，默认为 False。
- bottom：可选参数，表示直方图的起始高度，默认为 None。
- histtype：可选参数，表示直方图的类型，可以是'bar'、'barstacked'、'step'、'stepfilled'等，默认为'bar'。
- align：可选参数，表示直方图箱子的对齐方式，可以是'left'、'mid'、'right'，默认为'mid'。
- orientation：可选参数，表示直方图的方向，可以是'vertical'、'horizontal'，默认为'vertical'。
- rwidth：可选参数，表示每个箱子的宽度，默认为 None。
- log：可选参数，表示是否在 y 轴上使用对数刻度，默认为 False。
- color：可选参数，表示直方图的颜色。
- label：可选参数，表示直方图的标签。
- stacked：可选参数，表示是否堆叠不同的直方图，默认为 False。
- ** kwargs：可选参数，表示其他绘图参数。

【例 5-12】 绘制直方图。

```
import matplotlib.pyplot as plt
import numpy as np
#显示中文
plt.rcParams['font.sans-serif'] = ['SimHei']
plt.rcParams['axes.unicode_minus'] = False
#生成 3 组随机数据
data1 = np.random.normal(0, 1, 1000)
data2 = np.random.normal(2, 1, 1000)
data3 = np.random.normal(-2, 1, 1000)
# 绘制直方图，bins 参数为 30，表示将数据范围分成 30 个等宽的区间
plt.hist(data1, bins = 30, alpha = 0.5, label = 'data1')
#alpha = 0.5，表示每个直方图的颜色透明度为 50%
plt.hist(data2, bins = 30, alpha = 0.5, label = 'data2')
plt.hist(data3, bins = 30, alpha = 0.5, label = 'data3')
#设置图表属性
plt.title('直方图')
```

```
plt.xlabel('值')
plt.ylabel('频率')
plt.legend()
plt.show()      #显示图表
```

运行程序，直方图效果如图 5-14 所示。

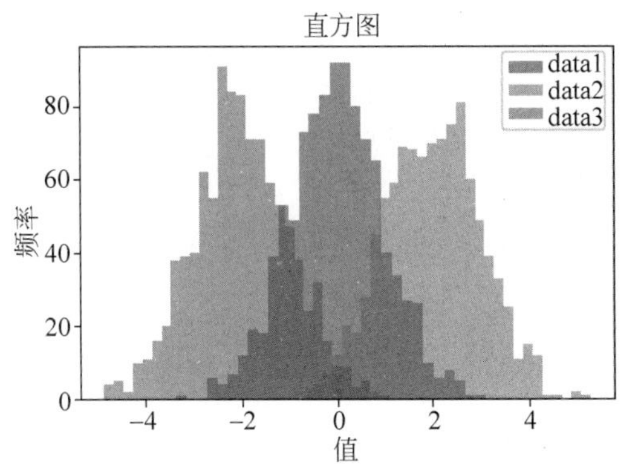

图 5-14　直方图效果

从图 5-14 可以清晰地看出这 3 组数据的分布情况，其中 data1 和 data2 分布接近正态分布，而 data3 分布偏态。这种绘制直方图的方式可以帮助我们分析和比较不同数据组的分布情况。

5.1.8　图像显示与保存

显示与保存图像是每个编程语言都有的机制，下面介绍这两种机制。

1. 显示图像

imshow()函数是 Matplotlib 库中的一个函数，用于显示图像，它常用于绘制二维的灰度图像或彩色图像，也可用于绘制矩阵、热力图、地图等。imshow()函数语法格式如下：

```
imshow(X, cmap = None, norm = None, aspect = None, interpolation = None, alpha = None, vmin = None,
vmax = None, origin = None, extent = None, shape = None, filternorm = 1, filterrad = 4.0, imlim =
None, resample = None, url = None, data = None, **kwargs)
```

各参数的含义如下。

- X：输入数据。可以是二维数组、三维数组、PIL 图像对象、Matplotlib 路径对象等。
- cmap：颜色映射。用于控制图像中不同数值所对应的颜色。可以选择内置的颜色映射，如 gray、hot、jet 等，也可以自定义颜色映射。
- norm：用于控制数值的归一化方式。可以选择 Normalize、LogNorm 等归一化方法。
- aspect：控制图像纵横比(aspect ratio)。可以设置为 auto 或一个数字。
- interpolation：插值方法。用于控制图像的平滑程度和细节程度。可以选择 nearest、bilinear、bicubic 等插值方法。
- alpha：图像透明度，取值范围为 0～1。
- origin：坐标轴原点的位置。可以设置为 upper 或 lower。
- extent：控制显示的数据范围。可以设置为[xmin，xmax，ymin，ymax]。
- vmin、vmax：控制颜色映射的值域范围。
- filternorm 和 filterrad：表示图像滤波的对象。可以设置为 None、antigrain、freetype 等。
- imlim：用于指定图像显示范围。

- resample：用于指定图像重采样方式。
- url：用于指定图像链接。

【例 5-13】 创建一个 4×4 的二维 numpy 数组，并对其进行三种不同的 imshow 图像展示。

```
import matplotlib.pyplot as plt
import numpy as np
#显示中文
plt.rcParams['font.sans-serif'] = ['SimHei']
plt.rcParams['axes.unicode_minus'] = False
n = 4
#创建一个 n×n 的二维 numpy 数组
a = np.reshape(np.linspace(0,1,n**2), (n,n))
plt.figure(figsize=(12,4.5))
#第一张图展示灰度的色彩映射方式，并且没有进行颜色的混合
plt.subplot(131)
plt.imshow(a, cmap='gray', interpolation='nearest')
plt.xticks(range(n))
plt.yticks(range(n))
#灰度映射，无混合
plt.title('灰度映射，无混合', y=1.02, fontsize=12)
#第二张图展示使用 Viridis 颜色映射的图像，同样没有进行颜色的混合
plt.subplot(132)
plt.imshow(a, cmap='viridis', interpolation='nearest')
plt.yticks([])
plt.xticks(range(n))
# Viridis 映射，无混合
plt.title('Viridis 映射，无混合', y=1.02, fontsize=12)
#第 3 张图展示使用 Viridis 颜色映射的图像，且使用了双立方插值方法进行颜色混合
plt.subplot(133)
plt.imshow(a, cmap='viridis', interpolation='bicubic')
plt.yticks([])
plt.xticks(range(n))
# Viridis 映射，双立方混合
plt.title('Viridis 映射，双立方混合', y=1.02, fontsize=12)
plt.show()
```

运行程序，显示图像效果如图 5-15 所示。

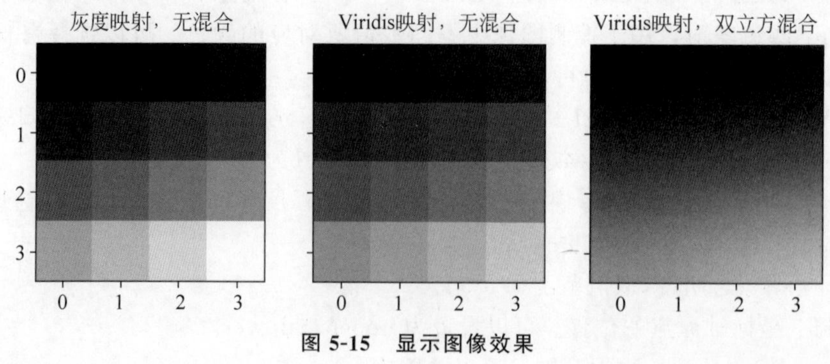

图 5-15　显示图像效果

2. 保存图像

imsave()函数是 Matplotlib 库中将图像数据保存到磁盘上的函数，通过 imsave()函数可以轻松将生成的图像保存到指定的目录中。imsave()函数支持多种图像格式，如 PNG、JPEG、BMP 等。函数的语法格式如下：

```
matplotlib.pyplot.imsave(fname, arr, **kwargs)
```

其中，参数 fname 为保存图像的文件名，可以是相对路径，也可以是绝对路径；arr 表示图像的 NumPy 数组；kwargs 为可选参数，用于指定保存的图像格式以及图像质量等参数。

【例 5-14】 使用 imsave()函数将一幅灰度图像和一幅彩色图像保存到磁盘上。

```
import matplotlib.pyplot as plt
import numpy as np
#创建一幅灰度图像
img_gray = np.random.random((100, 100))
#创建一幅彩色图像
img_color = np.zeros((100, 100, 3))
img_color[:, :, 0] = np.random.random((100, 100))
img_color[:, :, 1] = np.random.random((100, 100))
img_color[:, :, 2] = np.random.random((100, 100))
#显示灰度图像
plt.subplot(1,2,1),plt.imshow(img_gray, cmap='gray')
#保存灰度图像到磁盘上
plt.subplot(1,2,2),plt.imsave('test_gray.png', img_gray, cmap='gray')
#显示彩色图像
plt.imshow(img_color)
#保存彩色图像到磁盘上
plt.imsave('test_color.jpg', img_color)
plt.show()
```

运行程序，灰度图像与彩色图像效果如图 5-16 所示。

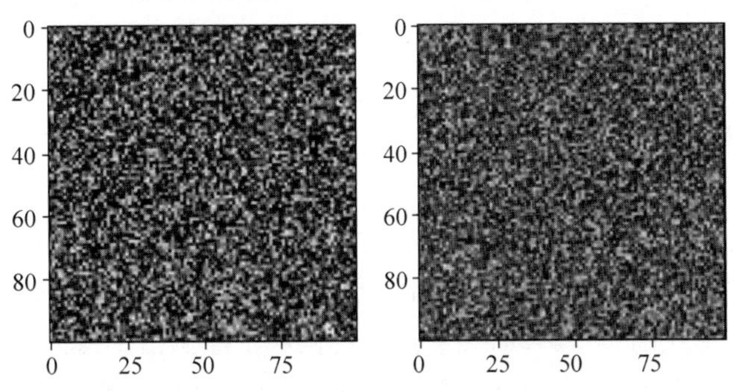

图 5-16 灰度图像与彩色图像效果

5.1.9 读取图像

imread()是 Matplotlib 库中的一个函数，用于从图像文件中读取图像数据。imread()函数返回一个 numpy.ndarray 对象，其形状是(nrows，ncols，nchannels)，表示读取的图像的行数、列数和通道数。如果图像是灰度图像，则 nchannels 为 1；如果是彩色图像，则 nchannels 为 3 或 4，为 3 时表示红、绿、蓝 3 个颜色通道，为 4 时表示红、绿、蓝 3 个通道和 1 个 alpha 通道。

imread()函数的语法如下：

```
matplotlib.pyplot.imread(fname, format=None)
```

其中，参数 fname 指定要读取的图像文件的文件名或文件路径，可以是相对路径，也可以是绝对路径；format 参数指定图像文件的格式，如果不指定，则默认根据文件后缀名来自动识别格式。

【例 5-15】 利用 imread()读取图像，并将数组乘以一个 0～1 的数，将图像变暗。

```
import matplotlib.pyplot as plt
#读取图像文件,下载地址:https://static.jyshare.com/images/mix/tiger.jpeg
img_array = plt.imread('tiger.jpeg')
tiger = img_array/255
#显示图像
plt.figure(figsize=(10,6))
for i in range(1,5):
    plt.subplot(2,2,i)
    x = 1 - 0.2*(i-1)
    plt.axis('off')      #隐藏坐标轴
    plt.title('x={:.1f}'.format(x))
    plt.imshow(tiger*x)
plt.show()
```

运行程序，读取图像并显示的效果如图 5-17 所示。

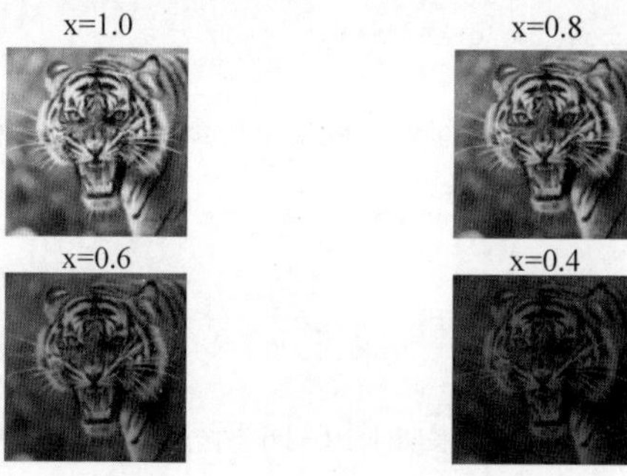

图 5-17 读取图像并显示的效果

5.2 海龟绘图

海龟绘图(Turtle Graphics)是 Python 语言内置的绘图模块，是早期的 LOGO 编程语言在 Python 语言中的实现。使用这个模块绘图时，可以把屏幕当成一块画布，通过控制一个小三角形(或小海龟)画笔在画布上移动，在它前进的路径上绘制出图形。

turtle 模块提供了用于绘图的函数，在使用前要先导入 turtle 模块：

```
import turtle
```

5.2.1 turtle 绘图的基础知识

画布是 turtle 用于绘图的区域，可以设置它的大小和初始位置。

1. 设置画布大小

设置画布大小可以用以下函数。

turtle.screensize(canvwidth=None,canvheight=None,bg=None)：参数分别对应画布的宽(单位像素)、高、背景颜色。

turtle.screensize(1000,800,"blue")。

turtle.screensize() #返回默认大小(500,400)。

turtle.setup(width=0.5,height=0.75,startx=None,starty=None)。

当 width 和 height 输入宽和高为整数时，表示像素；为小数时，表示占据计算机屏幕的比例。(startx,starty)这一坐标表示矩形窗口左上角顶点的位置，如果为空，则窗口位于屏幕中心。

2. 画笔的状态

在画布上，默认有一个坐标原点为画布中心的坐标轴，坐标原点上有一只面朝 x 轴正方向小乌龟。这里描述小乌龟时使用了坐标原点(位置)和面朝 x 轴正方向(方向)。turtle 绘图中，就是使用位置和方向描述小乌龟(画笔)的状态。

```
turtle.pensize()          #设置画笔的宽度
turtle.pencolor()         #没有参数传入，返回当前画笔颜色，传入参数设置画笔颜色，可以是字符
串，如"green"、"red"，也可以是 RGB 的三元组
turtle.speed(speed)       #设置画笔移动速度，画笔绘制的速度范围是 0～10 的整数，数字越大，速
度越快
```

3. 使用 turtle 绘图

使用 turtle 绘图主要有 3 种命令代码，分别为画笔运动命令、画笔控制命令和全局控制命令。

1）画笔运动命令

画笔运动命令的主要包含的函数如下。

turtle.forward(distance)：向当前画笔方向移动 distance 像素长度。

turtle.backward(distance)：向当前画笔相反方向移动 distance 像素长度。

turtle.right/left(degree)：顺时针/逆时针移动 degree 度(°)。

turtle.pendown()：移动时绘制图形。

turtle.goto(x,y)：将画笔移动到坐标为(x,y)的位置。

turtle.penup()：提起笔移动，不绘制图形，用于另起一个地方绘制。

turtle.circle()：画圆，半径为正(负)，表示圆心在画笔的左边(右边)画圆。

setx( )：将当前 x 轴移动到指定位置。

sety( )：将当前 y 轴移动到指定位置。

setheading(angle)：设置当前朝向为 angle 角度。

home()：设置当前画笔位置为原点，朝向东。

dot：绘制一个指定直径和颜色的圆点。

2）画笔控制命令

画笔控制命令主要包含的函数如下。

turtle.fillcolor(colorstring)：绘制图形的填充颜色。

turtle.color(color1,color2)：设置 pencolor＝color1，fillcolor＝color2。

turtle.filling()：返回当前是否在填充状态，turtle.begin_fill()表示准备开始填充图形。

turtle.end_fill()：填充完成。

turtle.hideturtle()：隐藏画笔的 turtle 形状。

turtle.showturtle()：显示画笔的 turtle 形状。

3）全局控制命令

全局控制命令主要包含的函数如下。

turtle.clear()：清空 turtle 窗口，但是 turtle 的位置和状态不会改变。

turtle.reset()：清空窗口，重置 turtle 状态为起始状态。

turtle.undo()：撤销上一个 turtle 动作。

turtle.isvisible()：返回当前 turtle 是否可见。

stamp()：复制当前图形。

turtle.write(s[,font=("fontname",font_size,"font_type")])：s 为文本内容；font 是字体的参数，分别为字体名称、大小和类型，font 为可选项，font 参数也是可选项。

5.2.2 基本绘图

让海龟前进 90 步：

```
import turtle as tur
tur.forward(90)
```

在显示中新建一个窗口，向东绘制一条线段，如图 5-18 所示，实现海龟画出一条线段，方向朝东。改变海龟的方向，让它向左转 120°(逆时针)：

```
tur.left(120) #向左旋转 120°效果如图 5-19 所示
```

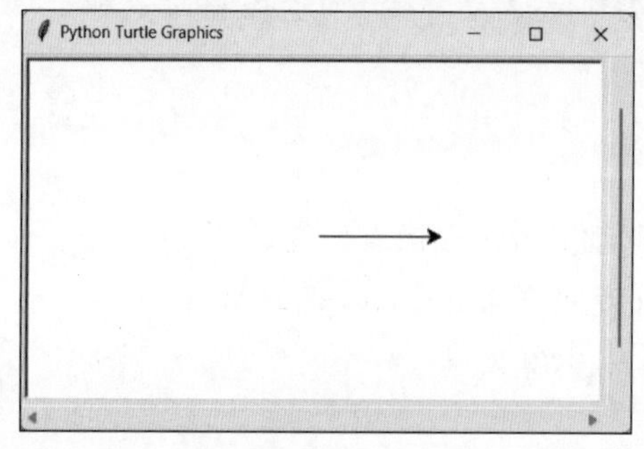

图 5-18 向东绘制一条线段

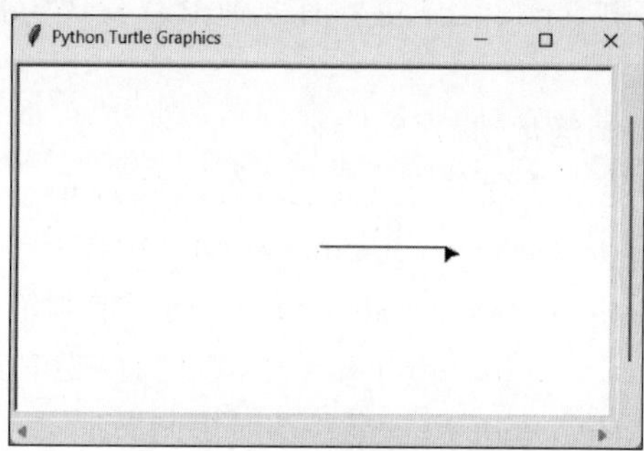

图 5-19 向左旋转 120°效果

继续画一个三角形：

```
tur.forward(90)
tur.left(120)
tur.forward(90)
```

绘制的三角形效果如图 5-20 所示。

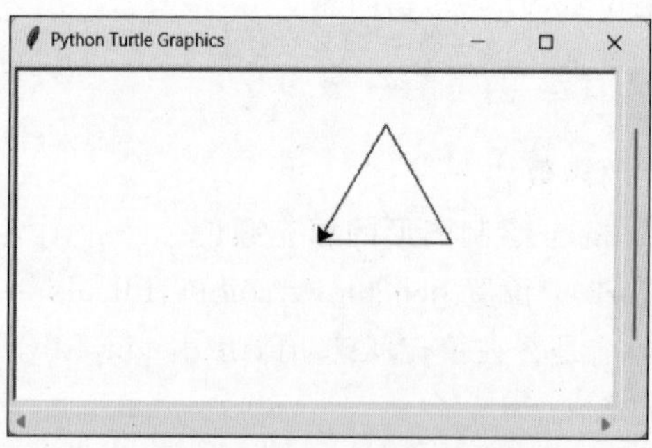

图 5-20 绘制的三角形效果

需要注意的是，图 5-20 中的箭头表示的是海龟是如何随着操纵指向不同方向的。

可继续尝试这些命令，还可以使用 backward()和 right()函数进行三角形绘制。

5.2.3 使用算法绘制图案

在海龟绘图中，也可以使用循环构建各种几何图案。例如：

```
import turtle as tur
for steps in range(100):
    for c in ('blue', 'red', 'green'):
```

```
        tur.color(c)
        tur.forward(steps)
        tur.right(30)
```

运行程序，画一个十二边形的效果如图 5-21 所示。

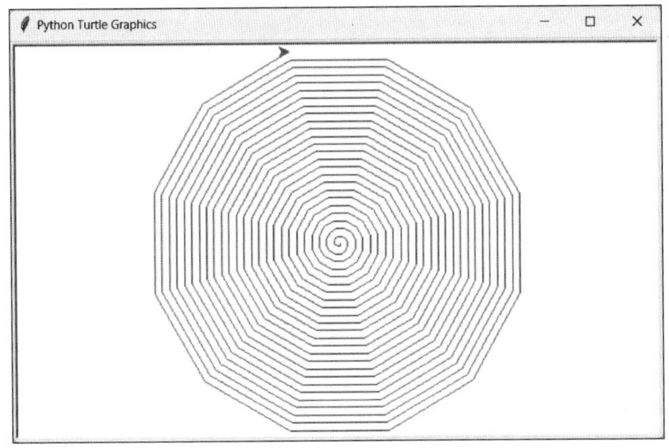

图 5-21 画一个十二边形的效果

如果想要用红色线条绘制一个星形，并用黄色填充(星形效果如图 5-22 所示)，实现代码为：

```
import turtle as tur
#设置线条为红色，黄色填充
tur.color('red')
tur.fillcolor('yellow')
tur.begin_fill() #打开填充
#创建一个循环体
while True:
    tur.forward(200)
    tur.left(170)
    if abs(tur.pos()) < 1:          #确定海龟何时回到初始点
        break                       #跳出循环
tur.end_fill()                      #完成填充
```

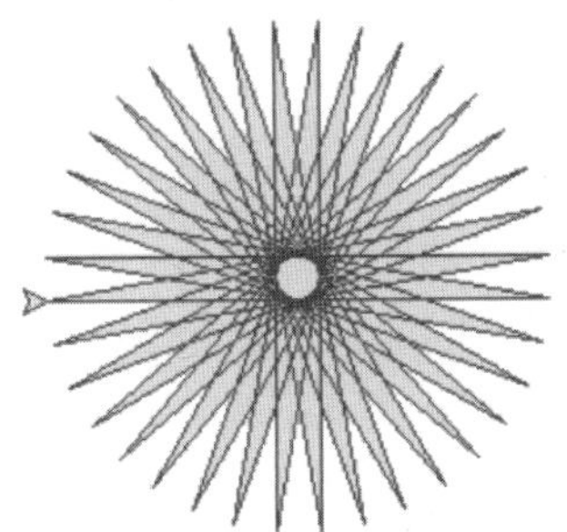

图 5-22 星形效果

注意，只有在给出 end_fill()命令时才会进行填充。

5.2.4 使用 turtle 模块命令空间

海龟模块将其所有基本功能作为函数公开，并通过 from turtle import * 使这一切成为可能。使用 from turtle import * 虽然很方便，但要注意它导入的对象集相当大，如果同时在做海龟绘图以外的事就有可能发生名称冲突。

解决办法是使用 import turtle,例如,fd()将变成 turtle. fd(),width()将变成 turtle . width()等,如果觉得反复输入 turtle 太烦琐,还可以改成 import turtle as tur 等。

例如,使用 turtle 模块命名空间的代码如下:

```
import turtle as t
from random import random

for i in range(100):
    steps = int(random() * 100)
    angle = int(random() * 360)
    t.right(angle)
    t.fd(steps)
```

此代码并不十分完善,因为一旦脚本结束,Python 将会同时关闭海龟的窗口。如果想在结束脚本时不关闭海龟的窗口,可添加 t. mainloop()到脚本的末尾,表示不会自动退出而需要人为终止。

5.2.5 使用面向对象的海龟绘图

使用面向对象的方式进行海龟绘图十分常见,功能也很强大。例如,这种方式允许屏幕上同时存在多只海龟。

在这种方式下,各种海龟命令都是对象(主要是 turtle 对象)的方法。可以在 shell 中使用面向对象的方法,但在 Python 脚本中使用的是更为典型的做法。

例如,可使用如下脚本实现 5.2.4 节的实例:

```
from turtle import Turtle
from random import random
t = Turtle()
for i in range(100):
    steps = int(random() * 100)
    angle = int(random() * 360)
    t.right(angle)
    t.fd(steps)
t.mainloop()
```

5.2.6 绘制任意多边形

多边形的内角公式为内角$=(n-2)\times 180/n$,其中 n 是多边形的边数。多边形的所有内角之和等于 $180\times(n-2)$,其中 n 是多边形的边数。

以正五边形为例,将 n 设置为 5,代入公式得到$(5-2)\times 180/5=3\times 180/5=108°$,因此,正五边形的每个内角为 108°。

【例 5-16】 绘制 3 个正五边形。

```
from turtle import *
import time

def draw5(x, y):
    pu()
    goto(x, y)
    pd()
    # set heading: 0
    seth(0)
    for i in range(3):
```

```
        fd(40)
        rt(72)
        time.sleep(1)
for x in range(0, 250, 50):
    draw5(x, 0)
done()
```

【例 5-17】 绘制一个五角星。

解析：根据多边形的内角公式可知，如果要绘制五角星，关键是得知道每次转向多少角度。五角星是144°。为什么是144°？这是因为正五边形的内角是108°，因此它的补角是72°，五角星的每个角是180°−72°−72°=36°，因此每次转向180°−36°=144°。

```
#绘制一个五角星
from turtle import *
import time
def drawStar(x, y):
    pu()
    goto(x, y)
    pd()
    #设定航向：0
    seth(0)
    for i in range(5):
        fd(110)
        rt(144)
        time.sleep(1)
drawStar(0,0)
done()
```

利用 turtle 还可以绘制一些更漂亮、复杂的图形。

【例 5-18】 绘制一棵树。

```
from turtle import Turtle, mainloop
from time import perf_counter as clock
def tree(plist, l, a, f):
    """ plist 是笔的列表
    l 是分支的长度
    a 是两个分支之间的角度的一半
    f 是分支
    从一层到另一层缩短的因子"""
    if l > 3:
        lst = []
        for p in plist:
            p.forward(l)
            q = p.clone()
            p.left(a)
            q.right(a)
            lst.append(p)
            lst.append(q)
        for x in tree(lst, l * f, a, f):
            yield None
def maketree():
    p = Turtle()
    p.setundobuffer(None)
    p.hideturtle()
    p.speed(0)
    p.getscreen().tracer(30,0)
    p.left(90)
```

```
    p.penup()
    p.forward(-210)
    p.pendown()
    t = tree([p], 200, 65, 0.6375)
    for x in t:
        pass
def main():
    a = clock()
    maketree()
    b = clock()
    return "done: %.2f sec." % (b - a)
if __name__ == "__main__":
    msg = main()
    print(msg)
    mainloop()
```

运行程序,绘制一棵树的效果如图 5-23 所示。

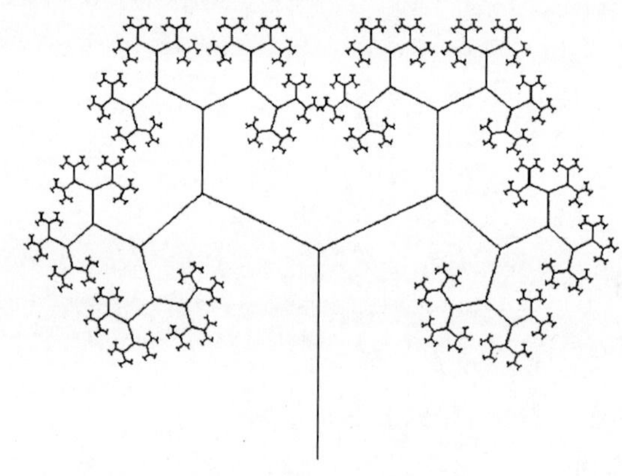

图 5-23 绘制一棵树的效果

5.3 练习

1. 根据二维散点图,试绘制三维散点图。
2. 试用 line 画直线。
3. 参照例 5-16 及例 5-17,尝试绘制一个六角星。
4. 发挥想象,画一幅漂亮的几何拼贴图。

第6章 Python科学计算库

CHAPTER 6

为什么 Python 适合科学计算？因为 Python 是一种面向对象的、动态的程序设计语言，它具有非常简洁而清晰的语法，适合完成各种复杂任务。它既可以用来快速开发程序脚本，又可以用来开发大规模的软件。

6.1 Pandas

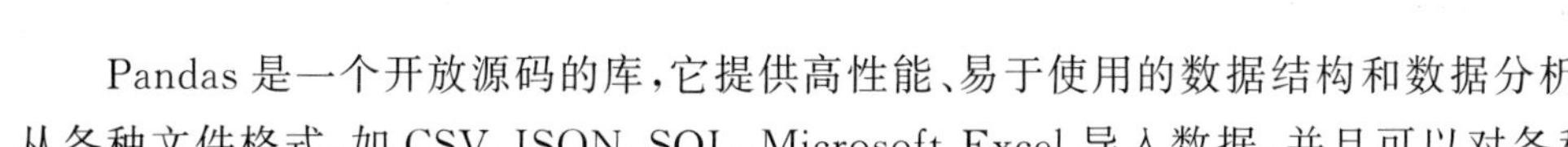

Pandas 是一个开放源码的库，它提供高性能、易于使用的数据结构和数据分析工具，可以从各种文件格式，如 CSV、JSON、SQL、Microsoft Excel 导入数据，并且可以对各种数据进行运算操作，如归并、再成形、选择、数据清洗等。

Pandas 引入了两种新的数据结构：DataFrame（面板）和 Series（序列）。

- DataFrame：类似于一个二维表格，它是 Pandas 中最重要的数据结构。DataFrame 可以看作由多个 Series 按列排列构成的表格，它既有行索引也有列索引，因此可以方便地进行行列选择、过滤、合并等操作。
- Series：类似于一维数组或列表，由一组数据以及与之相关的数据标签（索引）构成。Series 可以看作 DataFrame 中的一列，也可以是单独存在的一维数据结构。

6.1.1 Pandas 安装

安装 Pandas 需要的基础环境是 Python，Pandas 是一个基于 Python 的库，直接通过 Python 的包管理工具 pip 就可以安装 Pandas，方法为：

```
pip install pandas
```

安装成功后，就可以导入 pandas 包：

```
import pandas
```

【例 6-1】 查看 pandas 版本。

```
import pandas as pd
print(pd.__version__)
2.1.4
```

6.1.2 Pandas 快速入门

下面的代码分别演示怎样利用 Pandas 快速创建一个 Series 以及一个 DataFrame。

（1）通过传递值列表来创建一个序列（Series）。

```
import pandas as pd
import numpy as np
s = pd.Series([1,4,7,np.nan,6,8])
print(s)
```

运行程序，输出如下：

```
0  1.0
1  4.0
2  7.0
3  NaN
4  6.0
5  8.0
dtype: float64
```

(2) 通过传递 Numpy 数组，使用 datetime 索引和标记列来创建 DataFrame。

```
import pandas as pd
import numpy as np
dates = pd.date_range('20240101', periods = 7)
print(dates)
print("--" * 16)
df = pd.DataFrame(np.random.randn(7,4), index = dates, columns = list('ABCD'))
print(df)
```

运行程序，输出如下：

```
DatetimeIndex(['2024-01-01', '2024-01-02', '2024-01-03', '2024-01-04',
               '2024-01-05', '2024-01-06', '2024-01-07'],
              dtype = 'datetime64[ns]', freq = 'D')
--------------------------------
                   A          B          C          D
2024-01-01   0.993883  -0.664076   0.360507   0.653677
2024-01-02  -3.010357   0.191888   0.467403  -1.578086
2024-01-03   0.576620   1.679104   2.168577  -0.398606
2024-01-04  -0.522790  -0.792952   0.141000  -0.869387
2024-01-05   0.008401   0.368081   0.739428   3.076146
2024-01-06   0.788620  -0.694493  -0.549449   0.006069
2024-01-07   0.776788  -0.949008   1.289815   0.026816
```

(3) 通过传递可以转换为类似序列结构的字典对象来创建 DataFrame。

```
import pandas as pd
import numpy as np
df2 = pd.DataFrame({ 'A' : 1.,
                     'B' : pd.Timestamp('20240106'),
                     'C' : pd.Series(1,index = list(range(4)),dtype = 'float32'),
                     'D' : np.array([3] * 4,dtype = 'int32'),
                     'E' : pd.Categorical(["test","train","test","train"]),
                     'F' : 'foo' })
print(df2)
```

运行程序，输出如下：

```
     A          B    C  D      E    F
0  1.0 2024-01-06  1.0  3   test  foo
1  1.0 2024-01-06  1.0  3  train  foo
2  1.0 2024-01-06  1.0  3   test  foo
3  1.0 2024-01-06  1.0  3  train  foo
```

6.1.3 Pandas 序列

序列(Series)是能够保存任何类型的数据的一维标记数组,轴标签统称为索引。Pandas序列可以使用以下构造函数创建。

pandas.Series(data,index,dtype,name,copy):参数 data 为一组数据(ndarray 类型);index 为数据索引标签,如果不指定,默认从 0 开始;dtype 为数据类型,默认会自行判断;name 为数据名称;copy 为复制数据,默认为 False。

1. 创建序列

在 Pandas 中可以通过以下几种方法创建序列。

(1) 创建一个空的序列。

创建一个基本序列为一个空序列。

```
import pandas as pd
s = pd.Series()
print(s)
```

运行程序,输出如下:

```
Series([], dtype: object)
```

(2) 从 ndarray 创建一个序列。

如果数据是 ndarray,则传递的索引必须具有相同的长度。如果没有传递索引,那么默认的索引是 range(n),其中 n 是数组长度,即[0,1,2,3,…,range(len(array))−1]−1]。例如:

```
import pandas as pd
import numpy as np
data = np.array(['a','b','c','d'])
s = pd.Series(data,index=[100,101,102,103]) #指定索引值
print(s)
```

运行程序,输出如下:

```
100   a
101   b
102   c
103   d
dtype: object
```

(3) 从字典创建一个序列。

字典可以作为输入传递,如果没有指定索引,则按排序顺序取得字典键以构造索引。如果传递了索引,索引中与标签对应的数据的值将被拉出。

```
import pandas as pd
import numpy as np
data = {'a' : 0., 'b' : 1., 'c' : 2.}
s = pd.Series(data,index=['b','c','d','a'])
print(s)
```

运行程序,输出如下:

```
b  1.0
c  2.0
d  NaN
a  0.0
dtype: float64
```

从结果可以看到,索引顺序保持不变,缺少的元素使用 NaN(不是数字)填充。

2. 从具体位置的系列中访问数据

系列中的数据可以用类似于访问 ndarray 中的数据的方法来访问。

【例 6-2】 检索序列中的元素。

```
import pandas as pd
s = pd.Series([1,4,7,2,5],index = ['a','b','c','d','e'])
#检索第 1 个元素,索引从 0 开始
print('检索第 1 个元素:\n',s[0])
#检索系列中的前三个元素
print('检索前三个元素:\n',s[:3])
#检索最后三个元素
print('检索最后三个元素:\n',s[-3:])
```

运行程序,输出如下:

```
检索第 1 个元素:
1
检索前三个元素:
a    1
b    4
c    7
dtype: int64
检索最后三个元素:
c    7
d    2
e    5
dtype: int64
```

3. 标签检索数据(索引)

一个序列就像一个固定大小的字典,可以通过索引标签获取和设置值。

【例 6-3】 使用标签检索数据。

```
import pandas as pd
s = pd.Series([1,4,7,2,5],index = ['a','b','c','d','e'])
#使用索引标签值检索单个元素
print('检索单个元素:\n',s['a'])
#使用索引标签值列表检索多个元素
print('检索多个元素:\n',s[['a','c','d']])
#如果不包含标签,则会出现异常
print('不包含标签,出现异常:\n',s['f'])
```

运行程序,输出如下:

```
检索单个元素:
1
检索多个元素:
a  1
c  7
d  2
dtype: int64
...
KeyError: 'f'
```

6.1.4 Pandas 数据结构

DataFrame 是一个表格型的数据结构,它含有一组有序的列,每列可以是不同的值类型。

DataFrame 既有行索引也有列索引，它可以看作由 Series 组成的字典(共用一个索引)。DataFrame 的特点如下。

- 列和行：DataFrame 由多个列组成，每一列都有一个名称，可以看作一个 Series。同时，DataFrame 有一个行索引，用于标识每一行。
- 二维结构：DataFrame 是一个二维表格，具有行和列，可以将其视为由多个 Series 对象组成的字典。
- 列的数据类型：不同的列可以包含不同的数据类型，如整数、浮点数、字符串等。

DataFrame 构造方法如下。

pandas.DataFrame(data,index,columns,dtype,copy)：参数 data 为一组数据(ndarray、series、map、lists、dict 等类型)；index 为索引值，或者可以称为行标签；columns 为列标签，默认为 RangeIndex(0,1,2,…,n)；dtype 为数据类型；copy 为复制数据，默认为 False。

1. 创建 DataFrame 的方法

创建 DataFrame 的方法有多种，如创建一个空的 DataFrame、从列表创建 DataFrame 等，下面分别进行介绍。

(1) 创建一个空的 DataFrame。

创建一个空的 DataFrame，是指创建的基本数据帧是空数据帧。例如：

```
import pandas as pd
df = pd.DataFrame()
df
```

运行程序，输出如下：

```
Empty DataFrame
Columns: []
Index: []
```

(2) 从列表创建 DataFrame。

可以使用单个列表或多个列表创建数据帧。例如：

```
import pandas as pd
data = [1,4,7,2,5]
df = pd.DataFrame(data)
df
```

运行程序，输出如下：

```
   0
0  1
1  4
2  7
3  2
4  5
```

(3) 从 ndarrays/lists 的字典创建 DataFrame。

所有的 ndarrays 必须具有相同的长度。如果传递了索引(index)，则索引的长度应等于数组的长度。如果没有传递索引，则默认情况下，索引为 range(n)，其中 n 为数组长度。例如：

```
import pandas as pd
data = {'Name':['Jim', 'Jack', 'Steve', 'Ricky'],'Age':[20,31,9,40]}
df = pd.DataFrame(data)
df #range(n)的默认索引
    Name  Age
```

```
0 Jim  20
1  Jack  31
2  Steve  9
3 Ricky  40

#使用数组创建一个索引的数据帧(DataFrame)
df = pd.DataFrame(data, index=['rank1','rank2','rank3','rank4'])
df #index参数为每行分配一个索引
        Name  Age
rank1   Jim   20
rank2   Jack  31
rank3   Steve 9
rank4   Ricky 40
```

（4）从字典序列创建数据帧 DataFram。

字典列表可作为输入数据传递以创建数据帧(DataFrame)，字典键默认为列名。

【例 6-4】 从列表创建数据帧。

```
#显示如何通过传递字典列表来创建数据帧(DataFrame)
import pandas as pd
data = [{'a': 2, 'b': 3},{'a': 4, 'b': 8, 'c': 16}]
df1 = pd.DataFrame(data)
print('传递列表创建数据帧:\n',df1)
#显示如何通过传递字典列表和行索引来创建数据帧(DataFrame)
df2= pd.DataFrame(data, index=['first', 'second'])
print('传递字典列表和行索引创建数据帧:\n',df2)
#具有两个列索引,值与字典键相同
df3 = pd.DataFrame(data, index=['first', 'second'], columns=['a', 'b'])
#具有两个列索引,其中一个索引具有其他名称
df4 = pd.DataFrame(data, index=['first', 'second'], columns=['a', 'b1'])
print('两个列索引,值与字典键相同:\n',df3)
print('两个列索引,值与字典键不同:\n',df4)
```

运行程序，输出如下：

```
传递列表创建数据帧:
   a  b  c
0  2  3  NaN
1  4  8  16.0
传递字典列表和行索引创建数据帧:
        a  b  c
first   2  3  NaN
second  4  8  16.0
两个列索引,值与字典键相同:
        a  b
first   2  3
second  4  8
两个列索引,值与字典键不同:
        a  b1
first   2  NaN
second  4  NaN
```

（5）从字典的序列来创建 DataFrame。

字典的序列可以传递以形成一个 DataFrame，所得到的索引是所有系列索引的并集。例如：

```
import pandas as pd
d = {'one' : pd.Series([1, 2, 3], index=['a', 'b', 'c']),
```

```
    'two' : pd.Series([1, 2, 3, 4], index = ['a', 'b', 'c', 'd'])}
df = pd.DataFrame(d)
print(df)
```

运行程序,输出如下:

```
   one  two
a  1.0  1
b  2.0  2
c  3.0  3
d  NaN  4
```

从结果可观察到,第一列没有传递标签'd',但在结果中,对于'd'标签附加了 NaN。

2. 列选择、添加和删除

(1) 列选择。

下面代码从数据帧(DataFrame)中选择一列:

```
import pandas as pd
d = {'one' : pd.Series([1, 2, 3], index = ['a', 'b', 'c']),
     'two' : pd.Series([1, 2, 3, 4], index = ['a', 'b', 'c', 'd'])}
df = pd.DataFrame(d)
print(df ['one'])
```

运行程序,输出如下:

```
a  1.0
b  2.0
c  3.0
d  NaN
Name: one, dtype: float64
```

(2) 列添加。

下面代码向现有数据框添加一个新列:

```
import pandas as pd
d = {'one' : pd.Series([1, 2, 3], index = ['a', 'b', 'c']),
     'two' : pd.Series([1, 2, 3, 4], index = ['a', 'b', 'c', 'd'])}
df = pd.DataFrame(d)
# 通过传递新序列将新列添加到具有列标签的现有 DataFrame 对象
print("通过传递序列来添加新列:")
df['three'] = pd.Series([10,20,30],index = ['a','b','c'])
print(df)
print("使用 DataFrame 中的现有列添加新列:")
df['four'] = df['one'] + df['three']
print(df)
```

运行程序,输出如下:

```
通过传递序列来添加新列:
   one  two  three
a  1.0  1    10.0
b  2.0  2    20.0
c  3.0  3    30.0
d  NaN  4    NaN
使用 DataFrame 中的现有列添加新列:
   one  two  three  four
a  1.0  1    10.0   11.0
b  2.0  2    20.0   22.0
c  3.0  3    30.0   33.0
```

```
d  NaN  4     NaN  NaN
```

（3）列删除。

列可以删除或弹出。例如：

```
import pandas as pd
d = {'one' : pd.Series([1,4,7], index = ['a', 'b', 'c']),
     'two' : pd.Series([1,4,7,2], index = ['a', 'b', 'c', 'd']),
     'three' : pd.Series([9,18,27], index = ['a','b','c'])}
df = pd.DataFrame(d)
print("输出的 DataFrame 是:\n",df)
#使用 del 函数
del df['one']
print("使用 del 函数删除第一列:\n",df)
#使用 pop 函数
df.pop('two')
print("使用 pop 函数删除另一列:\n",df)
```

运行程序，输出如下：

```
输出的 DataFrame 是:
   one  two  three
a  1.0   1   9.0
b  4.0   4   18.0
c  7.0   7   27.0
d  NaN   2   NaN
使用 del 函数删除第一列:
   two  three
a  1    9.0
b  4    18.0
c  7    27.0
d  2    NaN
使用 pop 函数删除另一列:
   three
a  9.0
b  18.0
c  27.0
d  NaN
```

3. 行选择、添加和删除

下面通过实例来了解行选择、添加和删除。

（1）行标签选择。

可以通过将行标签传递给 loc()函数进行行选择。例如：

```
import pandas as pd
d = {'one' : pd.Series([1, 2, 3], index = ['a', 'b', 'c']),
     'two' : pd.Series([1, 2, 3, 4], index = ['a', 'b', 'c', 'd'])}
df = pd.DataFrame(d)
print(df.loc['b'])
```

运行程序，输出如下：

```
one   2.0
two   2.0
Name: b, dtype: float64
```

输出的结果是系列标签作为 DataFrame 的名称，而且序列的名称是检索的标签。

(2) 按整数位置选择。

可以通过将整数位置传递给 iloc()函数来选择行。例如：

```
import pandas as pd
d = {'one' : pd.Series([1, 2, 3], index = ['a', 'b', 'c']),
      'two' : pd.Series([1, 2, 3, 4], index = ['a', 'b', 'c', 'd'])}
df = pd.DataFrame(d)
print(df.iloc[2])
```

运行程序,输出如下：

```
one   3.0
two   3.0
Name: c, dtype: float64
```

(3) 行切片。

可以使用“:”运算符选择多行。例如：

```
import pandas as pd
d = {'one' : pd.Series([1, 2, 3], index = ['a', 'b', 'c']),
      'two' : pd.Series([1, 2, 3, 4], index = ['a', 'b', 'c', 'd'])}
df = pd.DataFrame(d)
print(df[2:4])
```

运行程序,输出如下：

```
   one  two
c  3.0  3
d  NaN  4
```

(4) 附加行。

使用_append()函数可以将新行添加到 DataFrame。例如：

```
import pandas as pd
df = pd.DataFrame([[1, 3], [2, 4]], columns = ['a','b'])
df2 = pd.DataFrame([[5, 7], [6, 8]], columns = ['a','b'])
df = df._append(df2)
print(df)
```

运行程序,输出如下：

```
   a  b
0  1  3
1  2  4
0  5  7
1  6  8
```

注意观察,有的标签是重复的。

(5) 删除行。

可以使用索引标签从 DataFrame 中删除行,如果标签重复,则删除多行。例如：

```
import pandas as pd
df = pd.DataFrame([[1, 3], [2, 4]], columns = ['a','b'])
df2 = pd.DataFrame([[5, 7], [6, 8]], columns = ['a','b'])
df = df._append(df2)
#删除标签为 0 的行
df = df.drop(0)
print(df)
```

运行程序,输出如下：

```
   a  b
1  2  4
1  6  8
```

从结果可看出，一共有两行被删除了，因为这两行包含相同的标签 0。

6.1.5 Pandas 统计函数

统计方法有助于理解和分析数据的行为。下面将学习一些统计函数，并将这些函数应用到 Pandas 的对象上。

1. pct_change()函数

序列、DataFrame 都有 pct_change()函数，此函数将每一个元素与其前一个元素进行比较，并计算变化百分比。

【例 6-5】 pct_change()函数实例演示。

```
import pandas as pd
import numpy as np
s = pd.Series([1,2,3,4,5,4])
print(s.pct_change())
df = pd.DataFrame(np.random.randn(5, 2))
print(df.pct_change())
```

运行程序，输出如下：

```
0  NaN
1  1.000000
2  0.500000
3  0.333333
4  0.250000
5  -0.200000
dtype: float64
         0           1
0       NaN         NaN
1   -1.092681   -1.336297
2   -2.142447    7.263714
3    3.630277   -0.647437
4   -0.639828    1.324528
```

默认情况下，pct_change()对列进行操作；如果想应用到行上，可设置参数 axis=1。

2. 协方差

协方差适用于序列数据，Series 对象中提供的方法 cov()可用来计算序列对象之间的协方差。其中，NA 被自动排除。

【例 6-6】 cov 序列实例。

```
import pandas as pd
import numpy as np
s1 = pd.Series(np.random.randn(10))
s2 = pd.Series(np.random.randn(10))
print(s1.cov(s2))
0.09501374835668648
```

当应用于 DataFrame 时，协方差方法计算所有列之间的协方差(cov)值。

```
frame = pd.DataFrame(np.random.randn(10, 5), columns = ['a', 'b', 'c', 'd', 'e'])
print(frame['a'].cov(frame['b']))
print(frame.cov())
```

```
0.14783063571779478
          a          b          c          d          e
a   1.550526   0.147831  -0.463972   0.259479   0.296844
b   0.147831   0.265952   0.017682  -0.181967   0.009961
c  -0.463972   0.017682   1.157132   0.413639  -0.472824
d   0.259479  -0.181967   0.413639   0.626632   0.031750
e   0.296844   0.009961  -0.472824   0.031750   1.608589
```

观察以上返回值，第一行语句中 a 和 b 列之间的 cov 结果，与由 DataFrame 的 cov 中返回的值相同。

3. 相关性

相关性显示任何两个数值（序列）之间的线性关系，pearson（默认）、spearman 和 kendall 等方法都可以用来计算数值之间的相关性。

【例 6-7】 计算数值的相关性。

```
import pandas as pd
import numpy as np
frame = pd.DataFrame(np.random.randn(10, 5), columns = ['a', 'b', 'c', 'd', 'e'])
print(frame['a'].corr(frame['b']))
print(frame.corr())
```

运行程序，输出如下：

```
0.2411803838709332
          a          b          c          d          e
a   1.000000   0.241180  -0.310057  -0.733690   0.003309
b   0.241180   1.000000   0.629978  -0.429603   0.433431
c  -0.310057   0.629978   1.000000   0.376653   0.465525
d  -0.733690  -0.429603   0.376653   1.000000  -0.004065
e   0.003309   0.433431   0.465525  -0.004065   1.000000
```

如果 DataFrame 中存在任何非数字列，则会自动排除。

4. 数据排名

数据排名为元素数组中的每个元素生成排名。在相关的情况下，分配平均等级。

【例 6-8】 计算数据的排名。

```
import pandas as pd
import numpy as np
s = pd.Series(np.random.randn(5), index = list('abcde'))
s['d'] = s['b']       # 所以有一个平局
print(s.rank())
```

运行程序，输出如下：

```
b   2.5
c   1.0
d   2.5
e   4.0
dtype: float64
```

rank 可选地使用一个默认为 True 的升序参数，当数据序列发生错误时，数据被反向排序，也就是较大的值被分配到较前。

6.1.6 Pandas 数据清洗

数据清洗是对一些没有用的数据进行处理的过程。很多数据集存在数据缺失、数据格式错误、数据错误或数据重复的情况，如果想使数据分析更加准确，就需要对这些没有用的数据进行处理。

在 Python 中，n/a、NA、—、na 为四种空数据。

1. 清洗空值

如果要删除包含空字段的行，可以使用 dropna()方法。语法格式如下：

```
DataFrame.dropna(axis = 0, how = 'any', thresh = None, subset = None, inplace = False)
```

各参数含义如下。

- axis：默认为 0，表示逢空值剔除整行，如果设置 axis=1，则表示逢空值去掉整列。
- how：默认为'any'，即一行（或一列）里任何一个数据出现 NA 即去掉整行，如果设置 how='all'，则一行（或一列）都是 NA 才去掉整行。
- thresh：设置需要多少非空值的数据才可以保留下来的。
- subset：设置想要检查的列。如果是多个列，可以使用列名的 list 作为参数。
- inplace：如果设置为 True，则将计算得到的值直接覆盖之前的值并返回 None，修改的是源数据。

【例 6-9】 清洗空值实例。

```
import pandas as pd
df = pd.read_csv('property - data.csv')
print(df['NUM_BEDROOMS'])
print(df['NUM_BEDROOMS'].isnull())          #通过 isnull()判断各单元格是否为空
```

运行程序，输出如下：

```
0   3
1   3
2   NaN
3   1
4   3
5   NaN
6   2
7   1
8   na
Name: NUM_BEDROOMS, dtype: object
0   False
1   False
2   True
3   False
4   False
5   True
6   False
7   False
8   False
Name: NUM_BEDROOMS, dtype: bool
```

从结果中可看到，Pandas 把 na 和 NaN 当作空数据，na 不是空数据，不符合要求，因此可以用以下代码指定空数据的类型：

```
missing_values = ["n/a", "na", " -- "] #指定空数据的类型
df = pd.read_csv('property - data.csv', na_values = missing_values)
print(df['NUM_BEDROOMS'].isnull())
```

运行程序，输出如下：

```
0  False
1  False
2  True
3  False
4  False
5  True
6  False
7  False
8  True
Name: NUM_BEDROOMS, dtype: bool
```

【例 6-10】 演示删除包含空数据的行。

```
import pandas as pd
df = pd.read_csv('property-data.csv')
df1 = df.dropna()
print(df1.to_string())
```

运行程序，输出如下：

```
   PID           ST_NUM   ST_NAME     OWN_OCCUP IED   NUM_BEDROOMS   NUM_BATH   SQ_FT
0  100001000.0   104.0    PUTNAM      Y               3              1          1000
1  100002000.0   197.0    LEXINGTON   N               3              1.5        --
8  100009000.0   215.0    TREMONT     Y               na             2          1800
```

注意：默认情况下，dropna()函数返回一个新的 DataFrame，不会修改源数据。如果要修改源数据 DataFrame，可以使用 inplace=True 参数：

```
df.dropna(inplace = True)
print(df.to_string())
```

运行程序，输出如下：

```
   PID           ST_NUM   ST_NAME     OWN_OCCUP IED   NUM_BEDROOMS   NUM_BATH   SQ_FT
0  100001000.0   104.0    PUTNAM      Y               3              1          1000
1  100002000.0   197.0    LEXINGTON   N               3              1.5        --
8  100009000.0   215.0    TREMONT     Y               na             2          1800
```

可以移除指定列中有空值的行：

```
#移除 ST_NUM 列中字段值为空的行
df.dropna(subset = ['ST_NUM'], inplace = True)
print(df.to_string())
```

运行程序，输出如下：

```
   PID           ST_NUM   ST_NAME     OWN_OCCUP IED   NUM_BEDROOMS   NUM_BATH   SQ_FT
0  100001000.0   104.0    PUTNAM      Y               3              1          1000
1  100002000.0   197.0    LEXINGTON   N               3              1.5        --
3  100004000.0   201.0    BERKELEY    12              1              NaN        700
4  NaN           203.0    BERKELEY    Y               3              2          1600
5  100006000.0   207.0    BERKELEY    Y               NaN            1          800
7  100008000.0   213.0    TREMONT     Y               1              1          NaN
8  100009000.0   215.0    TREMONT     Y               na             2          1800
```

可以利用 fillna()函数替换一些空字段：

```
#使用 abcd 替换空字段
df.fillna('abcd', inplace = True)
print(df.to_string())
```

运行程序，输出如下：

```
   PID          ST_NUM   ST_NAME     OWN_OCCUP IED   NUM_BEDROOMS   NUM_BATH   SQ_FT
0  100001000.0  104.0    PUTNAM      Y               3              1          1000
1  100002000.0  197.0    LEXINGTON   N               3              1.5        --
2  100003000.0  abcd     LEXINGTON   N               abcd           1          850
3  100004000.0  201.0    BERKELEY    12              1              abcd       700
4  abcd         203.0    BERKELEY    Y               3              2          1600
5  100006000.0  207.0    BERKELEY    Y               abcd           1          800
6  100007000.0  abcd     WASHINGTON  abcd            2              HURLEY     950
7  100008000.0  213.0    TREMONT     Y               1              1          abcd
8  100009000.0  215.0    TREMONT     Y               na             2          1800
```

可以指定某一列来替换数据：

```
#使用 12345 替换 PID 到空数据一列
df['PID'].fillna(12345, inplace = True)
print(df.to_string())
```

运行程序，输出如下：

```
   PID          ST_NUM   ST_NAME     OWN_OCCUP IED   NUM_BEDROOMS   NUM_BATH   SQ_FT
0  100001000.0  104.0    PUTNAM      Y               3              1          1000
1  100002000.0  197.0    LEXINGTON   N               3              1.5        --
2  100003000.0  NaN      LEXINGTON   N               NaN            1          850
3  100004000.0  201.0    BERKELEY    12              1              NaN        700
4  12345.0      203.0    BERKELEY    Y               3              2          1600
5  100006000.0  207.0    BERKELEY    Y               NaN            1          800
6  10000700.0   NaN      WASHINGTON  NaN             2              HURLEY     950
7  100008000.0  213.0    TREMONT     Y               1              1          NaN
8  100009000.0  215.0    TREMONT     Y               na             2          1800
```

替换空单元格的常用方法是计算列的均值、中位数和众数。Pandas 使用 mean()和median()方法计算列的均值(所有值加起来的平均值)和中位数(排序后排在中间的数)。

【例 6-11】 利用均值和中位数替换空单元格。

```
import pandas as pd
df = pd.read_csv('property - data.csv')
#使用 mean()方法计算列的均值并替换空单元格
x = df["ST_NUM"].mean()
df["ST_NUM"].fillna(x, inplace = True)
print(df.to_string())
```

运行程序，输出如下，框住的数据为替换空单元格的均值：

```
  PID          ST_NUM       ST_NAME     OWN_OCCUP IED   NUM_BEDROOMS   NUM_BATH   SQ_FT
0 100001000.0  104.000000   PUTNAM      Y               3              1          1000
1 100002000.0  197.00000    LEXINGTON   N               3              1.5        --
2 100003000.0  191.428571   LEXINGTON   N               NaN            1          850
3 100004000.0  201.000000   BERKELEY    12              1              NaN        700
4 NaN          203.000000   BERKELEY    Y               3              2          1600
5 100006000.0  207.000000   BERKELEY    Y               NaN            1          800
6 100007000.0  191.428571   WASHINGTON  NaN             2              HURLEY     950
7 100008000.0  213.000000   TREMONT     Y               1              1          NaN
8 100009000.0  215.000000   TREMONT     Y               na             2          1800
```

```
#使用 median()方法计算列的中位数并替换空单元格
x = df["ST_NUM"].median()
df["ST_NUM"].fillna(x, inplace = True)
print(df.to_string())
```

运行程序，输出结果如下，框住的数据为替换空单元格的中位数：

```
  PID          ST_NUM      ST_NAME     OWN_OCCUP IED   NUM_BEDROOMS  NUM_BATH  SQ_FT
0 100001000.0  104.0       PUTNAM      Y               3             1         1000
1 100002000.0  197.0       LEXINGTON   N               3             1.5       --
2 100003000.0  [203.0]     LEXINGTON   N               NaN           1         850
3 100004000.0  201.0       BERKELEY    12              1             NaN       700
4 NaN          203.0       BERKELEY    Y               3             2         1600
5 100006000.0  207.0       BERKELEY    Y               NaN           1         800
6 100007000.0  [203.0]     WASHINGTON  NaN             2             HURLEY    950
7 100008000.0  213.0       TREMONT     Y               1             1         NaN
8 100009000.0  215.0       TREMONT     Y               na            2         1800
```

2. 清洗错误数据

数据错误也是常见的情况，可以对错误的数据进行替换或移除。

【例 6-12】 清洗错误数据实例。

```
import pandas as pd
person = {"name": ['Python', 'Java', 'C++'],"age": [10, 20, 12345]} #12345 年龄数据是错误的
df = pd.DataFrame(person)
df.loc[2, 'age'] = 50 #修改数据，替换年龄错误的数据
print(df.to_string())
```

运行程序，输出如下：

```
    name   age
0   Python  10
1   Java    20
2   C++     50
```

也可以设置条件语句。例如：

```
for x in df.index:
  if df.loc[x, "age"] > 100: #将 age 大于 100 的设置为 100
    df.loc[x, "age"] = 100
print(df.to_string())
```

运行程序，输出如下：

```
    name   age
0   Python  10
1   Java    20
2   C++    100
```

还可以将错误数据所在的行删除：

```
for x in df.index:
  if df.loc[x, "age"] > 100: #将 age 大于 100 的行删除
    df.drop(x, inplace = True)
print(df.to_string())
```

运行程序，输出如下：

```
    name   age
0   Python  10
1   Java    20
```

3. 清洗重复数据

清洗重复的数据可以使用 duplicated()和 drop_duplicates()方法。如果对应的数据是重

复的,duplicated()会返回 True,否则返回 False。

【例 6-13】 清洗重复数据实例。

```
import pandas as pd
person = {"name": ['Python', 'Java', 'C++','C++'],"age": [10, 20, 11, 11]}
df = pd.DataFrame(person)
print(df.duplicated())
```

运行程序,输出如下:

```
0   False
1   False
2   False
3   True
dtype: bool
```

删除重复数据,可以直接使用 drop_duplicates()方法。

```
df.drop_duplicates(inplace = True) #使用 drop_duplicates 方法
print(df)
```

运行程序,输出如下:

```
      name   age
0   Python   10
1   Java     20
2   C++      11
```

6.2 SciPy

SciPy 在 NumPy 库的基础上增加了众多的数学、科学以及工程计算中常用的函数库。SciPy 依赖 NumPy,提供了便捷且快速的 n 维数组操作。SciPy 库的构建与 NumPy 数组一起工作,并提供很多友好、高效的处理方法。它包括统计、优化、整合、线性代数、傅里叶变换、信号和图像处理、常微分方程求解等,功能十分强大。

6.2.1 安装 SciPy

在 NumPy 下安装 SciPy 是非常简单的,使用 pip 进行安装即可,命令如下:

```
pip install scipy
```

安装完成后,就可以通过 from scipy import module 导入 SciPy 的库。

【例 6-14】 查看 SciPy 库的版本号。

```
import scipy
print(scipy.__version__)
1.11.4
```

constants 是 SciPy 库的常量模块,下面代码通过导入 SciPy 的常量模块 constants 查看一英亩等于多少平方米:

```
from scipy import constants
#一英亩等于多少平方米
print(constants.acre)
4046.8564223999992
```

6.2.2 优化器

SciPy 的优化器(optimize)模块提供了许多实现最优化算法的函数,可以直接调用这些函数来完成优化问题,比如求解方程的根或最小化函数等。

1. 求解方程的根

NumPy 可以求解多项式和线性方程的根,但它无法求解非线性方程的根,例如:

```
x + cos(x)
```

因此可以使用 SciPy 的 optimize.root()函数,这个函数需要以下两个参数。

- fun:方程的函数。
- x0:根的初始猜测。

该函数返回一个对象,其中包含有关解决方案的信息。

【例 6-15】 查找 $x+2\cos(x)$方根的根。

```
from scipy.optimize import root
from math import cos
def eqn(x):
    return x + 2 * cos(x)
myroot = root(eqn, 0)
print(myroot.x)
```

运行程序,输出如下:

```
[-1.02986653]
```

如果想要查看更多的信息,可输入以下代码:

```
#查看更多信息
print(myroot)
```

运行程序,输出如下:

```
message: The solution converged.
success: True
  status: 1
     fun: [ 0.000e+00]
       x: [-1.030e+00]
    nfev: 10
    fjac: [[-1.000e+00]]
       r: [-2.714e+00]
     qtf: [-1.518e-12]
```

2. 最小化函数

函数表示一条曲线,曲线有最高点和最低点。最高点称为最大值;最低点称为最小值。整条曲线中的最高点称为全局最大值,其余局部高点称为局部最大值。整条曲线的最低点称为全局最小值,其余局部低点称为局部最小值。在 SciPy 中可以使用 scipy.optimize.minimize()函数实现最小化。该函数接收以下几个参数。

- fun:要优化的函数。
- x0:初始猜测值。
- method:要使用的方法,值可以是'CG'、'BFGS'、'Newton-CG'、'L-BFGS-B'、'TNC'、'COBYLA'、'SLSQP'。
- callback:每次优化迭代后调用的函数。

• options：定义其他参数的字典。

【例 6-16】 使用 BFGS 求 x^2-x-2 的最小值。

```
from scipy.optimize import minimize
def eqn(x):
    return x ** 2 - x - 2
mymin = minimize(eqn, 0, method = 'BFGS')
print(mymin)
```

运行程序，输出如下：

```
  message: Optimization terminated successfully.
  success: True
   status: 0
      fun: -2.25
        x: [ 5.000e-01]
      nit: 2
      jac: [ 0.000e+00]
 hess_inv: [[ 5.000e-01]]
     nfev: 8
     njev: 4
```

6.2.3 稀疏矩阵

稀疏矩阵(sparse matrix)指的是在数值分析中绝大多数元素为零的矩阵。反之，如果大部分元素都不为零，则这个矩阵是稠密的(dense)。

图 6-1 中左边是一个稀疏矩阵，可以看到包含了很多 0 元素，右边是稠密的矩阵，大部分元素非 0。

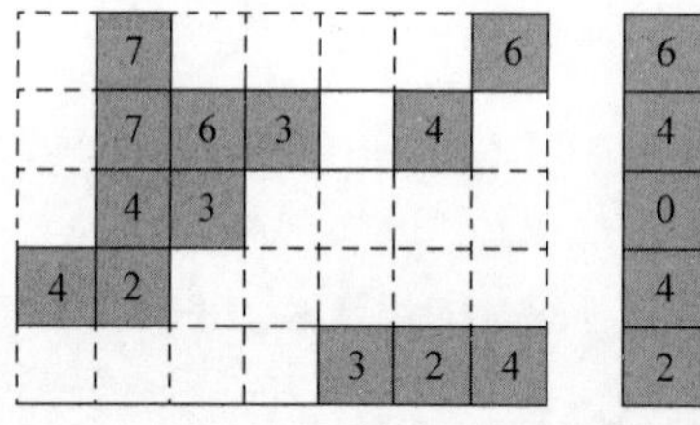

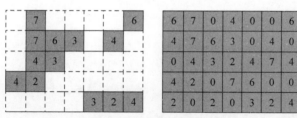

图 6-1 稀疏矩阵与稠密矩阵

SciPy 的 scipy.sparse 模块提供了处理以下两种类型的稀疏矩阵的函数。

• 压缩稀疏列(Compressed Sparse Column，CSC)，按列压缩。

• 压缩稀疏行(Compressed Sparse Row，CSR)，按行压缩。

本小节主要介绍 CSR 矩阵。

1. CSR 矩阵

可以通过向 scipy.sparse.csr_matrix()函数传递数组来创建一个 CSR 矩阵。

【例 6-17】 创建 CSR 矩阵。

```
import numpy as np
from scipy.sparse import csr_matrix
arr = np.array([0, 0, 1, 0, 0, 1, 0, 0, 2])
print(csr_matrix(arr))
```

运行程序，输出如下：

```
(0, 2)  1
(0, 5)  1
```

```
(0, 8)  2
```

输出中各数字含义如下。

- 第一行：在矩阵第一行(索引值 0)第三(索引值 2)个位置有一个数值 1。
- 第二行：在矩阵第一行(索引值 0)第六(索引值 5)个位置有一个数值 1。
- 第三行：在矩阵第一行(索引值 0)第九(索引值 8)个位置有一个数值 2。

2. CSR 矩阵方法

(1) 可以使用 data 属性查看存储的数据(不含 0 元素)。

【例 6-18】 查看 CSR 矩阵实例。

```
import numpy as np
from scipy.sparse import csr_matrix
arr = np.array([[0, 0, 1], [0, 0, 0], [1, 0, 2]])
print(csr_matrix(arr).data) #非 0 元素
[1 1 2]
```

(2) 可以使用 count_nonzero()方法计算非 0 元素的总数。

```
print(csr_matrix(arr).count_nonzero()) #非 0 总数
3
```

(3) 可以使用 eliminate_zeros()方法删除矩阵中 0 元素。

```
mat = csr_matrix(arr)
mat.eliminate_zeros() #删除 0 元素
print(mat)
  (0, 2)  1
  (2, 0)  1
  (2, 2)  2
```

(4) 可以使用 sum_duplicates()方法删除重复项。

```
mat.sum_duplicates()
print(mat)
  (0, 2)  1
  (2, 0)  1
  (2, 2)  2
```

(5) 如果要将 CSR 转换为 CSC 形式,可使用 tocsc()方法。

```
newarr = csr_matrix(arr).tocsc()
print(newarr)
  (2, 0)  1
  (0, 2)  1
  (2, 2)  2
```

6.2.4 图结构

图结构是算法学中最强大的框架之一。图是各种关系的节点和边的集合,节点是与对象对应的顶点,边是对象之间的连接。SciPy 提供了 scipy.sparse.csgraph 模块来处理图结构。

1. 邻接矩阵

邻接矩阵(adjacency matrix)是表示顶点之间相邻关系的矩阵,结构如图 6-2 所示。它的逻辑结构分为两部分——V 和 E,其中,V 是顶点,E 是边,边有时会有权重,表示节点之间的连接强度。

用一个一维数组存放图中所有顶点数据,用一个二维数组存放顶点间关系(边或弧)的数据，这个二维数组称为邻接矩阵。观察图 6-3 所示的邻接矩阵。

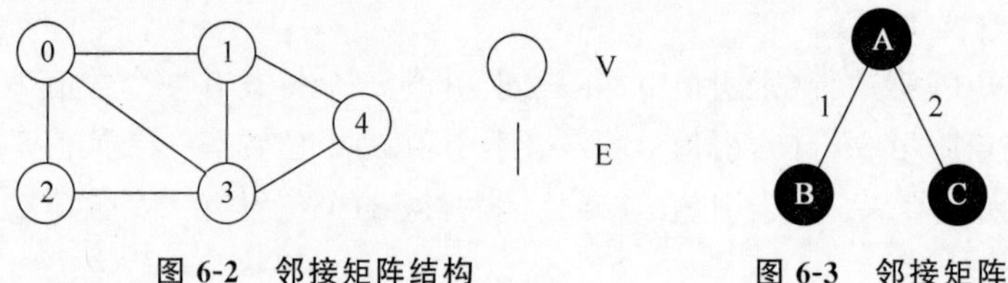

图 6-2　邻接矩阵结构　　　图 6-3　邻接矩阵

从图 6-3 中可看出，顶点有 A、B、C，边权重有 1 和 2。A 与 B 是连接的，权重为 1；A 与 C 是连接的，权重为 2；C 与 B 是没有连接的。这个邻接矩阵可以用以下二维数组表示：

```
  A B C
A:[0 1 2]
B:[1 0 0]
C:[2 0 0]
```

邻接矩阵又分为有向图邻接矩阵和无向图邻接矩阵。无向图是双向关系，边没有方向，如图 6-4 所示。

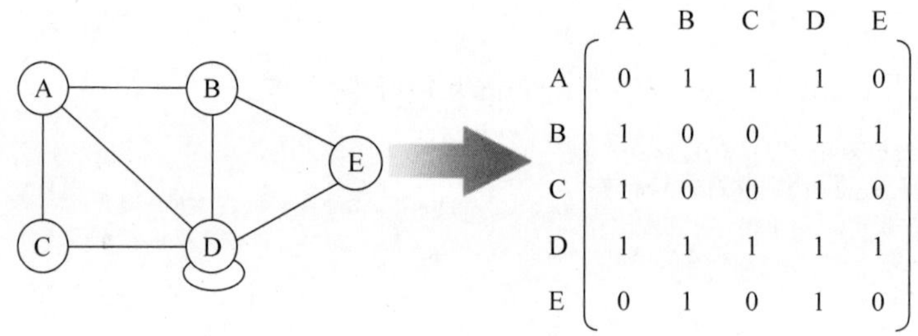

图 6-4　无向图

有向图的边带有方向，是单向关系，如图 6-5 所示。

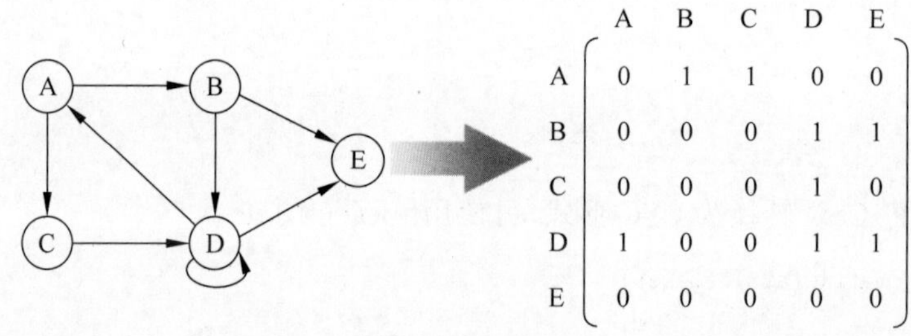

图 6-5　有向图

注意：图 6-4 及图 6-5 中的 D 节点是自环，自环是指一条边的两端为同一个节点。

【例 6-19】　利用 connected_components()方法查看数组的所有连接组件。

```
import numpy as np
from scipy.sparse.csgraph import connected_components
from scipy.sparse import csr_matrix
arr = np.array([[0, 0, 2],[1, 0, 0],[2, 1, 0]])
newarr = csr_matrix(arr)
print('所有连接的组件:\n',connected_components(newarr))
```

运行程序，输出如下：

```
所有连接的组件:
 (1, array([0, 0, 0]))
```

2. 最短路径算法

Dijkstra(迪杰斯特拉)最短路径算法,用于计算一个节点到其他所有节点的最短路径。在SciPy中,可使用dijkstra()方法来计算一个元素到其他元素的最短路径。dijkstra()方法可以设置以下几个参数。

- return_predecessors: 布尔值,若设置为True,则遍历所有路径,如果不想遍历所有路径可以设置为False。
- indices: 元素的索引,返回该元素的所有路径。
- limit: 路径的最大权重。

【例 6-20】 查找数组元素1到元素2的最短路径。

```
import numpy as np
from scipy.sparse.csgraph import dijkstra
from scipy.sparse import csr_matrix
arr = np.array([[0, 1, 2],[1, 0, 0],[2, 0, 0]])
newarr = csr_matrix(arr)
print('元素 1 到元素 2 的最短路径:')
print(dijkstra(newarr, return_predecessors = True, indices = 0))
```

运行程序,输出如下:

```
元素 1 到元素 2 的最短路径:
(array([0., 1., 2.]), array([ -9999,    0,    0]))
```

3. 弗洛伊德算法

弗洛伊德(Floyd Warshall)算法是解决任意两点间的最短路径的一种算法。在SciPy中使用floyd_warshall()方法来查找所有元素对之间的最短路径。

【例 6-21】 查找所有数组元素对之间的最短路径。

```
import numpy as np
from scipy.sparse.csgraph import floyd_warshall
from scipy.sparse import csr_matrix
arr = np.array([[0, 0, 2],[1, 0, 0],[2, 1, 0]])
newarr = csr_matrix(arr)
print('所有元素对之间的最短路径')
print(floyd_warshall(newarr, return_predecessors = True))
```

运行程序,输出如下:

```
所有元素对之间的最短路径
(array([[0., 3., 2.],
       [1., 0., 3.],
       [2., 1., 0.]]), array([[ -9999,    2,    0],
       [    1, -9999,       0],
       [    2,       2, -9999]]))
```

4. 贝尔曼-福特算法

贝尔曼-福特(Bellman Ford)算法是解决任意两点间的最短路径的一种算法。在Scipy中使用bellman_ford()方法来查找所有元素对之间的最短路径,通常可以在任何图中使用,包括有向图、带负权边的图。

【例 6-22】 在带负权边的图中查找从元素1到元素2的最短路径。

```
import numpy as np
from scipy.sparse.csgraph import bellman_ford
from scipy.sparse import csr_matrix
```

```
arr = np.array([[0, 0, 2],[1, 0, 0],[2, 1, 0]])
newarr = csr_matrix(arr)
print(bellman_ford(newarr, return_predecessors = True, indices = 0))
```

运行程序,输出如下:

```
(array([0., 3., 2.]), array([ - 9999,  2,  0]))
```

5. 深度优先遍历的顺序

depth_first_order()方法从一个节点返回深度优先遍历的顺序,可以接收图或图开始遍历的元素。

【例 6-23】 给定一个邻接矩阵,返回深度优先遍历的顺序。

```
import numpy as np
from scipy.sparse.csgraph import depth_first_order
from scipy.sparse import csr_matrix
arr = np.array([[0, 0, 2],[1, 0, 0],[2, 1, 0]])
newarr = csr_matrix(arr)
print(depth_first_order(newarr, 1))
```

运行程序,输出如下:

```
(array([1, 0, 2]), array([1, - 9999,  0]))
```

6. 广度优先遍历的顺序

breadth_first_order()方法从一个节点返回广度优先遍历的顺序,可以接收图和图开始遍历的元素。

【例 6-24】 创建一个邻接矩阵,返回广度优先遍历的顺序。

```
import numpy as np
from scipy.sparse.csgraph import breadth_first_order
from scipy.sparse import csr_matrix
arr = np.array([[1, 0, 1, 0],[1, 0, 1, 1],[0, 1, 1, 2], [0, 1, 0, 1]])
newarr = csr_matrix(arr)
print(breadth_first_order(newarr, 1))
```

运行程序,输出如下:

```
(array([1, 0, 2, 3]), array([1, - 9999,  1,  1]))
```

6.2.5 SciPy 积分

积分不仅推动了数学的发展,也极大地推动了天文学、物理学、化学、生物学、工程学、经济学等自然学科、社会学科及应用学科的发展,在这些学科中的应用也越来越广泛。特别是计算机的出现,推动了这些应用的不断发展。scipy.integration 提供了多种积分模块,主要分为以下两类:一类是对给定的函数对象积分,积分函数如表 6-1 所示;另一类是对给定固定样本的函数积分。

表 6-1 积分函数(给定的函数对象)

函 数	说 明
quad(func,a,b[,args,full_output,…])	计算定积分
dblquad(func,a,b,gfun,hfun[,args,…])	计算双重积分
tplquad(func,ranges[,args,opts,full_output])	计算三重积分
nquad(func,ranges[,args,opts,full_output])	多变量积分

【例 6-25】 利用 quad 求解定积分 $I(a,b)=\int_0^1(ax^2+b)\mathrm{d}x$。

```
from scipy.integrate import quad
def integrand(x,a,b):
    return a * x ** 2 + b
a = 2
b = 1
I = quad(integrand,0,1,args = (a,b))
print(I)
```

运行程序,输出如下:

```
(1.6666666666666667, 1.8503717077085944e-14)
```

函数返回两个值,其中第一个数字是积分值,约为 1.67,第二个数值是积分值绝对误差的估计值,从结果可以看出效果较好。

【例 6-26】 利用 dblquad 求解双重积分 $\int_0^{\frac{1}{2}}\mathrm{d}y\int_0^{\sqrt{1-4y^2}}16xy\mathrm{d}x$。

```
import scipy.integrate
from numpy import exp
from math import sqrt
f = lambda x, y : 16 * x * y
g = lambda x : 0
h = lambda y : sqrt(1 - 4 * y ** 2)
i = scipy.integrate.dblquad(f, 0, 0.5, g, h)
print(i)
```

运行程序,输出如下:

```
(0.5, 1.7092350012594845e-14)
```

6.2.6 最小二乘

本小节的最小二乘是指求解一个带有变量边界的非线性最小二乘问题。给定残差 $f(x)$(n 个实变量的 m 维实函数)和损失函数 rho(s)(标量函数),最小二乘找到代价函数 $F(x)$的局部最小值。

【例 6-27】 演示 rosenbrock 函数的最小不受自变量的限制,实现最小二乘。

```
import numpy as np
def fun_rosenbrock(x):
    return np.array([10 * (x[1] - x[0] ** 2), (1 - x[0])])
from scipy.optimize import least_squares
input = np.array([2, 2])
res = least_squares(fun_rosenbrock, input)
print(res)
```

注意,例 6-27 中只提供残差的向量,该算法将成本函数构造为残差的平方和,确切的最小值是 x=[1.0,1.0]。

运行程序,输出如下:

```
    message: `gtol` termination condition is satisfied.
    success: True
     status: 1
        fun: [ 4.441e-15 1.110e-16]
          x: [ 1.000e+00 1.000e+00]
```

```
        cost: 9.866924291084687e-30
         jac: [[-2.000e+01 1.000e+01]
               [-1.000e+00 0.000e+00]]
        grad: [-8.893e-14 4.441e-14]
  optimality: 8.892886493421953e-14
 active_mask: [ 0.000e+00 0.000e+00]
        nfev: 3
        njev: 3
```

6.2.7 空间数据

空间数据是指在几何空间中表示的数据,如坐标系上的点。现实生活中的许多任务都需要处理空间数据问题,例如,查找点是否在边界内。SciPy 提供的 scipy.spatial 模块可以处理空间数据。

1. 三角测量法

可以从一个顶点出发或者从中心出发将一个多边形分成不同的三角形,可以用这些三角形计算多边形的面积。带点的三角部分表示曲线由这些三角形组成,其中所有给定点至少位于曲面中任何三角形的一个顶点上。通过点生成这些三角部分的一种方法是 Delaunay()。

【例 6-28】 利用给点的 points 创建三角部分。

```
import numpy as np
from scipy.spatial import Delaunay
import matplotlib.pyplot as plt
#给定的点
points = np.array([
  [2, 4],
  [3, 4],
  [3, 0],
  [2, 2],
  [4, 1]
])
simplices = Delaunay(points).simplices
plt.triplot(points[:, 0], points[:, 1], simplices)
plt.scatter(points[:, 0], points[:, 1], color='r')
plt.show()
```

运行程序,生成的三角部分如图 6-6 所示。

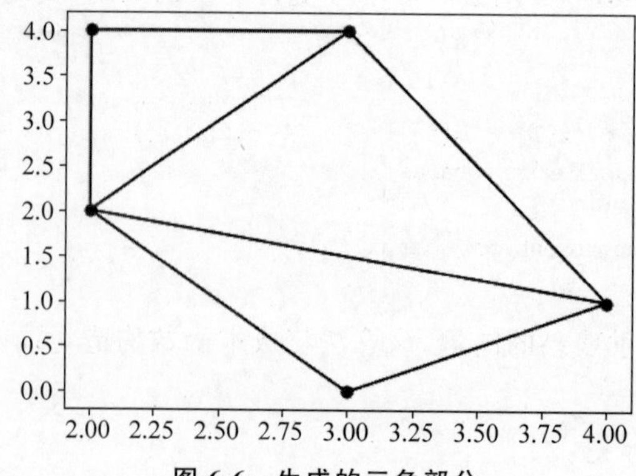

图 6-6 生成的三角部分

2. 凸包

凸包是覆盖所有给定点的最小多边形。SciPy 中的 ConvexHull()方法可以创建一个凸包。

【例 6-29】 通过点创建一个凸包。

```
import numpy as np
from scipy.spatial import ConvexHull
import matplotlib.pyplot as plt
points = np.array([
  [2, 4],
  [3, 4],
  [3, 1],
  [2, 2],
  [4, 1],
  [1, 2],
  [5, 0],
  [3, 0],
  [1, 2],
  [0, 2]
])
hull = ConvexHull(points)
hull_points = hull.simplices
plt.scatter(points[:,0], points[:,1])
for simplex in hull_points:
  plt.plot(points[simplex,0], points[simplex,1], 'k-')
plt.show()
```

运行程序,凸包效果如图 6-7 所示。

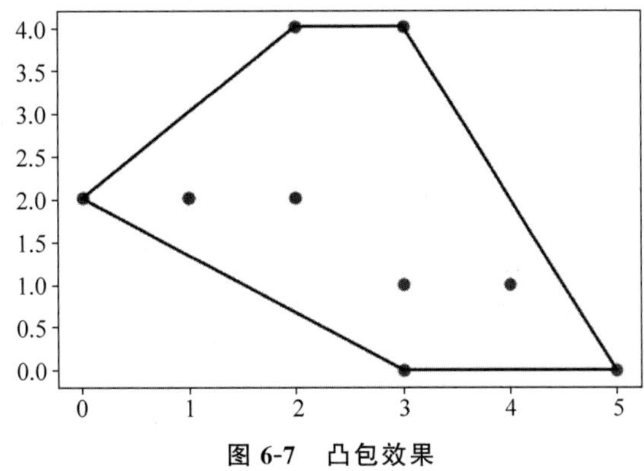

图 6-7　凸包效果

3. KD 树

KD 树是一种针对最近邻查询优化的数据结构。例如,在使用 KD 树的一组点中,可以找到哪些点最邻近某个给定点。SciPy 提供的 KDTree()方法返回一个 KD 树对象,query()方法返回最近邻的距离和邻近的位置。

【例 6-30】 找到点(1,2)的最近邻。

```
from scipy.spatial import KDTree
points = [(1, -1), (2, 3), (-2, 3), (2, -3)]
kdtree = KDTree(points)
res = kdtree.query((1, 2))
print(res)
```

运行程序,输出如下:

```
(1.4142135623730951, 1)
```

4. 距离矩阵

在数据科学中,有许多距离度量用于描述两点间的各种类型的距离,如欧氏距离、余弦距离等。两个向量间的距离不仅可以是它们之间的直线长度，还可以是它们与原点的夹角或者所需的单位步数等。许多机器学习算法的性能很大程度上取决于距离度量，如“K 最近邻”或“K 均值”等。

1）欧氏距离

【例 6-31】 求给定点间的欧氏距离。

```
from scipy.spatial.distance import euclidean
p1 = (1, 4)
p2 = (10, 3)
res = euclidean(p1, p2)
print(res)
```

运行程序，输出如下：

```
9.055385138137417
```

2）曼哈顿距离

曼哈顿距离又称城市街区距离，是使用 4 度运动计算的距离。例如，只能上、下、右或左移动，不能沿对角线移动。

【例 6-32】 查找给定点之间的曼哈顿距离。

```
from scipy.spatial.distance import cityblock
p1 = (1, 4)
p2 = (10, 3)
res = cityblock(p1, p2)
print(res)
```

运行程序，输出如下：

```
10
```

3）余弦距离

余弦距离是指 A 和 B 两点之间的余弦角值。

【例 6-33】 求给定点之间的余弦距离。

```
from scipy.spatial.distance import cosine
p1 = (1, 4)
p2 = (10, 3)
res = cosine(p1, p2)
print(res)
```

运行程序，输出如下：

```
0.48892460712285
```

4）汉明距离

汉明距离表示两个(相同长度)字符串对应位置的不同字符的数量，是一种测量二进制序列距离的方法。

【例 6-34】 求给定点之间的汉明距离。

```
from scipy.spatial.distance import hamming
p1 = (True, False, True)
p2 = (False, True, True)
res = hamming(p1, p2)
print(res)
```

运行程序，输出如下：

```
0.666666666666666
```

6.2.8 图像处理

图像识别是计算机对图像进行处理、分析和理解,以识别各种不同模式的目标和对象的技术。识别过程包括图像预处理、图像分割、特征提取和判断匹配。简单来说,图像识别就是让计算机像人一样读懂图片的内容。借助图像识别技术,不仅可以通过图片搜索更快地获取信息,还可以产生一种新的与外部世界交互的方式,甚至会让外部世界更加智能地运行。

SciPy 可对图像进行裁剪、翻转、旋转、图像滤镜等基本操作,使用 NumPy 机理把图像处理成数组。

【例 6-35】 SciPy 图像处理。

```
from scipy import misc
import numpy as np
face = misc.face()
f = misc.face()
import matplotlib.pyplot as plt
#显示中文
plt.rcParams['font.sans-serif'] = ['SimHei']
plt.rcParams['axes.unicode_minus'] = False
plt.subplot(1,2,1);plt.imshow(f)
plt.title('原图')
flip_ud_face = np.flipud(face)
import matplotlib.pyplot as plt
plt.subplot(1,2,2);plt.imshow(flip_ud_face)
plt.title('镜像')
plt.show()
```

运行程序,图像处理效果如图 6-8 所示。

图 6-8 图像处理效果

6.3 练习

1. 计算两个稀疏矩阵的乘积。

$$\mathbf{A}=\begin{bmatrix}1 & 2 & 0\\0 & 0 & 3\\4 & 0 & 5\end{bmatrix},\quad \mathbf{V}=\begin{bmatrix}1 & 0 & -1\end{bmatrix}$$

2. 求解单积分 $\int_a^b \mathrm{e}^{-x^2}\mathrm{d}x$ 。

3. 提取字典中含有字符串"Python"的行。

```
data = {"grammer":["Python","C++","Java","GO",np.nan,"MATLAB","PHP","Python"],
       "score":[1,2,np.nan,4,5,6,7,10]}
```

第7章 数值计算

CHAPTER 7

数值计算指有效使用数字计算机求数学问题近似解的方法与过程，以及由相关理论构成的学科。

数值计算主要研究如何利用计算机更好地解决各种数学问题，包括连续系统的离散化和离散形方程的求解。

7.1 多项式

多项式是数学中的一种基本表达式，它由多个项相加或相减组成，每个项由系数和指数的乘积构成。计算多项式在数学和计算机领域都有重要的应用，可用于数据拟合、信号处理、图像处理等。

7.1.1 多项式的定义

多项式可表示为

$$P(x)=a_0x^n+a_1x^{n-1}+a_2x^{n-2}+\cdots+a_{n-2}x^2+a_{n-1}x+a_n$$

其中，$P(x)$表示多项式，$a_0\sim a_n$ 表示系数，n 表示多项式的最高次数，也是多项式的次数。

7.1.2 多项式构造

NumPy 中提供了多项式模块，里面封装了一些用以快速解决多项式问题的类和函数，其中最常用、最重要的类是 Polynomial，其构造函数如下：

```
class numpy.polynomial.polynomial.Polynomial(coef, domain = None, window = None, symbol = 'x')
```

其中，coef 为多项式的系数；domian 为 x 的定义域；window 为定义域的缩放因子；symbol 为多项式的自变量符号，默认为 x。

例如，$4+3x+2x^2+x^3$ 可写为：

```
from numpy.polynomial import polynomial as poly
p3 = poly.Polynomial(coef = [4,3,2,1])
print(p3)
```

运行程序，输出如下：

```
4.0 + 3.0 x + 2.0 x** 2 + 1.0 x** 3
```

7.1.3 计算多项式

下面介绍几种计算多项式的计算方法。

1. 使用列表表示系数

可以使用一个列表来表示多项式的系数，列表的索引表示该项的指数。例如，多项式 $3x^3+2x^2+4x+6$ 可表示为[3,2,4,6]。

```
def calculate_polynomial(coefficients,x):
    s = 0
    for i in range(len(coefficients)):
        s += coefficients[i] * (x ** len(coefficients) - i - 1)
        return s
polynomial = [3,2,4,6]
x = 2
s = calculate_polynomial(polynomial,x)
print(f"多项式{polynomial}在 x = {x}的结果是{s}")
```

运行程序，输出如下：

```
多项式[3, 2, 4, 6]在 x = 2 时的结果是 46
```

2. 使用 NumPy 库进行计算

如果需要处理更复杂的多项式计算，可以使用 NumPy 库，NumPy 是一个强大的数值计算库，提供了许多用于数组计算的函数。

```
import numpy as np
polynomial = np.poly1d([3, 2, 4, 6])
x = 2
s = polynomial(x)
print(f"多项式{polynomial}在 x = {x}的结果是{s}")
```

运行程序，输出如下：

```
多项式   3   2
3 x  + 2 x  + 4 x  + 6 在 x = 2 时的结果是 46
```

3. 使用 SymPy 库进行符号计算

如果需要进行符号计算，可以使用 SymPy 库，SymPy 是一个符号计算库，可以进行代数运算、微积分、解方程等。

```
import sympy as sp
x = sp.Symbol('x')
polynomial = 3 * x ** 3 + 2 * x ** 2 + 4 * x + 6
x_value = 2
s = polynomial.subs(x,x_value)
print(f"多项式{polynomial}在 x = {x}的结果是{s}")
```

运行程序，输出如下：

```
多项式 3 * x ** 3  +  2 * x ** 2  +  4 * x  +  6 在 x = 2 时的结果是 46
```

7.1.4 多项式求解

1. 从已知根求解多项式

利用 ploy 可以从已知根求解多项式。例如：

```
from numpy import *
root = [1, - 1]
#一个多项式的根为 1, - 1
a = poly1d(poly(root))
print(a)
```

运行程序,输出如下:

```
  2
1 x - 1
```

poly 是已知的多项式系数,然后通过 poly1d 得到多项式的带有 x 的格式。该多项式为 a=[1. 0. −1.],即 $y=x^2-1$。

2. 使用 roots 求解多项式的根

可以使用 roots 求解多项式的根。例如:

```
from numpy import *
root = [1, -1]
#一个多项式的根为 1, -1
a = poly1d(poly(root))
#求解 a 的根
print(roots(a))
#判断两个根是否相等
print(array_equal(root, roots(a)))
```

运行程序,输出如下:

```
[-1. 1.]
False
```

3. 求反演

在 Python 中,roots 可用于求根,而 fromroots 可根据根来生成多项式。例如,求 $4+3x+2x^2+x^3$ 的反演的代码如下:

```
from numpy.polynomial import polynomial as poly
p3 = poly.Polynomial(coef = [4,3,2,1])
rs = p3.roots()
print(rs)
[-1.65062919+0.j   -0.1746854 -1.54686889j -0.1746854 +1.54686889j]
pNew = p3.fromroots(rs) #求多项式反演
print(pNew)
(3.999999999999998+0j) + (3.000000000000001-4.440892098500626e-16j) x +
(1.9999999999999991+0j) x**2 + (1+0j) x**3
```

由于浮点计算会引入误差,所以 fromroots 并不是严格意义上 roots 的逆过程,但这个误差是极小的。

4. 求导和已知导数求原函数

可以利用 polyder 求多项式的导函数,从导函数中求原函数。例如:

```
from numpy import *
root = [1, -1]
#一个多项式的根为 1, -1
a = poly1d(poly(root))
#多项式求导
der = polyder(a)
print(der)
#找到导函数为 y = 12x 的原函数
inter = polyint(a)
print(inter)
```

运行程序,输出如下:

```
2 x
       3
```

```
0.3333 x - 1 x
```

5. 求多项式在某点处的值

利用 polyval 函数可以求多项式在某点处的值。

【例 7-1】 已知四次函数 $f(x)=10x^4-14x^3+22x^2+6x+99$,依次求解 $x=1,2,3,4,5,6,7,8,9,10$ 时函数表达式所对应的函数值。

```
import numpy as np
#f(x) = 10*x^4 - 14*x^3 + 22*x^2 + 6*x + 99
p = np.array([10, -14,22,6,99])      #这里存放的是系数
x = [1,2,3,4,5,6,7,8,9,10]
y = np.polyval(p,x)      #这里的列表 y 依次存放 x = 1、x = 2、x = 3、x = 4、x = 5、x = 6、x = 7、x = 8、x = 9、
x = 10 所对应的 y 的值
print(y)
```

运行程序,输出如下:

```
[ 123 247 747 2139 5179 10863 20427 35347 57339 88359]
```

6. 加减乘除四则运算

Python 提供了相关函数实现多项式的加减乘除运算。

【例 7-2】 多项式的加减乘除运算。

```
from numpy import *
root = [1, -1]
#一个多项式的根为 1, -1
a = poly1d(poly(root))
print('多项式 a:\n',a)
#一个多项式 y = x + 1
b = poly1d([1, 1])
print('多项式 b:\n',b)
#两个多项式相加
print('多项式相加:\n',polyadd(a, b))
#两个多项式相减
print('多项式相减:\n',polysub(a, b))
#两个多项式的交点,就是多项式相减之后的零点
print('多项式零点:\n',roots(polysub(a, b)))
#两个多项式相乘
print('多项式相乘:\n',polymul(a, b))
#两个多项式相除
print('多项式相除:\n',polydiv(a, b))
```

运行程序,输出如下:

```
多项式 a:
   2
1 x - 1
多项式 b:
1 x + 1
多项式相加:
   2
1 x + 1 x
多项式相减:
   2
1 x - 1 x - 2
多项式零点:
 [ 2. -1.]
多项式相乘:
```

```
   3     2
1 x + 1 x - 1 x - 1
多项式相除:
 (poly1d([ 1., -1.]), poly1d([0.]))
```

7.1.5 因式分解

把一个多项式在一个范围内化为几个整式的积的形式,这种式子变形叫作这个多项式的因式分解,也叫作把这个多项式分解因式。Python 提供了 factor()函数实现因式分解。

【例 7-3】 对 $3x^4-2x^3y+3x^3-x^2y^2-2x^2y+6x^2-xy^2-4xy-2y^2$ 进行因式分解。

```
from sympy import symbols, factor, expand, cancel, apart
import numpy as np
x, y = symbols('x y')
f1 = 3 * x ** 4 - 2 * x ** 3 * y + 3 * x ** 3 - x ** 2 * y ** 2 - 2 * x ** 2 * y +
6 * x ** 2 - x * y ** 2 - 4 * x * y - 2 * y ** 2
print(factor(f1))
```

运行程序,输出如下:

```
(x - y)*(3*x + y)*(x**2 + x + 2)
```

7.1.6 多项式展开

多项式展开为 $D=(x+y+z)^n$,多项式中的每个单项式叫作多项式的项,这些单项式中的最高项次数,就是这个多项式的次数。其中多项式中不含字母的项叫作常数项。

由数字或字母的积组成的式子叫作单项式,单独的一个数或一个字母也叫作单项式(例如,0 可看作 0 乘 a,1 可以看作 1 乘指数为 0 的字母,b 可以看作 b 乘 1),分数和字母的积的形式也是单项式。

Python 提供了 expand()函数实现多项式展开。

【例 7-4】 展开多项式$(x+y)^3$。

```
from sympy import symbols, factor, expand, cancel, apart
import numpy as np
x, y = symbols('x y')
f2 = (x + y) ** 3
print(expand(f2))
```

运行程序,输出如下:

```
x**3 + 3*x**2*y + 3*x*y**2 + y**3
```

7.1.7 分式化简

复杂的式子必须通过化简才能简便地求出它的值,Python 提供了 cancel()函数实现分式化简。

【例 7-5】 利用 cancel()函数对展开的多项式进行化简。

```
from sympy import symbols, factor, expand, cancel, apart
import numpy as np
x = symbols('x')
#给定的展开的多项式
f3 = (x ** 2 + 2 * x + 1) / (x ** 2 + x)
p3 = 1 / x + (3 * x / 2 - 2) / (x - 4)
```

```
print(cancel(f3))
print(cancel(p3))
```

运行程序，输出如下：

```
(x + 1)/x
(3*x**2 - 2*x - 8)/(2*x**2 - 8*x)
```

7.1.8 求导和求积分

多项式支持简单的符号计算，比如可通过 deriv(n)求多项式的 n 阶导数；通过 integ(n)可求多项式的 n 阶积分。

【例 7-6】 对多项式 $4+3x+2x^2+x^3$ 进行求导和求积分。

```
from numpy.polynomial import polynomial as poly
p3 = poly.Polynomial(coef=[4,3,2,1])
p3.deriv(1)
Polynomial([3., 4., 3.], domain=[-1., 1.], window=[-1., 1.], symbol='x')
p3.deriv(3)          #3 阶导数为 6
Polynomial([6.], domain=[-1., 1.], window=[-1., 1.], symbol='x')
p3.integ(2)          #求积分
Polynomial([0.     , 0.     , 2.     , 0.5    , 0.16666667,
       0.05    ], domain=[-1., 1.], window=[-1., 1.], symbol='x')
```

7.2 插值

在数值分析领域中，插值是一种通过已知的、离散的数据点，在范围内推求新数据点的过程或方法。简单来说，插值是一种在给定的点之间生成点的方法。

例如：对于两个点 1 和 2，可以插值并找到点 1.33 和 1.66。

插值有很多应用，在机器学习中经常用于处理缺失的数据，插值通常可用于替换这些值。这种填充值的方法称为插补。除了插补之外，插值还经常用于需要平滑数据集中离散点的地方。SciPy 提供了 scipy.interpolate 模块来处理插值。

7.2.1 一维插值

插值不同于拟合，插值函数经过样本点，拟合函数一般基于最小二乘法尽量靠近所有样本点穿过。常见插值方法有拉格朗日插值、分段插值、样条插值。

(1) 拉格朗日插值。当节点数 n 较大时，拉格朗日插值多项式的次数较高，可能出现不一致的收敛情况，而且计算复杂。随着节点增加，高次插值会带来误差的振动现象，称为龙格现象。

(2) 分段插值。虽然收敛，但光滑性较差。

(3) 样条插值。样条插值是使用一种名为样条的特殊分段多项式进行插值的形式。样条插值可以使用低阶多项式样条实现较小的插值误差，这样就避免了使用高阶多项式所出现的龙格现象。

【例 7-7】 实现数据的一维插值。

```
# -*- coding:utf-8 -*-
import numpy as np
from scipy import interpolate
import pylab as pl
```

```
x = np.linspace(0,10,11) #采样
y = np.sin(x)
xnew = np.linspace(0,10,101)
pl.plot(x,y,"ro")
#显示中文
pl.rcParams['font.sans-serif'] = ['SimHei']
pl.rcParams['axes.unicode_minus'] = False

for kind in ["nearest","zero","slinear","quadratic","cubic"]:     #插值方式
    #"nearest"、"zero"为阶梯插值
    #slinear 为线性插值
    #"quadratic"、"cubic" 为 2 阶、3 阶 B 样条曲线插值
    f = interpolate.interp1d(x,y,kind = kind)
    #'slinear'、'quadratic'与'cubic'指 1 阶、2 阶或 3 阶的样条插值
    ynew = f(xnew)
    pl.plot(xnew,ynew,label = str(kind))
pl.legend(loc = "lower right")
pl.show()
```

运行程序，一维插值效果如图 7-1 所示。

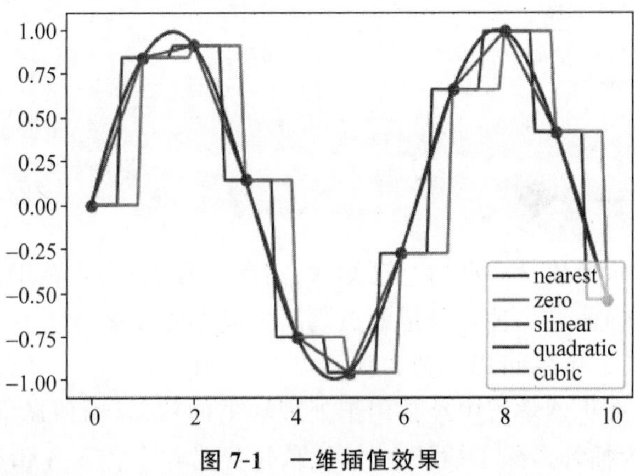

图 7-1 一维插值效果

7.2.2 二维插值

SciPy 中提供了 interp2d 函数实现二维插值，函数的格式如下。

z1＝interp2d(x,y,z,kind＝'linear')：参数 x,y 是一维数组，其中 x 为 m 维，y 为 n 维；参数 z 是 n×m 二维数组；参数 kind 为插值类型。返回一个连续插值函数 z1，通过输入新的插值点实现调用。

【例 7-8】 对给定的数据实现二维插值。

```
import numpy as np
import matplotlib.pyplot as plt
#图像显示中文说明
plt.rcParams['font.sans-serif'] = [u'SimHei']
#matplotlib inline
#导入插值模块
from scipy.interpolate import interp2d
#生成数据
x = np.linspace(0, 1, 20)
y = np.linspace(0, 1, 30)
xx, yy = np.meshgrid(x, y)
rand = np.random.rand(600).reshape([30, 20])
```

```
z = np.sin(xx ** 2) + np.cos(yy ** 2) + rand
new_x = np.linspace(0, 1, 100)
new_y = np.linspace(0, 1, 100)
# ** 样条插值函数 *** #
#一次插值
z1 = interp2d(x, y, z, kind = 'linear')
new_z1 = z1(new_x, new_y)
#三次插值
z3 = interp2d(x, y, z, kind = 'cubic')
new_z3 = z3(new_x, new_y)
#绘图
plt.figure()
plt.plot(x, z[0, :], 'o', label = 'data')
plt.plot(new_x, new_z1[0, :], label = 'linear')
plt.plot(new_x, new_z3[0, :], label = 'cubic')
plt.title("interp2d")
plt.xlabel("x")
plt.ylabel("f")
plt.legend()
plt.show()
#用矩阵显示 z
plt.matshow(z)
plt.title("数据")
plt.xlabel("x")
plt.ylabel("y")
plt.show()
#用矩阵显示 z
plt.matshow(new_z1)
plt.title("线性插值")
plt.xlabel("x")
plt.ylabel("y")
plt.show()
#用矩阵显示 z
plt.matshow(new_z3)
plt.title("样条插值")
plt.xlabel("x")
plt.ylabel("y")
plt.show()
```

运行程序，二维插值效果如图 7-2 所示。为了更直观地显示二维插值与一维插值的区别，采用矩阵显示的方法显示插值结果，如图 7-3 所示。

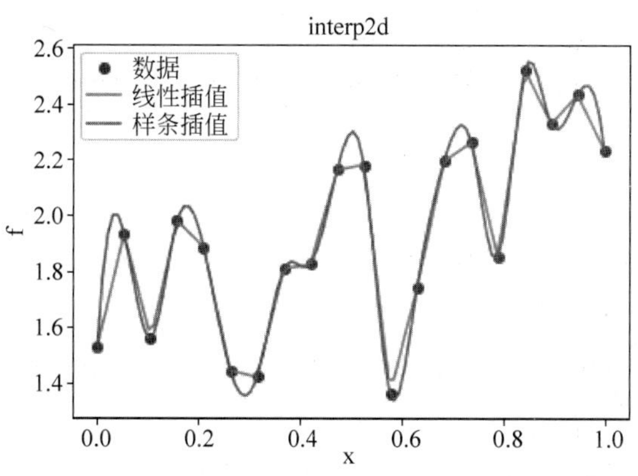

图 7-2 二维插值效果

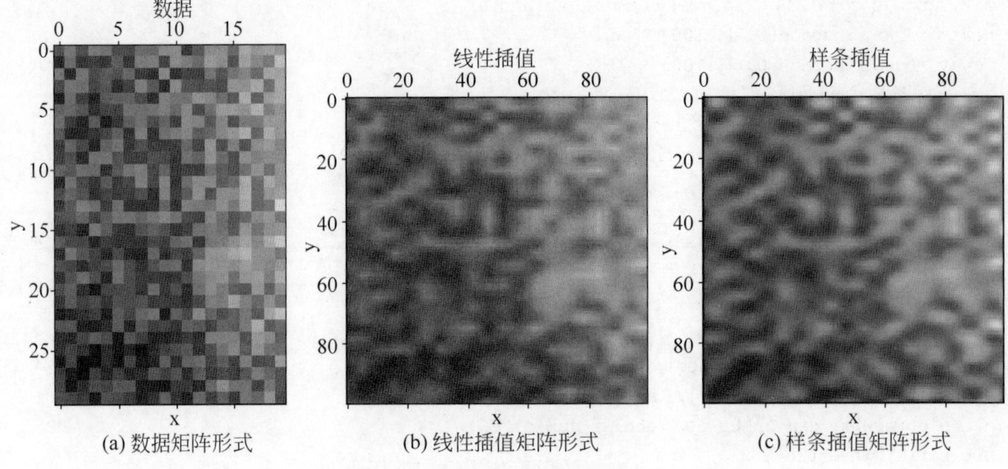

(a) 数据矩阵形式　(b) 线性插值矩阵形式　(c) 样条插值矩阵形式

图 7-3　矩阵显示插值效果

【例 7-9】 二维插值的三维展示方法。

```
# - * - coding: utf - 8 - * -
"""
演示二维插值。
"""
# - * - coding: utf - 8 - * -
import numpy as np
from mpl_toolkits.mplot3d import Axes3D
import matplotlib as mpl
from scipy import interpolate
import matplotlib.cm as cm
import matplotlib.pyplot as plt

def func(x, y):
    return (x + y) * np.exp( - 5.0 * (x ** 2 + y ** 2))

# X - Y 轴分为 20 × 20 的网格
x = np.linspace( - 1, 1, 20)
y = np.linspace( - 1, 1, 20)
x, y = np.meshgrid(x, y)                                    # 20 × 20 的网格数据

fvals = func(x,y)                                           # 计算每个网格点上的函数值
fig = plt.figure(figsize = (9, 6))
ax = plt.subplot(1, 2, 1,projection = '3d')
surf = ax.plot_surface(x, y, fvals, rstride = 2, cstride = 2, cmap = cm.coolwarm,linewidth = 0.5,
antialiased = True)
ax.set_xlabel('x')
ax.set_ylabel('y')
ax.set_zlabel('f(x, y)')
plt.colorbar(surf, shrink = 0.5, aspect = 5)                # 标注

# 二维插值
newfunc = interpolate.interp2d(x, y, fvals, kind = 'cubic') # newfunc 为一个函数
# 计算 100 × 100 的网格上的插值
xnew = np.linspace( - 1,1,100)                              # x
ynew = np.linspace( - 1,1,100)                              # y
fnew = newfunc(xnew, ynew)                                  # 100 × 100 网格上的插值
xnew, ynew = np.meshgrid(xnew, ynew)
```

```
ax2 = plt.subplot(1, 2, 2,projection = '3d')
surf2 = ax2.plot_surface(xnew, ynew, fnew, rstride = 2, cstride = 2, cmap = cm.coolwarm,linewidth
 = 0.5, antialiased = True)
ax2.set_xlabel('xnew')
ax2.set_ylabel('ynew')
ax2.set_zlabel('fnew(x, y)')
plt.colorbar(surf2, shrink = 0.5, aspect = 5)                    #标注
plt.show()
```

运行程序,二维插值的三维显示效果如图 7-4 所示。

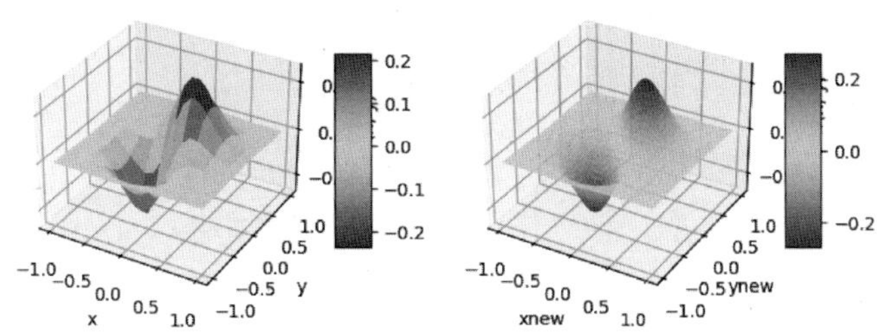

图 7-4 二维插值的三维显示效果

7.2.3 样条插值

样条曲线(Spline)是工程绘图中常使用的一种工具,是富有弹性的细木条和金属条,利用它们可以将一系列离散点连接成光滑曲线,称为样条曲线。后来数学家将其抽象,定义了样条函数,其中常用的是三次样条曲线,由分段三次多项式组成,在连接点处具有连续曲率。

1. 单变量插值

在一维插值中,点是针对单个曲线拟合的,而在样条插值中,点是针对使用多项式分段定义的函数拟合的。单变量插值使用 UnivariateSpline()函数,该函数接收 xs 和 ys 并生成一个可调用函数,该函数可以用新的 xs 调用。分段函数,就是对于自变量 x 的不同的取值范围,有着不同的解析式的函数。

【例 7-10】 为非线性点找到 2.1,2.2,…,2.9 的单变量样条插值。

```
from scipy.interpolate import UnivariateSpline
import numpy as np
xs = np.arange(10)
ys = xs ** 2 + np.sin(xs) + 1
interp_func = UnivariateSpline(xs, ys)
newarr = interp_func(np.arange(2.1, 3, 0.1))
print(newarr)
```

运行程序,输出如下:

```
[5.62826474 6.03987348 6.47131994 6.92265019 7.3939103 7.88514634
 8.39640439 8.92773053 9.47917082]
```

2. 多变量插值

SciPy 提供了 griddata()函数实现网格数据的二维插值(多变量插值)。函数的格式如下:

```
griddata(points, values, xi, method = 'linear', fill_value = numpy.nan, rescale = False)
```

各参数说明如下。

- points:二维数组,第一维是已知点的数目,第二维是每一个点的 x、y 坐标。
- values:一维数组,和 points 的第一维长度一样,是每个坐标对应的 z 值。
- xi:需要插值的空间,一般用 numpy.mgrid 函数生成后传入。

- method：插值方法的类型，'linear'为基于三角形的线性插补法，返回最近插值点的数据点的值；'nearest'为最近邻居插补法，将输入点设置为 n 维单形，并在每个单形上进行插补；当'cubic'为一维时，返回由三次样条确定的值，当'cubic'二维时，返回由分段三次补差、连续可微分和近似率最小化的值。
- fill_value：用于填充输入点凸包外部的请求点值。

【例 7-11】 利用 griddata()函数实现多变量插值。

```
import numpy as np
from scipy.interpolate import griddata
a=[1,4,7];
b=[1,4,7];
ans=[2,5,8,3,6,9,1,2,3]
A,B=np.meshgrid(a,b)
x_star=np.hstack((A.flatten()[:,None],B.flatten()[:,None]))
m=[1.8,2.8]
n=[1.8,2.8]
M,N=np.meshgrid(m,n)
U=griddata(x_star,ans,(M,N),method='cubic')
print(U)
```

运行程序，输出如下：

```
[[3.25636593 4.26793317]
 [3.6774371 4.67499113]]
```

7.2.4 径向基函数插值

径向基函数是对应于固定参考点定义的函数，曲面插值里一般使用径向基函数插值。Rbf()函数接收 xs 和 ys 作为参数，并生成一个可调用函数，该函数可以用新的 xs 调用。

【例 7-12】 径向基函数插值。

```
from scipy.interpolate import Rbf
import numpy as np
xs = np.arange(10)
ys = xs**2 + np.sin(xs) + 1
interp_func = Rbf(xs, ys)
newarr = interp_func(np.arange(2.1, 3, 0.1))
print(newarr)
```

运行程序，输出如下：

```
[6.25748981 6.62190817 7.00310702 7.40121814 7.8161443 8.24773402
 8.69590519 9.16070828 9.64233874]
```

7.3 拟合

拟合要保证误差足够小，目的是得到一个确定的曲线。

7.3.1 多项式拟合

在机器学习算法中，基于针对数据的非线性函数的线性模型是非常常见的，这种方法既可以像线性模型一样高效地运算，又让模型可以适用于更为广泛的数据，多项式拟合就是这类算法中最为简单的一个。

1. 多项式特征生成

一般的线性回归,模型既是参数的线性函数,也是输入变量的线性函数,对于一个二维的数据而言,模型的数学表达式为

$$\tilde{y}(x,w)=w_0+w_1x_1+w_2x_2$$

如果要拟合一个抛物面,就需计算输入变量二次项的线性组合,则模型更新为

$$\tilde{y}(x,w)=w_0+w_1x_1+w_2x_2+w_4x_1^2+w_5x_2^2$$

值得注意的是,更新后的模型,虽然是输入变量的二次函数,但由于它仍然是参数的一次线性函数,所以它仍然是一个线性模型。假设有一个新的变量,即可将上面的模型重写为

$$\tilde{y}(x,w)=w_0+w_1z_1+w_2z_2+w_3z_3+w_4z_4+w_5z_5$$

用向量替换向量的过程,相当于一个特征变换或特征生成的过程,它将输入特征的维度提高,但模型仍然是一个线性模型。

下面代码可以实现特征升维,其特征变换的规则为:从一维变为二维。

```
#!/usr/bin/python
# -*- coding: utf-8 -*-
"""多项式特征生成"""
from sklearn.preprocessing import PolynomialFeatures
import numpy as np

#先生成 3×2 的原始特征矩阵,即样本数为 3,特征数为 2
X = np.arange(6).reshape(3, 2)
print('原始数据:\n',X)
#特征变换/特征生成,将原始 1 阶数据升维到 2 阶数据
#升维方式是:[x_1, x_2]变为[1, x_1, x_2, x_1^2, x_1 x_2, x_2^2]
polyFeat = PolynomialFeatures(degree = 2)
X_transformed = polyFeat.fit_transform(X)
print('特征变换后的数据:\n',X_transformed)
```

运行程序,输出如下:

```
原始数据:
 [[0 1]
 [2 3]
 [4 5]]
特征变换后的数据:
 [[ 1. 0. 1. 0. 0. 1.]
 [ 1. 2. 3. 4. 6. 9.]
 [ 1. 4. 5. 16. 20. 25.]]
```

2. 多项式拟合

多项式拟合从本质上讲也是一个线性模型,其数学表达式为

$$y(x,w)=\sum_{j=0}^{M}w_jx^j$$

其中,j 是多项式的最高次数,代表的是次幂。

对于每一个样本 x,其对应的输出为 y,用平方误差和作为损失函数,那么损失函数可以表示为

$$E(w)=\frac{1}{2}\sum_{n=1}^{N}\{y(x_n,w)-t_n\}^2$$

经过上面的分析可以知道,多项式拟合其实是以下两个过程。

（1）对原始特征向量做多项式特征生成，得到新的特征。

（2）对新的特征做线性回归。

【例 7-13】 多项式拟合。

```
import matplotlib.pyplot as plt
import numpy as np
plt.rcParams['font.sans-serif'] = ['SimHei']          #用来正常显示中文标签
plt.rcParams['axes.unicode_minus'] = False
#源数据点的x,y坐标
x = np.arange(-1.5, 1.6, 0.5)
y = [-4.45, -0.45, 0.55, 0.05, -0.44, 0.54, 4.55]
an = np.polyfit(x, y, 3)                               #用3次多项式拟合
#如果源数据点不够,需要自己扩充,如果数据点够,则直接使用源数据点即可
x1 = np.arange(-1.5, 1.6, 0.1)                         #画曲线用的数据点
yvals = np.polyval(an, x1)                             #根据多项式系数计算拟合后的值
#画图
plt.plot(x, y, '*', label='原数据点')
plt.plot(x1, yvals, 'r', label='拟合后')
plt.xlabel('x轴')
plt.ylabel('y轴')
plt.legend(loc=4)                                      #指定legend的位置
plt.title('曲线拟合')
plt.show()
```

运行程序，多项式拟合效果如图 7-5 所示。

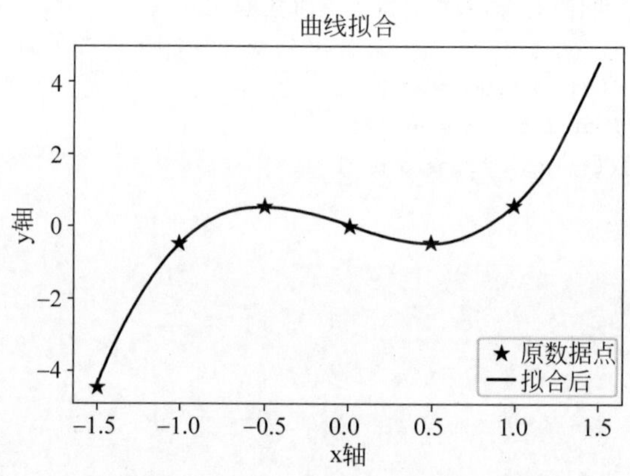

图 7-5 多项式拟合效果

注意如下几点。

（1）如果用于多项式拟合的源数据的点数量过少，会画成折线，数据点少拟合效果如图 7-6 所示。

（2）扩充数据点的 x 坐标要与源数据点的区间相同，步长取小即可。

3. 各种函数的拟合

一般来说，多项式拟合就能拟合很多函数，比如指数函数，取对数就能化为多项式函数，甚至是一次多项式函数。可是，那些三角函数之类的复杂函数不能化为多项式拟合，怎么办呢？要用到 scipy.optimize 的 curve_fit()函数。

【例 7-14】 利用 curve_fit()函数进行拟合。

```
import numpy as np
```

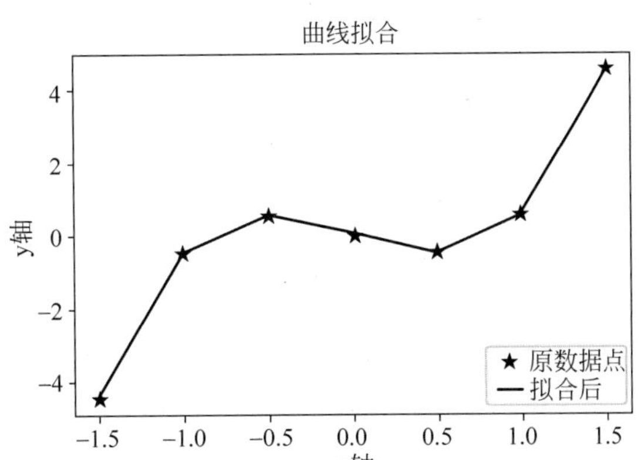

图 7-6 数据点少拟合效果

```
from matplotlib import pyplot as plt
from scipy.optimize import curve_fit
plt.rcParams['font.sans-serif'] = ['SimHei']       #用来正常显示中文标签
plt.rcParams['axes.unicode_minus'] = False
def f(x):
    return 2 * np.sin(x) + 3
def f_fit(x,a,b):
    return a * np.sin(x) + b
def f_show(x,p_fit):
    a,b = p_fit.tolist()
    return a * np.sin(x) + b
x = np.linspace(-2 * np.pi,2 * np.pi)
y = f(x) + 0.5 * np.random.randn(len(x))            #加入噪声
p_fit,pcov = curve_fit(f_fit,x,y)                   #曲线拟合
print(p_fit)                                        #最优参数
print(pcov)                                         #最优参数的协方差估计矩阵
y1 = f_show(x,p_fit)
plt.plot(x,f(x),'r',label = '原数据')
plt.scatter(x,y,c = 'g',label = '拟合前散点图')      #散点图
plt.plot(x,y1,'b--',label = '拟合')
plt.xlabel('x')
plt.ylabel('y')
plt.legend()
plt.show()
```

运行程序,输出如下,拟合效果如图 7-7 所示。

```
[1.97239555 2.93128906]
[[9.88084385e-03 1.19437340e-11]
 [1.19437340e-11 4.84161346e-03]]
```

7.3.2 最小二乘拟合

假设有一组实验数据(x_i, y_i),知道它们之间的函数关系为 $y=f(x)$,通过这些已知信息,需要确定函数的一些参数项。例如,如果 f 是一个线性函数 $f(x)=kx+b$,那么参数 k 和 b 就为需要确定的参数项。如果将这些参数用 p 表示,那么就要找到一组 p 值使得 S 函数最小,即

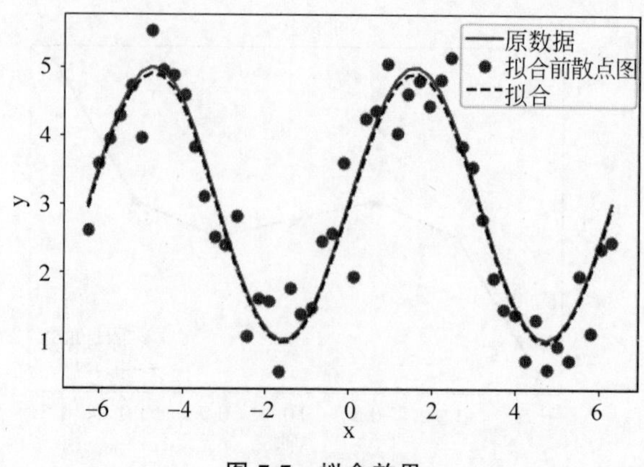

图 7-7　拟合效果

$$S(p)=\min\sum_{i=1}^{m}[y_i-f(x_i,p)]^2$$

其中，y 为原函数，f 为拟合函数。拟合函数可通过给定值找出表达式，不要求十分精确，但要求能反映数据变化的趋势。这种算法称为最小二乘拟合，SciPy 中的子函数库 optimize 提供了实现最小二乘拟合算法的函数 leastsq()。

【例 7-15】 最小二乘拟合。

```
# - * - coding: utf - 8 - * -
import numpy as np
from scipy.optimize import leastsq
import matplotlib.pylab as pl

pl.rcParams['font.sans - serif'] = ['SimHei']      #用来正常显示中文标签
pl.rcParams['axes.unicode_minus'] = False

def func(x,p):
    """数据拟合所用的函数:A * sin(2 * pi * k * x + theta)"""
    A,k,theta = p
    return A * np.sin(2 * np.pi * k * x + theta)

def residuals(p,y,x):
    """实验数据 x,y 和拟合函数之间的差,p 为拟合需要找到的系数"""
    return y - func(x,p)

#在 0~ - 2 * np.pi 均匀返回 100 个数字
x = np.linspace(0, - 2 * np.pi,100)
A,k,theta = 10,0.34,np.pi/6                        #真实数据的函数参数
y0 = func(x,[A,k,theta])
y1 = y0 + 2 * np.random.randn(len(x))              #加入噪声之后的实验数据

p0 = [7,0.2,0]                                     #第一次猜测的函数拟合参数

'''调用 leastsq 进行数据拟合
 residuals 为计算误差的函数
 p0 为拟合参数的初始值
 args 为需要拟合的实验数据'''
plsq = leastsq(residuals,p0,args = (y1,x))

print("真实参数:",[A,k,theta])
print("拟合参数" ,plsq[0])
```

```
pl.plot(x,y0,label = "真实数据")
pl.plot(x,y1,label = "噪声数据")
pl.plot(x,func(x,plsq[0]),label = "拟合数据")
pl.legend()
pl.show()
```

运行程序，输出如下，最小二乘拟合效果如图 7-8 所示。

```
真实参数: [10, 0.34, 0.5235987755982988]
拟合参数 [10.35224223 0.33511244 0.45280225]
```

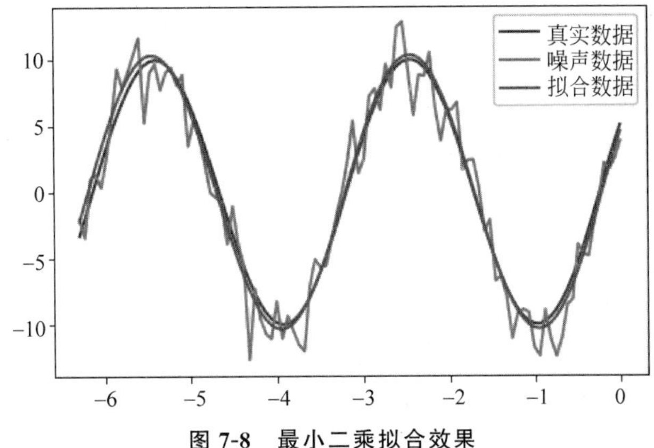

图 7-8　最小二乘拟合效果

[例 7-15]中拟合的函数是一个正弦波函数，它有 3 个参数，分别为 A、k、theta，对应振幅、频率、相角。假设实验数据是一组包含噪声的数据 x、y1，其中 y1 是在真实数据的基础上加入噪声得到的。通过 leastsq()函数对带噪声的实验数据 x、y1 进行数据拟合，可以找到 x 和真实数据 y0 之间的正弦关系参数 A、k、theta。

7.4　最小值与逆运算

optimize 库提供了几个求函数的最小值的算法：fmin、fmin_powell、fmin_cg、fim_bfgs。

对于一个离散的线性时不变系统 h，如果它的输入是 x，那么其输出也可以用 x 和 h 卷积表示，即 $y=x*h$。现在的问题是，如果已知系统的输入 x 和输出 y，如何计算系统的传递函数 h；或者如果已知系统的传递函数 h 和系统的输出 y，如何计算系统的输入 x。这种运算被称为逆卷积运算。下面的例 7-16 演示求解卷积的逆运算。

【例 7-16】 求解卷积的逆运算实例。

```
#coding:utf - 8
import scipy.optimize as opt
import numpy as np

def test_fmin_convolve(fminfunc,x,h,y,yn,x0):
    """x( * )h = y 卷积
        yn 为在 y 的基础上添加一些干扰噪声的结果
        x0 为求解 x 的初始值"""

    def convolve_func(h):
        """计算 yn - x( * )h 的 power
            fmin 将通过计算使得此 power 最小"""
        return np.sum((yn - np.convolve(x,h)) ** 2)
```

```
    #调用 fmin 函数,以 x0 为初始值
    h0 = fminfunc(convolve_func,x0)
    print(fminfunc.__name__)
    print("-----------------------")

    #输出 x(*)h0 和 y 之间的相对误差
    print("x(*)h0 和 y 之间的相对误差:\n",float(np.sum(np.convolve(x,h0) - y) ** 2)/np.sum(y
** 2))

    #输出 h0 和 h 之间的相对误差
    print("h0 和 h 之间的相对误差:\n",float(np.sum((h0 - h) ** 2)/np.sum(h ** 2)))

def test_n(m,n,nscale):
    """随机产生 x,h,y,yn,x0 等数列,调用 fmin()函数求解 b
        m 为 x 的长度,n 为 h 的长度,nscale 为干扰强度"""
    x = np.random.rand(m)
    h = np.random.rand(n)
    y = np.convolve(x,h)
    yn = y + np.random.rand(len(y)) * nscale
    x0 = np.random.rand(n)
    test_fmin_convolve(opt.fmin,x,h,y,yn,x0)
    test_fmin_convolve(opt.fmin_powell,x,h,y,yn,x0)
    test_fmin_convolve(opt.fmin_cg,x,h,y,yn,x0)
    test_fmin_convolve(opt.fmin_bfgs,x,h,y,yn,x0)

if __name__ == "__main__":
    test_n(200,20,0.1)
```

运行程序,输出如下:

```
fmin
-----------------------
x(*)h0 和 y 之间的相对误差:
 0.0020441458349887112
h0 和 h 之间的相对误差:
 0.13634152550699216
Optimization terminated successfully.
         Current function value: 0.184726
         Iterations: 124
         Function evaluations: 20000
fmin_powell
-----------------------
x(*)h0 和 y 之间的相对误差:
 0.017226048596904065
h0 和 h 之间的相对误差:
 0.00025339343494231565
Optimization terminated successfully.
         Current function value: 0.184478
         Iterations: 18
         Function evaluations: 819
         Gradient evaluations: 39
fmin_cg
-----------------------
x(*)h0 和 y 之间的相对误差:
 0.01706711864588265
h0 和 h 之间的相对误差:
 0.0002503945694023618
Optimization terminated successfully.
```

```
        Current function value: 0.184478
        Iterations: 31
        Function evaluations: 882
        Gradient evaluations: 42
fmin_bfgs
-----------------------
x(*)h0 和 y 之间的相对误差:
 0.017067116596076938
h0 和 h 之间的相对误差:
 0.0002503930250719076
```

7.5　非线性方程组求解

Optimize 库中的 fsolve()函数可以用来对非线性方程组进行求解，语法格式如下：

x=fsolve(@func,x0)：func(x,x0)是计算方程组误差的函数，它的参数 x 是一个向量，表示方程组的各个未知数的一组可能解，func 返回将 x 代入方程组后得到的误差；x0 为未知数向量的初始值。

【例 7-17】 求解非线性方程组 $\begin{cases}5x_1+3=0\\4x_0^2-2\sin(x_1x_2)=0\\x_1x_2-1.5=0\end{cases}$。

```
#coding:utf-8
from scipy.optimize import fsolve
from math import sin,cos
#定义函数
def f(x):
    x0 = float(x[0])
    x1 = float(x[1])
    x2 = float(x[2])
    return [
        5 * x1 + 3,
        4 * x0 * x0 - 2 * sin(x1 * x2),
        x1 * x2 - 1.5
    ]
result = fsolve(f,[1,1,1])          #输入一组可能解
print('一组可能解:',result)
print('误差:',f(result))            #返回误差
```

运行程序，输出如下：

```
一组可能解: [-0.70622057 -0.6    -2.5]
误差: [0.0, -9.126033262418787e-14, 5.329070518200751e-15]
```

在对方程组进行求解时，fsolve()会自动计算方程组的雅可比矩阵，如果方程组中的未知数很多，而与每个方程有关的未知数较少时，传递一个计算雅可比矩阵的函数能大幅度提高运算速度。什么是雅可比矩阵？雅可比矩阵是一阶偏导数以一定方式排列的矩阵，它给出可微分方程与给定点的最优线性逼近，因此类似于多元函数的导数。

【例 7-18】 对创建的雅可比矩阵求解。

```
#coding:utf-8
from scipy.optimize import fsolve
from math import sin,cos
```

```
#定义函数
def f(x):
    x0 = float(x[0])
    x1 = float(x[1])
    x2 = float(x[2])
    return [
        5 * x1 + 3,
        4 * x0 * x0 - 2 * sin(x1 * x2),
        x1 * x2 - 1.5
    ]
#定义雅可比矩阵
def j(x):
    x0 = float(x[0])
    x1 = float(x[1])
    x2 = float(x[2])
    #求每个方程的偏导数,生成雅可比矩阵
    return [
        [0,5,0],
        [8 * x0, - 2 * x2 * cos(x1 * x2), - 2 * x1 * cos(x1 * x2)],
        [0,x2,x1]
    ]
#传入生成的雅可比矩阵
result = fsolve(f,[1,1,1],fprime = j)          #输入一组可能解
print('一组可能解:',result)
print('误差:',f(result))                        #返回误差
```

运行程序,输出如下:

```
一组可能解: [ - 0.70622057  - 0.6     - 2.5]
误差: [0.0, - 9.126033262418787e - 14, 5.329070518200751e - 15]
```

在运行过程中,会感觉到效率明显提高。

7.6 B-Spline 样条曲线插值

B-Spline 样条曲线的拟合主要是一个 LSQ(Least Squares) 拟合问题,主要思想也是最小二乘法的思想,这与 B-Spline 样条曲线插值不同,它拟合的曲线是尽量接近数据点,而不是完全通过。interpolate 库提供了许多对数据进行 B-Spline 样条曲线插值运算的函数。

【例 7-19】 使用直线和 B-Spline 样条曲线对正弦波上的点进行插值。

```
#coding:utf - 8
import numpy as np
import matplotlib.pylab as pl
import matplotlib.pyplot as plt
from scipy import interpolate
plt.rcParams['font.sans - serif'] = ['SimHei']       #用来正常显示中文标签
plt.rcParams['axes.unicode_minus'] = False           #用来正常显示负号
x = np.linspace(0,2 * np.pi + np.pi/4,10)
y = np.sin(x)
x_new = np.linspace(0,2 * np.pi + np.pi/4,100)
#得到一个新的线性插值函数
f_linear = interpolate.interp1d(x,y)
#计算出 B - Spline 样条曲线的参数
tck = interpolate.splrep(x,y)
#将参数传递给 splev 函数计算出各个取样点的插值结果
y_bspline = interpolate.splev(x_new,tck)
```

```
pl.plot(x,y,"o",label = "原数据")
pl.plot(x_new,f_linear(x_new),label = "线性插值")
pl.plot(x_new,y_bspline,label = "B - Spline 插值")
pl.legend()
pl.show()
```

运行程序，B-Spline 插值效果如图 7-9 所示。

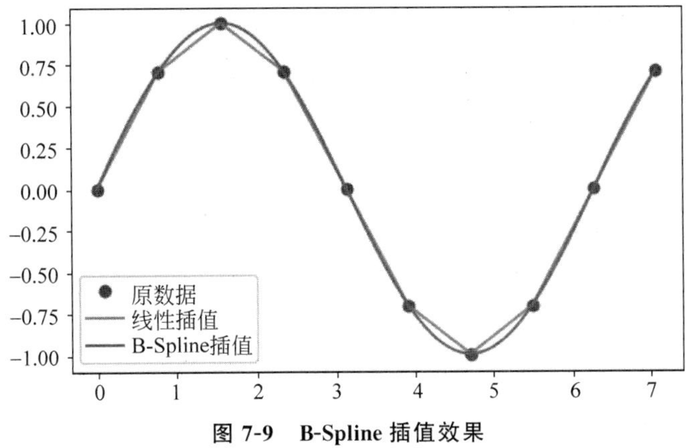

图 7-9　B-Spline 插值效果

7.7　解常微分方程组

美国气象学家洛伦兹(E. N. Lorenz)是混沌理论的奠基者之一，他的主要工作目标是从理论上进行长期天气预报研究。他在使用计算机模拟天气时意外发现，对于天气系统，哪怕初始条件的微小改变也会显著影响运算结果。随后，他在同事工作的基础上化简了自己先前的模型，得到了有 3 个变量的一阶微分方程组，由它描述的运动中存在一个奇异吸引子，即洛伦兹吸引子，方程如下：

$$\frac{\mathrm{d}x}{\mathrm{d}t}=\sigma(y-x)$$

$$\frac{\mathrm{d}y}{\mathrm{d}t}=x(\rho-z)-y$$

$$\frac{\mathrm{d}z}{\mathrm{d}t}=xy-\beta z$$

3 个方程定义了三维空间中的各个坐标点上的速度向量，其中 ρ、σ、β 为常数，不同的参数可以算出不同的轨迹：$x(t)$、$y(t)$、$z(t)$。当参数为某些值时，轨迹出现混沌现象，即使最小的初始值差别也会显著地影响运动轨迹。

【例 7-20】 洛伦兹吸引子的轨迹计算和绘制实例。

```
import pylab as pl
import numpy as np
from scipy import integrate
from scipy.integrate import odeint

#fig = 洛伦兹吸引子:微小的初值差别也会显著地影响运动轨迹
from scipy.integrate import odeint
import numpy as np
import matplotlib.pyplot as pl
```

```
def lorenz(w, t, p, r, b): #方程 1
    #给出位置矢量 w 和 3 个参数 p、r、b 计算出 dx/dt,dy/dt,dz/dt 的值
    x, y, z = w.tolist()
    #直接与 lorenz 的计算公式对应
    return p * (y - x), x * (r - z) - y, x * y - b * z

t = np.arange(0, 30, 0.02)     #创建时间点
#调用 ode int 对 lorenz 进行求解,使用两个不同的初始值
track1 = odeint(lorenz, (0.0, 1.00, 0.0), t, args = (10.0, 28.0, 3.0))     #方程 2
track2 = odeint(lorenz, (0.0, 1.01, 0.0), t, args = (10.0, 28.0, 3.0))     #方程 3

from mpl_toolkits.mplot3d import Axes3D
fig = pl.figure()
ax = Axes3D(fig)
ax.plot(track1[:,0], track1[:,1], track1[:,2], lw = 1)
ax.plot(track2[:,0], track2[:,1], track2[:,2], lw = 1);
pl.show()
```

运行程序,洛伦兹吸引子效果如图 7-10 所示。

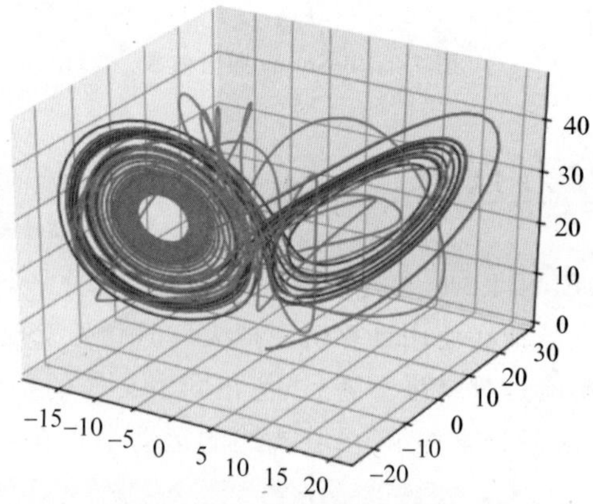

图 7-10　洛伦兹吸引子效果

以上代码中定义了一个 lorenz()函数,它的任务是计算出某个位置的各个方向的微分值,这个计算直接根据洛伦兹吸引子公式得出。也可调用 odeint,对微分方程求解,函数各参数含义如下。

- lorenz：计算某个位移上的各个方向的速度。
- (0.0,1.0,0.0)：位移初始值,计算常微分方程所需的各个变量的初始值。
- t：表示时间的数组,odeint 对于此数组中的每个时间点进行求解,得出所有时间点的位置。
- args：参数直接传递给 lorenz()函数,都是常量。

7.8　滤波器设计

在介绍滤波器前,先介绍以下几个与采样相关的概念。

- 采样频率：每秒采样多少个点,必须大于奈奎斯特频率,符号为 f_s。
- 采样宽度：量化目标的位数,音频处理中一般为 16 位。
- 频率分辨率：DFT(离散傅里叶变换)转换时每个频点间的频率差值,等于采样频率除以参数 DFT 运算的个数 N,即 f_s/N。

7.8.1 DFT 特性

DFT 具有以下特性。

- 输出相位是奇对称的，输出幅度是偶对称的(对于实数序列来说)。
- 输入序列移位，对应频率相移。
- 输入是偶函数，则输出相位为 0。
- 输入是奇函数，则输出振幅为 0。
- DFT 频率相位是相对于该频率点余弦波的相位。
- 当输入含有的频率不是 DFT 频率分辨率的倍数时，将发生频谱泄漏。
- 对输入序列补零以增加 DFT 点数，对补零后的数据插值，并不能提高频率分辨率。
- 采样率不变时，增加输入序列的 DFT 点数，能提高频率分辨率。
- 矩形窗的基频等于采样率除以矩形窗的点数(即 f_s/N_w)，画图时主瓣和旁瓣个数之和为 N_w-1。

DFT 频率幅度响应公式(sinc 函数)为

$$X(m)=\frac{A_0N}{2}\frac{\sin(\pi(k-m))}{\pi(k-m)}$$

其中，A_0 为振幅；N 为 DFT 点数；k 是实际频率对应频率分辨率的倍数，为整数时泄漏为 0，为非整数时有泄漏。

FIR 滤波器公式为

$$y(m)=\sum_{i=0}^{N}b_ix(m-i)$$

IIR 滤波器公式为

$$y(m)=\sum_{i=0}^{N}b_ix(m-i)-\sum_{i=0}^{M}a_iy(m-i)$$

增益(dB)与振幅(A)之间的关系为

$$\mathrm{dB}=20\log10(A)$$

总结得出，设计滤波器有以下技巧。

- FIR 低通滤波器设计方法：用理想低通滤波器系数 $\sin(x)/x$ 与所选窗函数相乘得到最终 $h(k)$。
- FIR 带通滤波器设计方法：用低通滤波器系数乘以正弦信号，以平移低通滤波器达到设计带通滤波器的目的。
- FIR 高通滤波器设计方法：用低通滤波器的系数乘以 $f_s/2$。
- 时域乘以正弦信号后相当于频域移动——调频。
- 增加 FIR 滤波器系数，可以减小过渡带宽。
- 对 FIR 系数加窗，可以减小通带抖动，代价是过渡带宽有所增加。
- 频谱响应功率下降一半时，对应频率点称为截止频率。
- 由于功率与振幅的平方成正比，因此功率下降一半时，振幅下降 0.7。
- $-3\mathrm{dB}=20\log10(0.7)$，也就是说振幅下降至 0.7 时，增益下降 3dB 到达截止频率。
- $-6\mathrm{dB}=20\log10(0.5)$，也就是说振幅下降一半时，增益下降 6dB。

7.8.2 最优滤波器设计方法

最优滤波器设计方法又称 Parks-McClellan FIR 方法，是应用最广的滤波器设计方法。

scipy. signal. remez()函数利用最优滤波器设计方法生成滤波器系数。

1. 低通滤波器

滤波器系统可以通过手动计算或使用现成的函数来生成,相应函数如下。

- signal. firwin：生成低通滤波器的 FIR 系数。
- signal. remez：生成带通滤波器的 FIR 系数。

【例 7-21】 滤波器采样点与频率的关系。

```
import numpy as np
import scipy.signal as signal
import matplotlib.pyplot as plt
plt.rcParams['font.sans-serif'] = ['SimHei'] #中文
plt.rcParams['axes.unicode_minus'] = False
def lowpass_filter(n, fc):
    return 2 * fc * np.sinc(2 * fc * np.arange(-n, n, 1.0))

#截止频率 0.1*fs
b1 = lowpass_filter(30, 0.1)
b2 = signal.firwin(len(b1), 0.2)
#频率响应
w1, h1 = signal.freqz(b1)
w2, h2 = signal.freqz(b2)
#画图
plt.figure(figsize=(12,9))
plt.subplot(2,1,1)
plt.plot(w1/2/np.pi, 20*np.log10(np.abs(h1)+0.01),'-.',label = '理想')
plt.plot(w2/2/np.pi, 20*np.log10(np.abs(h2)+0.01),label = 'FIR')
plt.legend()
plt.ylabel(u"幅值(dB)")
plt.title('低通滤波器频响')
plt.subplot(2,1,2)
plt.title('滤波器系数')
plt.plot(b1,'-.', label='理想系数')
plt.plot(b2, label='FIR 系数')
plt.legend()
plt.show()
```

运行程序,低通滤波器如图 7-11 所示。

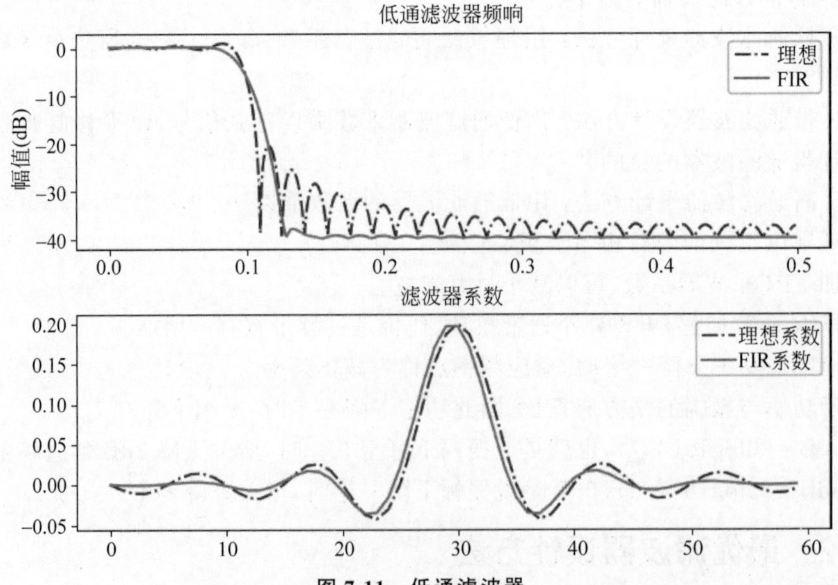

图 7-11 低通滤波器

2. 均值低通滤波器

均值低通滤波器在现实生活中是比较常用的，但一般仅根据常识来使用均值低通滤波器，却并不清楚其频响特性。此处总结一下关于均值低通滤波器的几个结论。

- 均值低通滤波器与矩形窗类似，其旁瓣增益很高。
- 均值低通滤波器的个数越多，其截止频率越低。

【例 7-22】 绘制均值低通滤波器的频响曲线，查看滤波效果。

```
import numpy as np
import scipy.signal as signal
import matplotlib.pyplot as plt
plt.rcParams['font.sans-serif'] = ['SimHei'] #中文
plt.rcParams['axes.unicode_minus'] = False

sample_rate = 8000
time = 0.5
#均值低通滤波器系统 FIR
b = np.array([0.25, 0.25, 0.25, 0.25])
a = np.array([1.0])
#生成 0.5s 的音频数据,采样率为 8kHz,频率为 50～4000Hz
t = np.arange(0, time, 1.0/sample_rate)
x = signal.chirp(t, 50, time, 4000)
#滤波器处理
y = signal.lfilter(b, a, x, zi=None)
#计算滤波器的脉冲响应
impulse = np.zeros(7)
impulse[0] = 1
imp_y = signal.lfilter(b, a, impulse)
#计算频率响应
w, h = signal.freqz(b,a)
#画图
plt.figure(figsize=(12,6))
plt.subplot(2,2,1)
plt.title('脉冲响应')
plt.plot(imp_y)
plt.subplot(2,2,2)
plt.title('50～4000Hz 数据')
plt.plot(t, x)
plt.subplot(2,2,3)
plt.title('频率响应')
plt.plot(w/2/np.pi, 20*np.log10(np.abs(h)+0.01))
plt.subplot(2,2,4)
plt.title('滤波后数据')
plt.plot(t, y)
plt.show()
```

运行程序，均值低通滤波器如图 7-12 所示。

3. 半带滤波器

半带滤波器因为非零系数稀疏，其采样率使用重采样因子(2 的整数次幂)进行转换。半带 FIR 滤波器是频率响应关于点 $f_s/4$ 对称的一种滤波器，它有以下特点。

- $f_{pass}+f_{stop}=f_s/2$。
- $\Delta f=f_s/4-f_{pass}=f_{stop}-f_s/4$。
- 通带和阻带抖动相同。
- $h(k)$的系数交替为零。

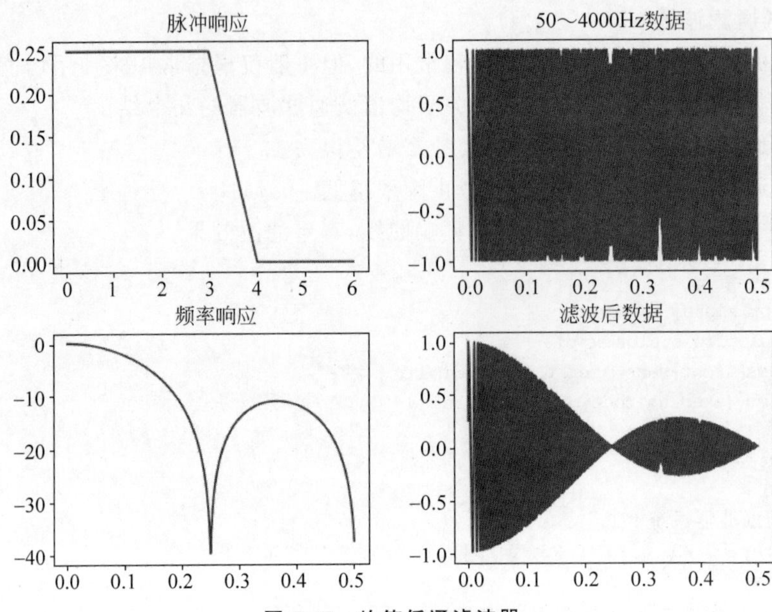

图 7-12 均值低通滤波器

- 抽头系数 $N+1$ 必须是 4 的整数倍。
- 所需的乘法器数量约为 $N/4$。

如果使用最优滤波器设计法(Parks-McClellan FIR)，则 $\Delta f=f_s/(N+1)$。

【例 7-23】 设计一个 11 个抽头的半带滤波器，因为 $\Delta f=\dfrac{1}{11+1}=0.08$，所以归一化的半带滤波器的两个频带为

$$f_{pass}=0.25-0.08=0.17$$
$$f_{stop}=0.25+0.08=0.33$$

实现的 Python 代码如下：

```
import matplotlib.pyplot as plt
import scipy.signal as signal
import numpy as np
plt.rcParams['font.sans-serif'] = ['SimHei'] #中文
plt.rcParams['axes.unicode_minus'] = False
def amp2db(amp):
    return 20 * np.log10(np.clip(np.abs(amp/abs(amp).max()), 1e-5, 1e100))

"使用最优滤波器设计法得到半带滤波器系数"
N = 11
taps_origin = signal.remez(N, [0.0, 0.17, 0.33, 0.5], [1,0])
taps = taps_origin.copy()
taps[abs(taps) <= 1e-4] = 0.0

"打印半带滤波器系数"
print('      半带滤波器系数    ')
for i in range(N):
    print('index %2d %10.6f %10.6f' % (i+1, taps_origin[i], taps[i]))

"生成频率响应"
W, H = signal.freqz(taps, whole=True)
plt.figure(figsize=(12,9))
```

```
plt.subplot(211)
plt.title('11 抽头半带滤波器系数')
plt.stem(np.arange(len(taps)), taps)
plt.grid()

plt.subplot(212)
plt.title('11 抽头半带滤波器频响')
plt.plot(W/2/np.pi, amp2db(H))
plt.axvspan(0.17, 0.33, facecolor = '0.5',alpha = 0.7)
plt.axvline(0.25, color = 'g', linestyle = '-.')
plt.grid('on')
plt.show()
```

运行程序,输出如下,11 抽头半带滤波器如图 7-13 所示。

```
        半带滤波器系数
index 1     0.027289     0.027289
index 2     0.000065     0.000000
index 3   - 0.078655   - 0.078655
index 4   - 0.000009     0.000000
index 5     0.308248     0.308248
index 6     0.500045     0.500045
index 7     0.308248     0.308248
index 8   - 0.000009     0.000000
index 9   - 0.078655   - 0.078655
index 10    0.000065     0.000000
index 11    0.027289     0.027289
```

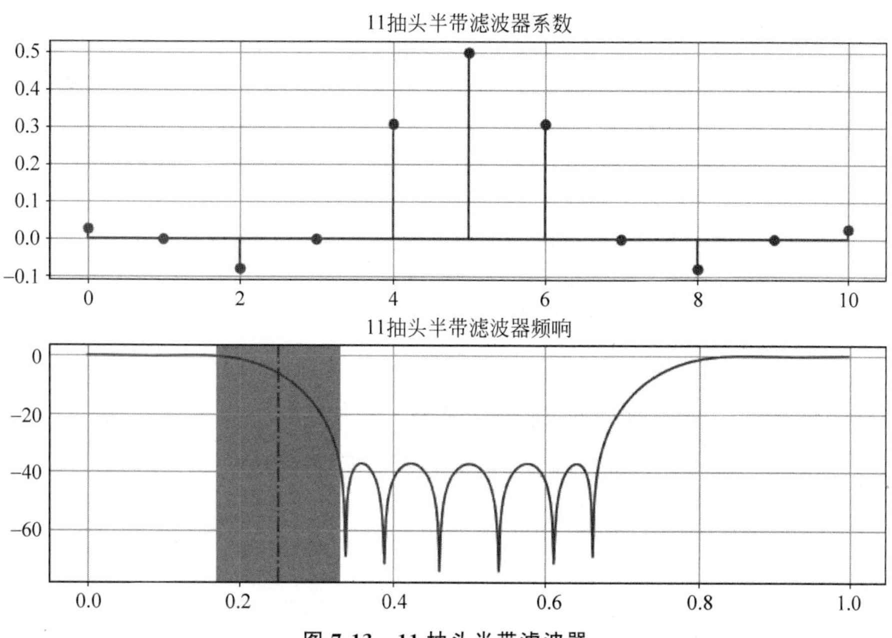

图 7-13 11 抽头半带滤波器

从图 7-13 可以看出,半带滤波器的 11 个系数有 4 个为 0,剩余的 7 个关于第 6 个系数(0.500045 约等于 0.5)对称,又由于 0.5 可以使用移位实现,因此只需 3 个乘法器就可以实现 11 抽头的半带滤波器。实践证明半带滤波器在降 2 和升 2 采样频率转换应用中表现良好。

7.8.3 测量未知系统的频率特性

将频率扫描到系统中,观察系统的输出,从而计算其频率特性,其过程如下:

```
"""
为了调用 chirp 函数产生频率扫描波形的数据,首先产生一个等差数组代表采样时间,
#产生 2s 取样频率为 8kHz 的取样时间数组
"""
#调用 chirp 得到 2s 的频率扫描波形数据
t = np.arange(0,2,1/8000.0)
#频率扫描波的开始频率 f0 为 0Hz,结束频率 f1 为 4kHz,到达 4kHz 的时间为 2s,使用数组 t 作为取样
#时间点
sweep = signal.chirp(t,f0 = 0,t1 = 2,f1 = 4000.0)
#调用 lfilter 函数计算 sweep 波形经过带通滤波器后的效果
out = signal.lfilter(b,a,sweep)
```

lfilter 内部通过如下算式计算 IIR 滤波器的输出：

```
y[n] = b[0]x[n] + b[1]x[n-1] + … + b[P]x[n-P]
- a[1]y[n-1] - a[2]y[n-2] - … - a[Q]y[n-Q] #数组 x 代表输入信号,y 代表输出信号
```

【例 7-24】 测量未知系统的频率特性。

```
import numpy as np
import matplotlib.pyplot as pl
import scipy.signal as signal
b,a = signal.iirdesign([0.2,0.5],[0.1,0.6],2,40)
#为了调用 chirp 函数产生频率扫描波形的数据,首先产生一个等差数组代表取样
#时间,产生 2s 取样频率为 8kHz 的取样时间数组
t = np.arange(0,2,1/8000.0)

#调用 chirp 得到 2s 的频率扫描波形数据
sweep = signal.chirp(t,f0 = 0,t1 = 2,f1 = 4000.0)
#频率扫描波的开始频率 f0 为 0Hz,结束频率 f1 为 4kHz,到达 4kHz 的时间为 2s,使用数组 t 作为取样
#时间点
#调用 lfilter 函数计算 sweep 波形经过带通滤波器后的效果
out = signal.lfilter(b,a,sweep)
out = 20 * np.log10(np.abs(out))
#找到所有能量大于前后两个取样点的下标
index = np.where(np.logical_and(out[1:-1]> out[:-2],out[1:-1]> out[2:]))[0] + 1
#将时间转换为对应频率,绘制所有局部最大点的能量值
pl.plot(t[index]/2.0 * 4000,out[index])
pl.show()
```

运行程序,绘制所有局部最大点的能量值如图 7-14 所示。

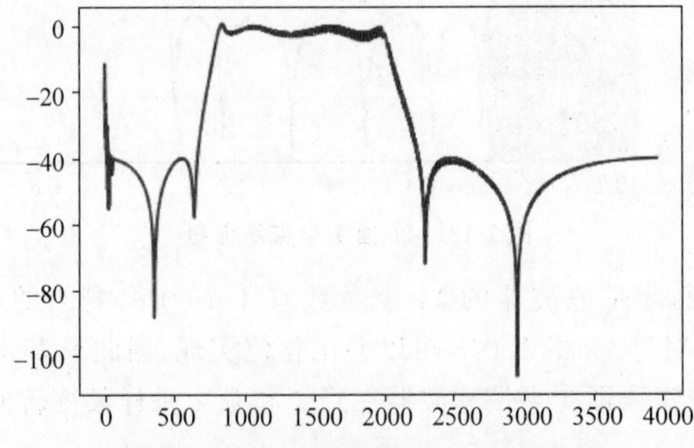

图 7-14 绘制所有局部最大点的能量值

7.9 方程数值求解

求单变量函数方程

$$f(x)=0 \tag{7-1}$$

的根是指求 x^*(实数或复数),使得 $f(x^*)=0$,也称 x^* 为 $f(x^*)$的零点。如果 $f(x)$可分解为

$$f(x)=(x-x^*)^m g(x)$$

其中,m 为正整数,$g(x)$满足 $g(x^*)\neq 0$,此时称 x^* 为方程(7-1)的 m 重根。如果 $g(x)$充分光滑,则 x^* 是 $f(x)=0$ 的 m 重根的充分条件为

$$f(x^*)=f'(x^*)=\cdots=f^{(m-1)}(x^*)=0,\quad f^{(m)}(x^*)\neq 0$$

如果 $f(x)$在$[a,b)$上连续且 $f(a)f(b)<0$,则方程(7-1)在(a,b)内至少有一个实根,称$[a,b]$为有根区间。

7.9.1 二分法

设$[a,b]$为方程(7-1)的有根区间,且在该区间内方程(7-1)只有一个根,$f(a)f(b)<0$。令 $a_0=a,b_0=b$,计算 $x_0=\frac{1}{2}(a_0+b_0)$和 $f(x_0)=0$,则 $x^*=x_0$,计算停止;如果 $f(a_0)f(x_0)>0$,则令 $a_0=a,b_1=x_0$,得新的有根区间$[a_1,b_1]\cdot[a_1,b_1]\subset[a_0,b_0]$,$b_1-a_1=\frac{1}{2}(b_0-a_0)$。再令 $x_1=\frac{1}{2}(a_1+b_1)$,计算 $f(x_1)$,同上方法得出新的有根区间$[a_2,b_2]\cdot[a_2,b_2]\subset[a_1,b_1]$,$b-a_2=\frac{1}{2}(b_1-a_1)=\frac{1}{2^2}(b_0-a_0)$。

反复进行,可得到一个区间套

$$\cdots\subset[a_n,b_n]\subset[a_{n-1},b\subset n-1]\subset[a_{n-2},b_{n-2}]\subset\cdots\subset[a_0,b_0]$$

且 $a_n<x^*<b_n,n=0,1,\cdots,b_n-a_n=\frac{1}{2}(b_{n-1}-a_{n-1})=\frac{1}{2^n}(b_0-a_0)$。故 $\lim\limits_{n\to\infty}(b_n-a_n)=0$,$\lim\limits_{n\to\infty}x_n=\lim\limits_{n\to\infty}\frac{1}{2}(a_n+b_n)=x^*$。

因此,$x_n=\frac{1}{2}(a_n+b_n)$可作为 $f(x)=0$ 的近似根,且有误差估计

$$|x^*-x_n|\leqslant\frac{1}{2^{n+1}}(b-a) \tag{7-2}$$

【例 7-25】 利用二分法求解方程 $f(x)=x^3-x-1=0$ 在区间$[1,2]$的根,误差要求为 0.001。

```
#二分法求根
import numpy as np
def f(x):
    y = x ** 3 - x - 1              #输入求根方程的表达式
    return y
def main():
    a = float(input("a = "));b = float(input("b = "))
    e = 0.001                       #精度要求
```

```
    while f(a) * f(b)> 0:
        print("请重新输入 a、b 的值")
        a = float(input("a = "));b = float(input("b = "))
    x0 = (a + b)/2
    while np.abs(f(x0) - 0)> e:    #此处采用残差来判断
        if f(a) * f(x0)< 0:
            a = a;b = x0
        else:
            a = x0;b = b
        x0 = (a + b)/2
    print(x0)                       #方程的解
    print(f(x0))                    #验证解的正确性
if __name__ == '__main__':
    main()
```

运行程序,输出如下:

```
a = 1
b = 2
1.32470703125
-4.659488331526518e-05
```

7.9.2 不动点迭代法

将方程(7-1)等价变形为

$$x=\varphi(x) \tag{7-3}$$

如果 x^* 满足 $x^*=\varphi(x^*)$,则称 x^* 为 $\varphi(x)$的不动点,它也是方程(7-1)的根,迭代关系为

$$x_{k+1}=\varphi(x_k),\quad k=0,1,2,\cdots \tag{7-4}$$

称式(7-4)为不动点迭代法或简单迭代法,φ 称为迭代函数。如果对任意 $x_{.0}\in[a,b]$,由式(7-4)产生的序列$\{x_k\}$有极限 $\lim\limits_{k\to\infty}x_k=x^*$,则称不动点迭代法(7-4)收敛。

【例 7-26】 利用不动点法求方程 $x^3-x-1=0$ 在 $x=1.5$ 附近的近似根。

解析思路:将原方程变形为 $x=\sqrt[3]{x+1}$。

```
import numpy as np
import matplotlib.pyplot as plt

def f(x):
    return (x + 1) ** (1/3)
def fun(x,tol,maxit):
    x0 = x
    xk = x0
    k = 1
    while (True):
        xk = (x0 + 1) ** (1/3)
        if (xk - x0) * (xk - x0)< tol * tol:
            print('满足公差条件:' + str(tol))
            return xk
        if k > maxit:
            print('最大限度满足:' + ste(maxit))
            return xk
        print("迭代:" + str(k) + ",xk = " + str(xk))
        x0 = xk
        k = k + 1
```

```
def main():
    x = 1.5
    maxit = 20
    tol = 1.0 * 10 ** ( - 4)
    result = fun(x,tol,maxit)
    print(result)
    x = np.arange(1,3,0.01)
    y = x
    x1 = result
    plt.plot(x,y,'b')
    plt.scatter(x1,f(x1),color = 'red')
    plt.xlabel('x')
    plt.ylabel('y')
    plt.show()

if __name__ == '__main__':
    main()
```

运行程序,输出如下,方程在 $x=1.5$ 附近的根如图 7-15 所示。

```
迭代:1,xk = 1.3572088082974532
迭代:2,xk = 1.3308609588014277
迭代:3,xk = 1.325883774232348
迭代:4,xk = 1.324939363401885
迭代:5,xk = 1.3247600112927027
满足公差条件:0.0001
1.3247259452268871
```

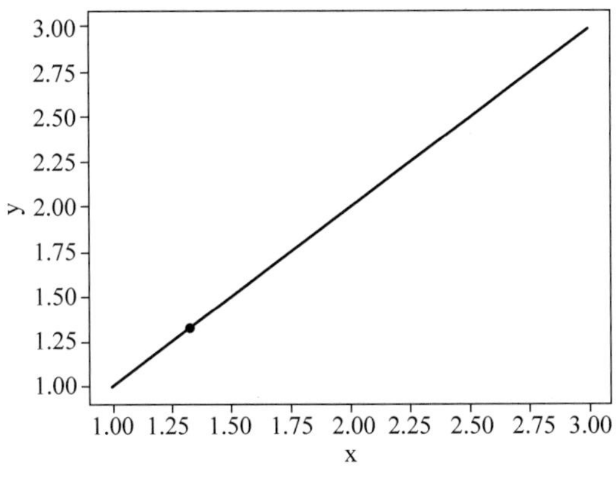

图 7-15　方程在 $x=1.5$ 附近的根

7.9.3　牛顿迭代法

牛顿迭代法是一种特殊的不动点迭代法,其计算公式为

$$x_{k+1}=x_k-\frac{f(x_k)}{f'(x_k)},\quad k=0,1,2,\cdots$$

其迭代函数为

$$\varphi(x)=x-\frac{f(x)}{f'(x)}$$

【例 7-27】　利用牛顿迭代法求方程 $x=\exp(-x)$在 0.5 附近的根。

解析思路:即求方程 $x\exp(x)-1=0$ 在 0.5 附近的根。

```
from sympy import *
import matplotlib.pyplot as plt
x = symbols('x')
x0 = 0.5
x_list = [x0]
x_values = []
y_values = []
i = 0

def f(x):
    f = x * exp(x) - 1
    return f

while True:
    if diff(f(x),x).subs(x,x0) == 0:
        print('极值点:',x0)
        break
    else:
        x0 = x0 - f(x0)/diff(f(x),x).subs(x,x0)
        x_list.append(x0)
    if len(x_list) > 1:
        i += 1
        error = abs((x_list[-1] - x_list[-2]) / x_list[-1])
        x_values.append(i)
        y_values.append(error)
        if error == 0:
            print(f'迭代第{i}次后,误差为0')
            break
    else:
        pass

print(f'所求方程的根为{x_list[-1]}')

#设置绘图风格
plt.style.use('ggplot')
#处理中文乱码
plt.rcParams['font.sans-serif'] = ['Microsoft YaHei']
#坐标轴负号的处理
plt.rcParams['axes.unicode_minus'] = False
#横坐标是迭代次数
#纵坐标是误差值
plt.plot(x_values,
         y_values,
         color = 'steelblue',    #折线颜色
         marker = 'o',           #折线图中添加圆点
         markersize = 3,         #点的大小
         )
#修改x轴和y轴标签
plt.xlabel('迭代次数')
plt.ylabel('误差值')
#显示图形
plt.show()
```

运行程序,输出如下,方程的根的情况如图 7-16 所示。

```
迭代第 6 次后,误差为 0
所求方程的根为 0.567143290409784
```

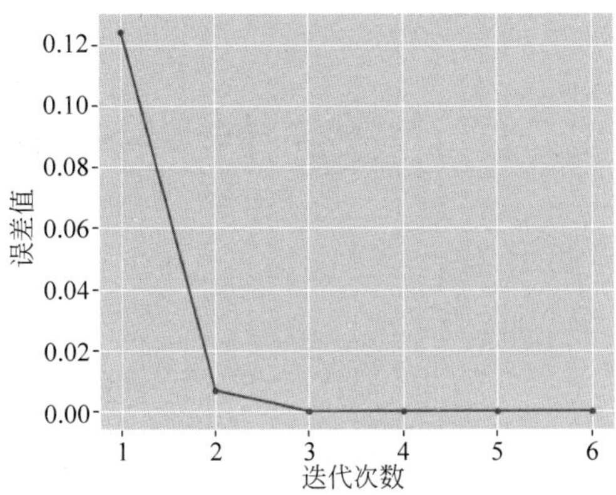

图 7-16 方程的根的情况

7.10 练习

1. 有一分数序列：2/1,3/2,5/3,8/5,13/8,21/13,…,求出这个数列的前 20 项之和。

2. 找到下列字典中年龄最大的人,并输出。

```
person = {"zhang":28,"huang":40,"chen":39,"sun":22}
```

3. 某公司采用公用电话传递数据,数据是四位的整数,在传递过程中是加密的,加密规则如下：每位数字都加上 5,然后用和除以 10 的余数代替该数字,再将第一位和第四位交换,第二位和第三位交换。试编程实现。

第8章 CHAPTER 8 统计分析

统计分析是指运用统计方法及与分析对象有关的知识,从定量与定性的结合上进行的研究活动。运用统计方法,将定量与定性相结合是统计分析的重要特征。

8.1 显著性检验

显著性检验(significance test)就是事先对总体(随机变量)的参数或总体分布形式做出一个假设,然后利用样本信息来判断这个假设(备择假设)是否合理,即判断总体的真实情况与原假设是否有显著性差异。显著性检验是用于实验处理组与对照组或两种不同处理的效应之间是否有差异,以及这种差异是否显著的方法。

SciPy 提供了 scipy.stats 模块来执行显著性检验的功能,比如 t 检验、正态性检验、卡方检验等,statsmodels 提供了更为系统的统计模型,包括线性模型、时序分析,还包含数据集、作图工具等。

8.1.1 统计假设

统计假设是关于一个或多个随机变量的未知分布的假设。随机变量的分布形式已知,而仅涉及分布中的一个或几个未知参数的统计假设,称为参数假设。检验统计假设的过程称为假设检验,判别参数假设的检验称为参数检验。

1. 零假设

零假设(null hypothesis),统计学术语,又称原假设,指进行统计检验时预先建立的假设。零假设成立时,有关统计量应服从已知的某种概率分布。

当统计量的计算值落入否定域时,可知发生了小概率事件,应否定原假设。

常把一个要检验的假设记作 H0,称为原假设(或零假设)(null hypothesis),与 H0 对立的假设记作 H1,称为备择假设(alternative hypothesis)。

- 在原假设为真时,决定放弃原假设,称为第一类错误,其出现的概率通常记作 α。
- 在原假设不真时,决定不放弃原假设,称为第二类错误,其出现的概率通常记作 β。
- $\alpha+\beta$ 不一定等于 1。

通常只限定犯第一类错误的最大概率 α,不考虑犯第二类错误的概率 β,这样的假设检验又称为显著性检验,概率 α 称为显著性水平。

最常用的 α 值为 0.01、0.05、0.10 等。一般情况下,根据研究的问题,如果放弃真假设损失大,为减少这类错误,α 取值小些 ,反之,α 取值大些。

2. 备择假设

备择假设(alternative hypothesis)是统计学的基本概念之一,其包含关于总体分布的一切使原假设不成立的命题。备择假设也称对立假设、备选假设。

备择假设可以替代零假设。

例如对于学生的评估,将采取:

- "学生比平均水平差"——作为零假设;
- "学生优于平均水平"——作为备择假设。

【例 8-1】 利用 SciPy 实现数据的二项分布。

```
>>> import numpy as np
>>> import matplotlib.pyplot as plt
>>> list_a = np.random.binomial(n = 10,p = 0.2,size = 1000)
>>> #取样 1000 次,每次进行 10 组试验,单组试验成功概率为 0.2,list_a 为每组试验中成功的组数
... plt.hist(list_a,bins = 8,color = 'g',alpha = 0.4,edgecolor = 'b')
(array([ 92., 274., 310., 206., 88., 26., 3., 1.]), array([0., 0.875, 1.75, 2.625, 3.5, 4.375,
5.25, 6.125, 7. ]), <a list of 8 Patch objects>)
>>> (array([ 157., 240., 236., 208., 86., 57., 13., 3.]), array([ 0., 1.125, 2.25, 3.375, 4.5,
5.625, 6.75, 7.875, 9. ]), <a list of 8 Patch objects>)
>>> plt.show()
```

运行程序,数据二项分布如图 8-1 所示。

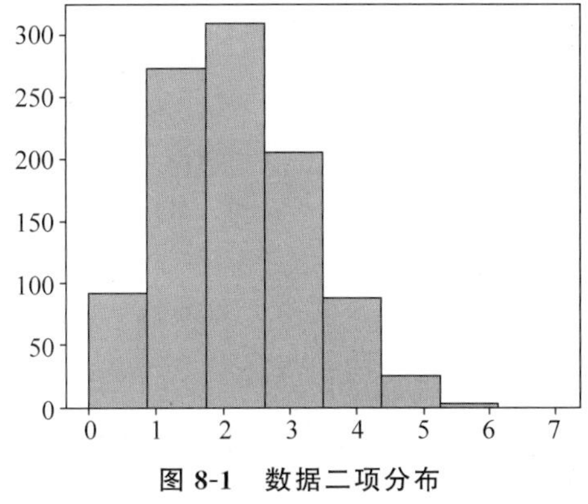

图 8-1 数据二项分布

8.1.2 小样本数据的正态性检验

Shapiro-Wilk(夏皮罗-威尔克检验法)用于检验参数提供的一组小样本数据是否符合正态分布,统计量越大则表示数据越符合正态分布,但是在非正态分布的小样本数据中也经常会出现较大的 W(秩和)值,需要查表来估计其概率。由于原假设是其符合正态分布,所以当 P 值(用来判定假设检验结果的一个参数)小于指定显著水平时表示其不符合正态分布。

正态性检验是数据分析的第一步,数据是否符合正态分布决定了后续使用哪种分析和预测方法,当数据不符合正态分布时,可以通过不同的转换方法把非正态数据转换成正态分布后再使用相应的统计方法进行下一步操作。

【例 8-2】 Shapiro-Wilk 检验实例。

```
from scipy import stats
import numpy as np

np.random.seed(12345678)
x = stats.norm.rvs(loc = 5, scale = 10, size = 80)        #loc 为均值,scale 为方差
```

```
print(stats.shapiro(x))
```

运行程序,输出如下:

```
ShapiroResult(statistic = 0.9654009342193604, pvalue = 0.029034391045570374)
```

返回结果 pvalue=0.029034391045570374,比指定的显著水平(一般为 5%)小,所以拒绝假设,即 x 不服从正态分布。

8.1.3 K-S 检验

K-S(Kolmogorov-Smirnov)检验是一种非参数的统计检验方法,是针对连续分布数据(主要用于有计量单位的连续和定量数据)的检验。K-S 检验常被应用于以下两个场合:一是比较单样本是否符合某个已知分布(将样本数据的累计频数分布与特定理论分布相比较,如果两者间差距较小,则推断该样本取自某特定分布簇);二是利用双样本的 KS 检测比较两个数据集的累积分布(连续分布)的相似性。

SciPy 提供了 kstest()函数用于实现 K-S 检验。函数的格式如下:

```
kstest(v, 'norm')
```

该函数接收两个参数,分别为测试的值和 CDF。(Cumulative Distribution Function, CDF),又叫分布函数,可以是字符串,也可以是返回概率的可调用函数。它可以用作单样本或双样本测试,默认情况下它是双样本测试。

【例 8-3】 检验给定值是否符合正态分布。

```
from scipy import stats
import numpy as np

np.random.seed(12345678)
x = stats.norm.rvs(loc = 0, scale = 1, size = 300)
print(stats.kstest(x,'norm'))
```

运行程序,输出如下:

```
KstestResult(statistic = 0.0315638260778347, pvalue = 0.9167271933349118, statistic_location =
0.6585174604205832, statistic_sign = -1)
```

代码先生成了 300 个服从 $N(0,1)$标准正态分布的随机数,再使用 KS 检验该数据是否服从正态分布,提出假设:x 从正态分布。最终返回的结果,pvalue=0.9167271933349118,比指定的显著水平(一般为 5%)大,故不能拒绝假设,即 x 服从正态分布。这并不是说 x 服从正态分布一定是正确的,而是说没有充分的证据证明 x 不服从正态分布。因此假设被接受,认为 x 服从正态分布。如果 pvalue 小于指定的显著性水平,则可以肯定地拒绝提出的假设,认为 x 肯定不服从正态分布,这个拒绝是正确的。

8.1.4 方差齐性检验

方差反映了一组数据与其平均值的偏离程度,方差齐性检验用来检验两组或多组数据与其均值的偏离程度是否存在差异,也是很多检验和算法的先决条件。

【例 8-4】 检验给定的数据是否具有方差齐性。

```
from scipy import stats
import numpy as np

np.random.seed(12345678)
```

```
rvs1 = stats.norm.rvs(loc = 5,scale = 10,size = 500)
rvs2 = stats.norm.rvs(loc = 25,scale = 9,size = 500)
print(stats.levene(rvs1, rvs2))
```

运行程序，输出如下：

```
LeveneResult(statistic = 1.69399631630608, pvalue = 0.19337536323599344)
```

返回结果 pvalue＝0.19337536323599344，比指定的显著水平（假设为 5%）大，认为两组数据具有方差齐性。

8.1.5 图形描述相关性

最常用的两变量相关性分析是用作图描述相关性，图的横轴是一个变量，纵轴是另一个变量，画散点图，从图中可以直观地看到相关性的方向和强弱，线性正相关一般形成由左下到右上的图形，负相关则是从左上到右下的图形，还有一些非线性相关也能从图中观察到。

【例 8-5】 对加载的数据用图形描述相关性。

```
import statsmodels.api as sm
import matplotlib.pyplot as plt
data = sm.datasets.ccard.load_pandas().data
plt.scatter(data['INCOMESQ'], data['INCOME'])
plt.show()
```

运行程序，用图形描述相关性如图 8-2 所示。

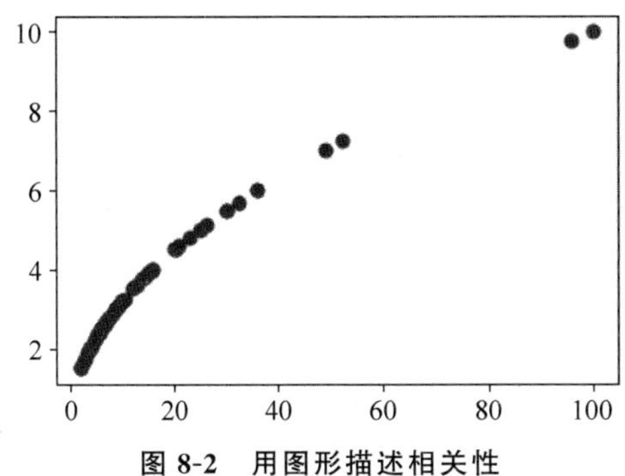

图 8-2　用图形描述相关性

从图 8-2 中可以看到明显的正相关趋势。

8.1.6 正态的相关分析

皮尔森相关系数（Pearson correlation coefficient）是反映两变量间线性相关程度的统计量，可以用它来分析正态分布的两个连续变量之间的相关性，常用于分析自变量之间，以及自变量和因变量之间的相关性。

【例 8-6】 对给定正态数据进行相关性分析。

```
from scipy import stats
import numpy as np

np.random.seed(12345678)
a = np.random.normal(0,1,100)        #创建正态数据
b = np.random.normal(2,2,100)
print(stats.pearsonr(a, b))
```

运行程序，输出如下：

```
PearsonRResult(statistic = - 0.03417359662590833, pvalue = 0.7357112861454602)
```

返回结果的第一个值 statistic 为相关系数，表示线性相关程度，其取值范围为[−1,1]，绝对值越接近 1，说明两个变量的相关性越强，绝对值越接近 0 说明两个变量的相关性越差。当两个变量完全不相关时相关系数为 0。第二个值为 pvalue，统计学上，一般当 pvalue＜0.05 时，可以认为两变量存在相关性。

8.1.7 非正态相关分析

斯皮尔曼等级相关系数（Spearman's correlation coefficient for ranked data）主要用于评价顺序变量间的线性相关关系，在计算过程中，只考虑变量值的顺序（rank，秩或称等级），而不考虑变量值的大小，常用于计算类型变量的相关性。

【例 8-7】 对给定的非正态数据进行相关性分析。

```
from scipy import stats
import numpy as np
print(stats.spearmanr([1,2,3,4,5], [5,6,7,8,7]))
```

运行程序，输出如下：

```
SignificanceResult(statistic = 0.8207826816681233, pvalue = 0.08858700531354381)
```

返回结果的第一个值为相关系数，表示线性相关程度，实例中 statistic 趋近于 1 表示正相关。第二个值为 pvalue，pvalue 越小，表示相关程度越显著。

8.1.8 *t* 检验

t 检验也称学生 *t* 检验（student *t*-test），主要用于样本（样本不大于 30）含量较小，总体标准差 σ 未知的正态分布。*t* 检验是用 *t* 分布理论来推断差异发生的概率，从而判定两个平均数的差异是否显著。

【例 8-8】 单边检测实例。

```
from scipy.stats import ttest_1samp                      #调入单样本 t 检验包
import numpy as np                                       #导入计算模块
arr = [210, 150, 225, 300, 270, 500, 600, 300, 425, 350];  #男生视力数据
arr_mean = np.mean(arr)                                  #计算平均值
print("arr_mean = ", arr_mean)                           #输出平均值
t,p = ttest_1samp(arr, popmean = 405)                    #计算单个样本的 t 检验
#前一个为 t 统计量,后一个为伴随概率
print("t - values = ",t)                                 #输出 t 统计量
print("p - values = ",p)                                 #输出伴随概率
if p < 0.05:                                             #伴随概率 p 与显著水平 α 比较
   print("差异显著")
else:
   print("差异不显著")
```

运行程序，输出如下：

```
arr_mean =  333.0
t - values =  -1.6358004411528875
p - values =  0.13631009093147428
差异不显著
```

很多时候我们不会仅做一次留出法估计，而是通过重复留出法或是交叉验证法等进行多次训练或测试，这样会得到多个测试错误率，此时可使用 *t* 检验（*t*-test）。假定得到了 k 个测

试错误率 $\hat{\varepsilon}_1, \hat{\varepsilon}_2, \cdots, \hat{\varepsilon}_k$，则平均测试错误率 μ 和方差 σ^2 为

$$\mu = \frac{1}{k}\sum_{i=1}^{k}\hat{\varepsilon}_i$$

$$\sigma^2 = \frac{1}{k-1}\sum_{i=1}^{k}(\hat{\varepsilon}_i - \mu)$$

考虑这 k 个测试错误率可被看作泛化错误率 ε_0 的独立采样，则变量

$$\tau_t = \frac{\sqrt{k}(\mu - \varepsilon_0)}{\sigma}$$

服从自由度为 $k-1$ 的 t 分布，t 分布示意图($k=10$)如图 8-3 所示。

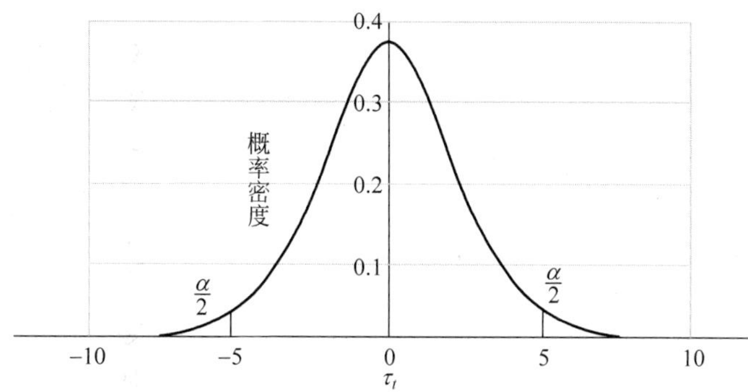

图 8-3 t 分布示意图($k=10$)

对假设“$\mu=\varepsilon_0$”和显著水平 α，可计算出当测试错误率均值为 ε_0 时，在 $1-\alpha$ 概率内能观测到的最大错误率，即临界值。表 8-1 列出了双边 t 检验的常用临界值。

表 8-1 双边 t 检验的常用临界值

α	k				
	2	5	10	20	30
0.05	12.706	2.776	2.262	2.093	2.045
0.10	0.314	2.132	1.833	1.729	1.699

8.1.9 因素方差分析

方差分析(Analysis of Variance，ANOVA)又称 F 检验，是用于两个及两个以上样本数据差别的显著性检验。方差分析主要考虑各组之间的均数差别。

1. 单因素方差分析

单因素方差分析(one-way ANOVA)是检验由单一因素影响的一个(或几个相互独立的)因变量的各因素水平分组的均值之间的差异是否具有统计意义。当因变量 Y 为数值型，自变量 X 为分类值时，通常的做法是按 X 的类别把实例分几组，分析 Y 值在 X 的不同分组中是否存在差异。

【例 8-9】 演示单因素方差分析。

```
from scipy import stats
a = [47,56,46,56,48,48,57,56,45,57]      #分组 1
b = [87,85,99,85,79,81,82,78,85,91]      #分组 2
c = [29,31,36,27,29,30,29,36,36,33]      #分组 3
print(stats.f_oneway(a,b,c))
```

运行程序,输出如下:

```
F_onewayResult(statistic = 287.74898314933193, pvalue = 6.223152082157672e - 19)
```

返回结果的第一个值 statistic 为统计量,它由组间差异相除得到,结果说明例 8-9 中组间差异很大,第二个返回值 pvalue=6.2231520821576832e-19 小于边界值(一般为 0.05),所以拒绝原假设,即认为以上三组数据存在统计学差异,但并不能判断是哪两组之间存在差异。当只有两组数据时,输出的效果与 stats.levene 一样。

2. 多因素方差分析

当有两个或两个以上自变量对因变量产生影响时,可以用多因素方差分析的方法进行分析。它不仅要考虑每个因素的主效应,还要考虑因素之间的交互效应。

【例 8-10】 多因素方差分析实例。

```
from statsmodels.formula.api import ols
from statsmodels.stats.anova import anova_lm
import pandas as pd
X1 = [1,1,1,1,1,1,1,1,1,1,1,1,1,1,1,1,1,1,1,1,2,2,2,2,2,2,2,2,2,2,2,2,2,2,2,2,2,2,2,2]
X2 = [1,1,1,1,1,1,1,1,1,1,2,2,2,2,2,2,2,2,2,2,1,1,1,1,1,1,1,1,1,1,2,2,2,2,2,2,2,2,2,2]
Y = [76,78,76,76,76,74,74,76,76,55,65,90,65,90,65,90,90,79,70,90, 88,76,76,76,56,76,76,
98,88,78,65,67,67,87,78,56,54,56,54,56]
data = {'T':X1, 'G':X2, 'L':Y}
df = pd.DataFrame(data)
formula = 'L~T + G + T:G'            #公式
model = ols(formula,df).fit()
print(anova_lm(model))
```

运行程序,输出如下:

```
           df     sum_sq     mean_sq       F          PR(> F)
T          1.0    265.225    265.225000    2.444407   0.126693
G          1.0    207.025    207.025000    1.908016   0.175698
T:G        1.0    1050.625   1050.625000   9.682932   0.003631
Residual 36.0     3906.100   108.502778    NaN        NaN
```

上述程序定义了公式,公式中,"~"用于隔离因变量和自变量,"+"用于分隔各个自变量,":"表示两个自变量交互影响。从返回结果可以看出,X1 和 X2 的值组间差异不大,而组合后的 T:G 的组间有明显差异。

8.1.10 卡方检验

t 检验是参数检验,卡方检验是一种非参数检验方法。相对来说,非参数检验对数据分析的要求比较宽松,也不要求太大数据量。卡方检验是一种对计数资料的假设检验方法,主要是比较理论频数和实际频数的吻合程度。卡方检验常用于特征选择,比如,检验男人和女人在是否患有高血压上有无区别,如果有区别,则说明性别与是否患高血压有关,在后续分析时就需要把性别这个分类变量放入模型训练。

基本数据有 *R* 行 *C* 列,因此通称 *RC* 列联表(contingency table),简称 *RC* 表,它是观测数据按两个或更多属性(定性变量)分类时所列出的频数表。

【例 8-11】 卡方检验实例。

```
import numpy as np
import pandas as pd
from scipy.stats import chi2_contingency
```

```
np.random.seed(147258369)
data = np.random.randint(2, size=(40, 3))              #2 个分类,50 个实例,3 个特征
data = pd.DataFrame(data, columns=['A', 'B', 'C'])
contingency = pd.crosstab(data['A'], data['B'])        #建立列联表
print(chi2_contingency(contingency))                   #卡方检验
```

运行程序,输出如下:

```
Chi2ContingencyResult(statistic=0.0, pvalue=1.0, dof=1, expected_freq=array([[13.225,
9.775],
       [ 9.775, 7.225]]))
```

卡方检验函数的参数是列联表中的频数,返回结果的第一个值为统计量值,第二个值为pvalue值,pvalue=1.0,比指定的显著水平(一般5%)大,所以不能拒绝原假设,即相关性不显著。第三个值是自由度,第四个值的数组是列联表的期望值分布。

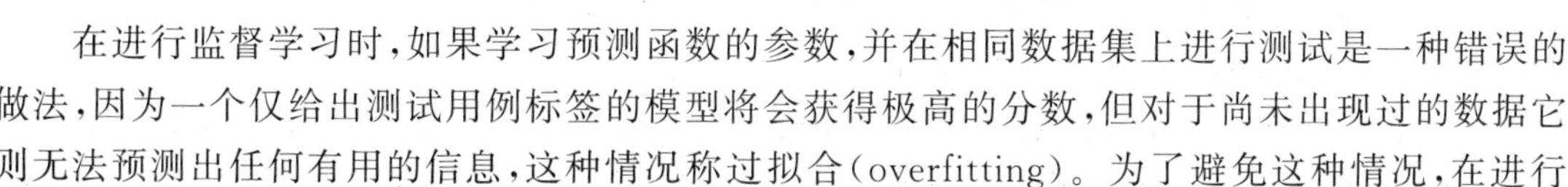

8.2 交叉验证

在进行监督学习时,如果学习预测函数的参数,并在相同数据集上进行测试是一种错误的做法,因为一个仅给出测试用例标签的模型将会获得极高的分数,但对于尚未出现过的数据它则无法预测出任何有用的信息,这种情况称过拟合(overfitting)。为了避免这种情况,在进行监督学习实验时,通常取出部分可利用数据作为测试数据集(testset)。

利用 scikit-learn 包中的 train_test_split 辅助函数可以将实验数据集划分为训练集(training sets)和测试集(test sets)。

1. 计算交叉验证的指标

使用交叉验证最简单的方法是在估计器和数据集上调用 cross_val_score 辅助函数。

(1) 保留数据的数据转换。

预处理(如标准化、特征选择等)和类似的数据转换(data transformations)也应该从训练集中学习,并应用于预测数据以进行预测。

(2) cross_validate 函数和多度量评估。

cross_validate 函数与多度量评估(cross_val_score)在以下两方面有些不同。

- 它允许指定多个指标进行评估。
- 除了测试得分之外,它还会返回一个包含训练得分、拟合次数、得分次数的字典。

2. 交叉验证迭代器

交叉验证迭代器主要有以下几种。

(1) K 重(K-Fold)交叉验证。K-重交叉验证将所有的样例划分为 k 个组,称为折叠(fold)(如果 $k=n$,这等价于留一交叉验证策略,每组都具有相同的大小。预测函数学习时使用 $k-1$ 个折叠中的数据,最后一个剩下的折叠会用于测试。

(2) K 重复多次。当需要运行时可以使用它 n 次,在每次重复中都会产生不同的分割。

(3) 留一交叉验证。LeaveOneOut (或 LOO)是一种简单的交叉验证,每个学习集都是通过除了一个样本以外的所有样本创建的,测试集是被留下的样本。因此,对于 n 个样本,有 n 个不同的训练集和 n 个不同的测试集。这种交叉验证程序不会浪费太多数据,因为只有一个样本是从训练集中删除的。

(4) 留 P(LeavePOut)交叉验证。LeavePOut 与 LeaveOneOut 非常相似,因为它通过从整个集合中删除 p 个样本来创建所有可能的训练/测试集。对于 n 个样本,产生 p 个训练-测

试对。与 LeaveOneOut 和 KFold 不同,在留 P 交叉验证中当 $p>1$ 时,测试集会重叠。

(5) 用户自定义数据集划分。ShuffleSplit 迭代器会生成一个用户给定数量的、独立的训练/测试数据划分。样例首先被打散,然后划分为一对训练测试集合。

(6) 设置每次生成的随机数相同。可以通过设定明确的 random_state,使得伪随机生成器的结果可以重复。

3. 基于类标签、具有分层的交叉验证迭代器

如何解决样本不平衡问题呢?可使用 StratifiedKFold 和 StratifiedShuffleSplit 分层采样。一些分类问题在目标类别的分布上可能表现出很大的不平衡。例如,可能会出现比正样本多数倍的负样本。在这种情况下,建议采用如 StratifiedKFold 和 StratifiedShuffleSplit 中实现的分层抽样方法,确保相对的类别频率在每个训练和验证折叠中大致保留。

- StratifiedKFold 是 KFold 的变种,会返回 stratified(分层)的折叠,即每个小集合中,各个类别的样例比例大致和完整数据集中相同。
- StratifiedShuffleSplit 是 ShuffleSplit 的一个变种,会返回直接的划分。例如,创建一个划分,但是划分中每个类的比例和完整数据集中的相同。

4. 用于分组数据的交叉验证迭代器

如何进一步测试模型的泛化能力呢?首先留出一组特定的不属于测试集和训练集的数据,如果想知道在一组特定的组集上训练的模型是否能很好地适用于看不见的组,则需要确保对象中的所有样本来自配对训练中完全没有的组。

- GroupKFold 是 KFold 的变体,用于确保测试集和训练集不被表示。例如,如果数据是从不同的 Subjects(项目)获得的,每个 Subject 有多个样本,并且如果模型足够灵活,能够从指定的特征中学习,则可能无法推广到新的 Subject。GroupKFold 可以检测到这种过拟合的情况。
- LeaveOneGroupOut 是一个交叉验证方案,它根据第三方提供的整数组的数组(array of integer groups)来提供样本。这个组信息可以用来编码任意域特定的预定义交叉验证折叠。

提示:每个训练集都是由除特定组别以外的所有样本构成的。

- LeavePGroupsOut 类似于 LeaveOneGroupOut,但为每个训练/测试集删除与 P 组有关的样本。
- GroupShuffleSplit 迭代器是 ShuffleSplit 和 LeavePGroupsOut 的组合,它生成一个随机划分分区的序列,其中为每个分组提供了一个组子集。

5. 时间序列分割

TimeSeriesSplit 是 KFold 的一个变体,它首先返回 k 折作为训练数据集,$k+1$ 折作为测试数据集。需要注意,与标准的交叉验证方法不同,连续的训练集是一个超集。另外,它将所有的剩余数据添加到第一个训练分区,并用来训练模型。

TimeSeriesSplit 类可以用来交叉验证以固定时间间隔观察到的时间序列数据样本。

【例 8-12】 交叉验证实例演示。

```
from sklearn.model_selection import train_test_split,cross_val_score,cross_validate #交叉验
#证所需的函数
from sklearn.model_selection import KFold,LeaveOneOut,LeavePOut,ShuffleSplit #交叉验证所需的
#子集划分方法
from sklearn.model_selection import StratifiedKFold,StratifiedShuffleSplit    #分层分割
from sklearn.model_selection import GroupKFold,LeaveOneGroupOut,LeavePGroupsOut,GroupShuffleSplit
```

```
                                                                          # 分组分割
from sklearn.model_selection import TimeSeriesSplit                        #时间序列分割
from sklearn import datasets                                               #自带数据集
from sklearn import svm                                                    #SVM 算法
from sklearn import preprocessing                                          #预处理模块
from sklearn.metrics import recall_score                                   #模型度量

iris = datasets.load_iris()                                                #加载数据集
print('样本集大小:',iris.data.shape,iris.target.shape)

'"数据集划分,训练模型"'
X_train, X_test, y_train, y_test = train_test_split(iris.data, iris.target, test_size = 0.4,
random_state = 0) #交叉验证划分训练集和测试集,test_size 为测试集所占的比例
print('训练集大小:',X_train.shape,y_train.shape)                  #训练集样本大小
print('测试集大小:',X_test.shape,y_test.shape)                    #测试集样本大小
clf = svm.SVC(kernel = 'linear', C = 1).fit(X_train, y_train) #使用训练集训练模型
print('准确率:',clf.score(X_test, y_test))                        #计算测试集的度量值(准确率)

#如果涉及归一化,则在测试集上也要使用训练集模型提取的归一化函数
scaler = preprocessing.StandardScaler().fit(X_train)          #通过训练集获得归一化函数模型,
#在训练集和测试集上都使用这个归一化函数
X_train_transformed = scaler.transform(X_train)
clf = svm.SVC(kernel = 'linear', C = 1).fit(X_train_transformed, y_train)    #使用训练集训练
#模型
X_test_transformed = scaler.transform(X_test)
print(clf.score(X_test_transformed, y_test))                      #计算测试集的度量值(准确度)

'"直接调用交叉验证评估模型"'
clf = svm.SVC(kernel = 'linear', C = 1)
scores = cross_val_score(clf, iris.data, iris.target, cv = 5)#cv 为迭代次数
print(scores)                                                   #打印输出每次迭代的度量值(准确度)
print("Accuracy: %0.2f ( +/- %0.2f)" % (scores.mean(), scores.std() * 2)) #获取置信区间
#(也就是均值和方差)

'"多种度量结果"'
scoring = ['precision_macro', 'recall_macro'] #precision_macro 为精度,recall_macro 为召回率
scores = cross_validate(clf, iris.data, iris.target, scoring = scoring, cv = 5, return_train_
score = True)
sorted(scores.keys())
print('测试结果:',scores) #scores 类型为字典,包含训练得分、拟合次数、得分次数(score - times)

'"K 重交叉验证、留一交叉验证、留 P 交叉验证、随机排列交叉验证"'
#K 折划分子集
kf = KFold(n_splits = 2)
for train, test in kf.split(iris.data):
    print("K 折划分:%s %s" % (train.shape, test.shape))
    break

#留一划分子集
loo = LeaveOneOut()
for train, test in loo.split(iris.data):
    print("留一划分:%s %s" % (train.shape, test.shape))
    break

#留 P 划分子集
lpo = LeavePOut(p = 2)
for train, test in loo.split(iris.data):
```

```
    print("留 P 划分: %s %s" % (train.shape, test.shape))
    break

#随机排列划分子集
ss = ShuffleSplit(n_splits = 3, test_size = 0.25, random_state = 0)
for train_index, test_index in ss.split(iris.data):
    print("随机排列划分: %s %s" % (train.shape, test.shape))
    break

'''分层 K 重交叉验证、分层随机交叉验证'''
skf = StratifiedKFold(n_splits = 3)            #各个类别的比例大致和完整数据集中相同
for train, test in skf.split(iris.data, iris.target):
    print("分层 K 折划分: %s %s" % (train.shape, test.shape))
    break

skf = StratifiedShuffleSplit(n_splits = 3)  #划分中每个类的比例和完整数据集中的相同
for train, test in skf.split(iris.data, iris.target):
    print("分层随机划分: %s %s" % (train.shape, test.shape))
    break

'''组 K 重交叉验证、留一组交叉验证、留 P 组交叉验证、Group Shuffle Split'''
X = [0.1, 0.2, 2.2, 2.4, 2.3, 4.55, 5.8, 8.8, 9, 10]
y = ["a", "b", "b", "b", "c", "c", "c", "d", "d", "d"]
groups = [1, 1, 1, 2, 2, 2, 3, 3, 3, 3]

#K 折分组
gkf = GroupKFold(n_splits = 3)                 #训练集和测试集属于不同的组
for train, test in gkf.split(X, y, groups = groups):
    print("组 KFold 分割: %s %s" % (train, test))

#留一分组
logo = LeaveOneGroupOut()
for train, test in logo.split(X, y, groups = groups):
    print("留一组分割: %s %s" % (train, test))

#留 P 分组
lpgo = LeavePGroupsOut(n_groups = 2)
for train, test in lpgo.split(X, y, groups = groups):
    print("留 P 组分割: %s %s" % (train, test))

#随机分组
gss = GroupShuffleSplit(n_splits = 4, test_size = 0.5, random_state = 0)
for train, test in gss.split(X, y, groups = groups):
    print("随机分割: %s %s" % (train, test))

'''时间序列分割'''
tscv = TimeSeriesSplit(n_splits = 3)
TimeSeriesSplit(max_train_size = None, n_splits = 3)
for train, test in tscv.split(iris.data):
    print("时间序列分割: %s %s" % (train, test))
```

运行程序,输出如下:

```
样本集大小: (150, 4) (150,)
训练集大小: (90, 4) (90,)
测试集大小: (60, 4) (60,)
准确率: 0.9666666666666667
0.9333333333333333
```

```
[0.96666667 1.    0.96666667 0.96666667 1.    ]
Accuracy: 0.98 (+/- 0.03)
测试结果: {'fit_time': array([0., 0., 0., 0., 0.]), 'score_time': array([0., 0., 0., 0., 0.]),
'test_precision_macro': array([0.96969697, 1.    , 0.96969697, 0.96969697, 1.    ]), 'train_
precision_macro': array([0.97674419, 0.97674419, 0.99186992, 0.98412698, 0.98333333]), 'test_
recall_macro': array([0.96666667, 1.    , 0.96666667, 0.96666667, 1.    ]), 'train_recall_macro':
array([0.975   , 0.975   , 0.99166667, 0.98333333, 0.98333333])}
K 折划分:(75,) (75,)
留一划分:(149,) (1,)
留 P 划分:(149,) (1,)
随机排列划分:(149,) (1,)
分层 K 折划分:(100,) (50,)
分层随机划分:(135,) (15,)
组 KFold 分割:[0 1 2 3 4 5] [6 7 8 9]
组 KFold 分割:[0 1 2 6 7 8 9] [3 4 5]
组 KFold 分割:[3 4 5 6 7 8 9] [0 1 2]
留一组分割:[3 4 5 6 7 8 9] [0 1 2]
留一组分割:[0 1 2 6 7 8 9] [3 4 5]
留一组分割:[0 1 2 3 4 5] [6 7 8 9]
留 P 组分割:[6 7 8 9] [0 1 2 3 4 5]
留 P 组分割:[3 4 5] [0 1 2 6 7 8 9]
留 P 组分割:[0 1 2] [3 4 5 6 7 8 9]
随机分割:[0 1 2] [3 4 5 6 7 8 9]
随机分割:[3 4 5] [0 1 2 6 7 8 9]
随机分割:[3 4 5] [0 1 2 6 7 8 9]
随机分割:[3 4 5] [0 1 2 6 7 8 9]
时间序列分割:[ 0 1 2 3 4 5 6 7 8 9 10 11 12 13 14 15 16 17 18 19 20 21 22 23
 24 25 26 27 28 29 30 31 32 33 34 35 36 37 38] [39 40 41 42 43 44 45 46 47 48 49 50 51 52 53 54 55 56
57 58 59 60 61 62
 63 64 65 66 67 68 69 70 71 72 73 74 75]
时间序列分割:[ 0 1 2 3 4 5 6 7 8 9 10 11 12 13 14 15 16 17 18 19 20 21 22 23
 24 25 26 27 28 29 30 31 32 33 34 35 36 37 38 39 40 41 42 43 44 45 46 47
 48 49 50 51 52 53 54 55 56 57 58 59 60 61 62 63 64 65 66 67 68 69 70 71 72 73 74 75]
[ 76 77 78 79 80 81 82 83 84 85 86 87 88 89 90 91 92 93 94 95 96 97 98 99 100 101 102 103 104 105 106
107 108 109 110 111 112]
时间序列分割:[ 0 1 2 3 4 5 6 7 8 9 10 11 12 13 14 15 16 17
  18 19 20 21 22 23 24 25 26 27 28 29 30 31 32 33 34 35
  36 37 38 39 40 41 42 43 44 45 46 47 48 49 50 51 52 53
  54 55 56 57 58 59 60 61 62 63 64 65 66 67 68 69 70 71
  72 73 74 75 76 77 78 79 80 81 82 83 84 85 86 87 88 89
  90 91 92 93 94 95 96 97 98 99 100 101 102 103 104 105 106 107
 108 109 110 111 112] [113 114 115 116 117 118 119 120 121 122 123 124 125 126 127 128 129 130 131
132 133 134 135 136 137 138 139 140 141 142 143 144 145 146 147 148
 149]
```

8.3　回归分析

回归分析是一种预测性的建模技术，它研究的是因变量(目标)和自变量(预测器)之间的关系。这种技术通常用于预测分析时间序列模型以及发现变量之间的因果关系。

线性回归是利用数理统计中的回归分析，确定两种或两种以上变量的相互依赖的定量关系的一种统计分析方法，运用十分广泛。一元线性回归的表达式为 $y=w'x+e$，e 为误差，服从均值为 0 的正态分析。只包括一个自变量和一个因变量，且二者的关系可用一条直线近似表示，这种回归分析称为一元线性回归分析。如果回归分析中包括两个或两个以上的自变量，且因变量和自变量间为线性关系，则称为多元线性回归分析。

线性回归属于回归问题，对于回归问题，解决流程为：给定数据集中每个样本及其正确答案，选择一个模型函数 h（hypothesis，假设），并为 h 找到适应数据的（未必是全局）最优解，即找出最优解下的 h 的参数。此处给定的数据集称训练集（training set）。不能将所有数据都用来训练，要留一部分用于验证模型。

线性回归的通用表达式为

$$h_0(x)=\boldsymbol{\theta}^{\mathrm{T}}\boldsymbol{X}=\theta_0x_0+\theta_1x_1+\theta_2x_2+\cdots+\theta_nx_n$$

1. 数据导入

可以利用 Pandas 内的 read_csv 函数来对数据进行导入操作。本节先通过简单线性回归展现线性回归的特点和结果，之后再延伸到多元线性回归（linear regression. py）。

```
#导入线性回归包
import pandas as pd
import numpy as np
import matplotlib.pyplot as plt
from pandas import DataFrame,Series
from sklearn.model_selection import train_test_split
from sklearn.linear_model import LinearRegression
```

导入包中包括以下操作：利用 Pandas 和 NumPy 对数据进行导入，使用 Matplotlib 进行图像化，使用 Sklearn 进行数据集训练与模型导入。

2. 简单线性回归

对于学生来说，所学习的时间与考试的成绩呈线性相关关系。以下代码创建一个数据集来描述学生学习时间与成绩的关系，并且做简单的线性回归。

```
#创建数据集
examDict = {'学习时间':[0.50,0.75,1.00,1.25,1.50,1.75,1.75,
                    2.00,2.25,2.50,2.75,3.00,3.25,3.50,4.00,4.25,4.50,4.75,5.00,5.50],
          '分数':[10,22,13,43,20,22,33,50,62,
                 48,55,75,62,73,81,76,64,82,90,93]}
#转换为 DataFrame 的数据格式
examDf = DataFrame(examDict)
examDf
```

通过 DataFrame 的函数将字典转换为所需要的数据集，也就是学习时间与考试成绩的数据集，运行程序，输出如下：

```
    学习时间  分数
0   0.50     10
1   0.75     22
2   1.00     13
3   1.25     43
4   1.50     20
5   1.75     22
6   1.75     33
7   2.00     50
8   2.25     62
9   2.50     48
10  2.75     55
11  3.00     75
12  3.25     62
13  3.50     73
14  4.00     81
```

```
15  4.25      76
16  4.50      64
17  4.75      82
18  5.00      90
19  5.50      93
```

从输出结果可以看到数据的特征值与标签，学生所学习的时间就是所需要的特征值，而成绩就是通过特征值所反映的标签。在实例中，要对数据进行观测来反映学习时间与成绩的情况，可以利用散点图实现简单的观测。

```
plt.rcParams['font.sans-serif'] = ['SimHei'] #中文
plt.rcParams['axes.unicode_minus'] = False
#绘制散点图
plt.scatter(examDf.分数,examDf.学习时间,color = 'b',label = "训练数据")
#添加图的标签(x轴,y轴)
plt.xlabel("时间/h")
plt.ylabel("分数")
#显示图像,散点图如图 8-4 所示
plt.show()
```

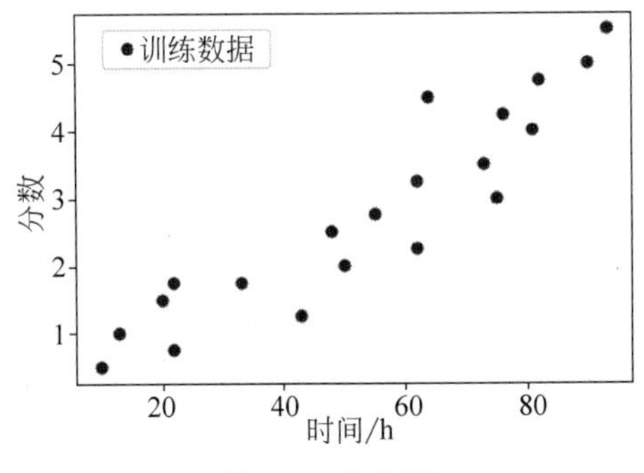

图 8-4 散点图

从图 8-4 可以看到，分数和时间存在相应的线性关系，且两数据间相关性较强。在此可以通过相关性来衡量两个变量因素的相关密切程度。相关系数是用来反映变量之间相关关系密切程度的统计指标。

r(相关系数)$=x$ 和 y 的协方差 /(x 的标准差 $\times$ y 的标准差) $=\text{cov}(x,y)/\sigma_x \times \sigma_y$

相关系数与相关性强度的对应关系如下。

- $Y\in(0,0.3)$：弱相关。
- $Y\in[0.3,0.6]$：中等程度相关。
- $Y\in(0.6,1)$：强相关。

```
rDf = examDf.corr()
print(rDf)
```

运行程序，输出如下：

```
            学习时间      分数
学习时间    1.000000    0.923985
分数        0.923985    1.000000
```

Pandas 中的数学统计函数 corr()可以反映数据间的相关性关系，从结果中反映出学习时间与分数之间的相关性为强相关。对于简单线性回归来说，简单回归方程为 $y=a+bx$，最佳拟合线需要通过最小二乘法来实现。最小二乘法需要知道的一个关系为点误差，点误差=实际值−预测值，而误差二次方和 $\text{SSE}=\sum(\text{实际值}-\text{预测值})^2$，最小二乘法就是基于 SSE 实现：使得误差二次方和最小(最佳拟合)。接下来创建训练集和测试集，可以使用 train_test_split 函数来创建(train_test_split 是存在于 sklearn 中的函数)。

```
#将原数据集拆分为训练集和测试集
X_train,X_test,Y_train,Y_test = train_test_split(exam_X,exam_y,train_size=.8)
#X_train 为训练数据标签,X_test 为测试数据标签,exam_X 为样本特征,exam_y 为样本标签,train_
#size 为训练数据占比
print("原始数据特征:",exam_X.shape,
      ",训练数据特征:",X_train.shape,
      ",测试数据特征:",X_test.shape)
print("原始数据标签:",exam_y.shape,
      ",训练数据标签:",Y_train.shape,
      ",测试数据标签:",Y_test.shape)
#散点图
plt.scatter(X_train, Y_train, color="blue", label="训练数据")
plt.scatter(X_test, Y_test,color="red", marker='+',label="测试数据")
#添加图标标签
plt.legend(loc=2)
plt.xlabel("时间/h")
plt.ylabel("分数")
#显示图像
plt.savefig("tests.jpg")
plt.show()
```

运行程序，输出如下，训练集与测试集如图 8-5 所示。

```
原始数据特征:(20,),训练数据特征:(16,),测试数据特征:(4,)
原始数据标签:(20,),训练数据标签:(16,),测试数据标签:(4,)
```

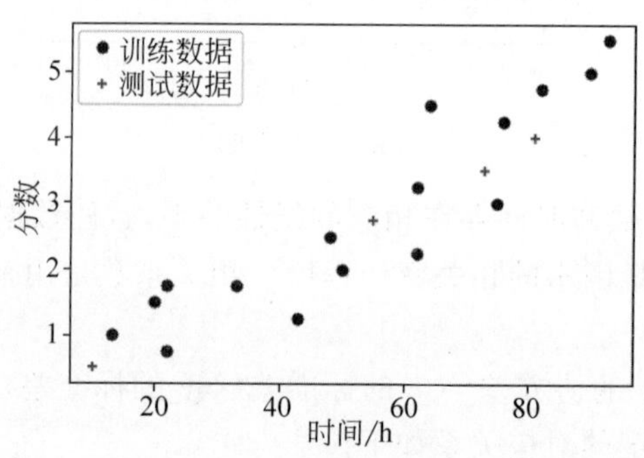

图 8-5 训练集与测试集

由于训练集是随机分配，故每一次运行的结果(点的分布情况、训练集内的情况、测试集内的情况)不尽相同，在创建数据集之后需要将训练集放入 skleran 中的线性回归模型(LinearRegression())进行训练。

```
model = LinearRegression()
#对于模型错误需要对训练集进行 reshape 操作来达到函数的要求
#如果行数 = -1,reshape 可以使数组所改的列数自动按照数组的大小形成新的数组,
#因为 model 需要二维的数组来进行拟合,但是此处只有一个特征,所以需要 reshape 来转
#换为二维数组
X_train = X_train.values.reshape(-1,1)
X_test = X_test.values.reshape(-1,1)
model.fit(X_train,Y_train)
```

在模型训练完成之后会得到所对应的方程(线性回归方程)，需要利用函数中的 intercept_ 与 coef_来获取。

```
a = model.intercept_        # 截距
b = model.coef_             # 回归系数
print("最佳拟合线:截距",a,",回归系数:",b)
```

运行程序，输出如下：

```
最佳拟合线:截距 -0.12451617362455059 ,回归系数: [0.05427495]
```

由上述最佳拟合线的截距和回归系数，可以算出其线性回归线方程为：$y=-0.125+0.054x$

接下来需要对模型进行预测和评价，在进行评价之前引入一个决定系数 R^2 的概念。决定系数 R^2 常用于评估模型的精确度。

以下为 R^2 的计算公式。

- y 误差二次方和 $=\sum(y$ 实际值 $-y$ 预测值$)^2$。
- y 的总波动 $=\sum(y$ 实际值 $-y$ 平均值$)^2$。
- 有多少百分比的 y 波动没有被回归拟合线所描述＝SSE/总波动。
- 有多少百分比的 y 波动被回归线描述＝1－SSE/总波动＝决定系数 R^2。

对于决定系数 R^2 来说，有以下结论。

（1）回归线拟合程度：y 波动时刻全用回归线来描述。

（2）值大小：R^2 越高，回归模型越精确（取值范围 0～1），1 表示无误差，0 表示无法完成拟合，对于预测来说需要运用函数中的 model.predict()来得到预测值。

```
# 训练数据的预测值
y_train_pred = model.predict(X_train)
# 绘制最佳拟合线:标签用的是训练数据的预测值 y_train_pred
plt.plot(X_train, y_train_pred, color = 'black', linewidth = 3, label = "最优直线")
# 测试数据散点图
plt.scatter(X_test, Y_test, color = 'red',marker = '+',label = "测试数据")
# 添加图标标签
plt.legend(loc = 2)
plt.xlabel("时间")
plt.ylabel("分数")
# 显示图像
plt.savefig("lines.jpg")
plt.show()
score = model.score(X_test,Y_test)
print('分数:',score)
```

运行程序，输出如下，预测效果如图 8-6 所示。

```
分数:0.7488154619826052
```

3. 多元线性回归

在简单线性回归的例子中可以得到与线性回归相关的分析流程，接着对多元线性回归进行分析。对于多元线性回归前面已经提到，形如 h(x)＝theta0＋theta1 * x1＋theta2 * x2＋theta3 * x3，这里采用有效数据集 Advertising.csv，其数据描述了一个产品的销量与广告媒体投入之间的关系。

```
import pandas as pd
import numpy as np
import matplotlib.pyplot as plt
from pandas import DataFrame,Series
```

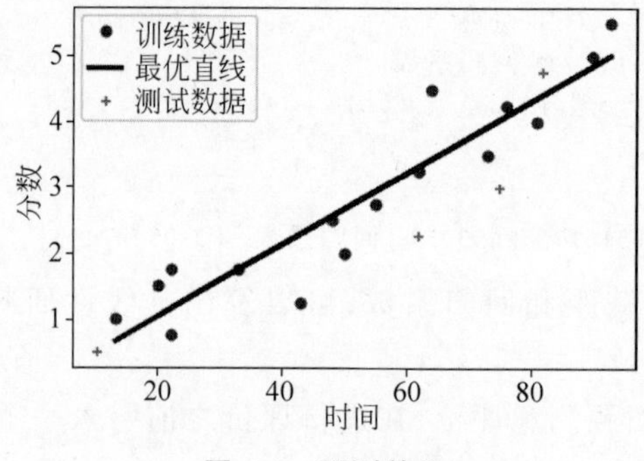

图 8-6 预测效果

```
from sklearn.model_selection import train_test_split
from sklearn.linear_model import LinearRegression

#通过 read_csv 来读取目的数据集
adv_data = pd.read_csv("Advertising.csv")
#清洗不需要的数据
new_adv_data = adv_data.iloc[:,1:]
#得到所需要的数据集且查看其前几列以及数据形状
print('head:',adv_data.head(),'\nShape:',adv_data.shape)
```

运行程序,输出如下:

```
head:  TV     radio  newspaper  sales
1      230.1  37.8   69.2       22.1
2      44.5   39.3   45.1       10.4
3      17.2   45.9   69.3       9.3
4      151.5  41.3   58.5       18.5
5      180.8  10.8   58.4       12.9
Shape: (200, 4)
```

对于上述数据可以得到数据中以下几个量。

(1) 标签值(sales):对应产品的销量。

(2) 特征值(TV,Radio,Newspaper)有以下 3 个。

- TV:对于一个给定市场中的单一产品,用于电视上的广告费用(以千为单位)。
- Radio:在广播媒体上投资的广告费用。
- Newspaper:用于报纸媒体的广告费用。

在这个实例中,通过不同的广告投入,预测产品销量。因为响应变量是一个连续的值,所以这个问题是一个回归问题。数据集一共有 200 个观测值,每一组观测值对应一个市场的情况。接着对数据进行描述性统计,以及寻找缺失值(缺失值对模型的影响较大,如发现缺失值应替换或删除),且利用箱线图从可视化方面查看数据集,在描述统计之后对数据进行相关性分析,以此来查找数据中特征值与标签值之间的关系。

```
#数据描述
print('数据描述:',adv_data.describe())
#缺失值检验
print('缺失值检验:',adv_data[adv_data.isnull() == True].count())

adv_data.boxplot()
plt.savefig("boxplot.jpg")
plt.show()
#相关系数矩阵 r(相关系数) = x 和 y 的协方差/(x 的标准差 × y 的标准差) == cov(x,y)/σx × σy
```

```
# 相关系数 0～0.3 弱相关,0.3～0.6 中等程度相关,0.6～1 强相关
print('相关系数矩阵:\n',adv_data.corr())
```

运行程序,输出如下,箱线图如图 8-7 所示。

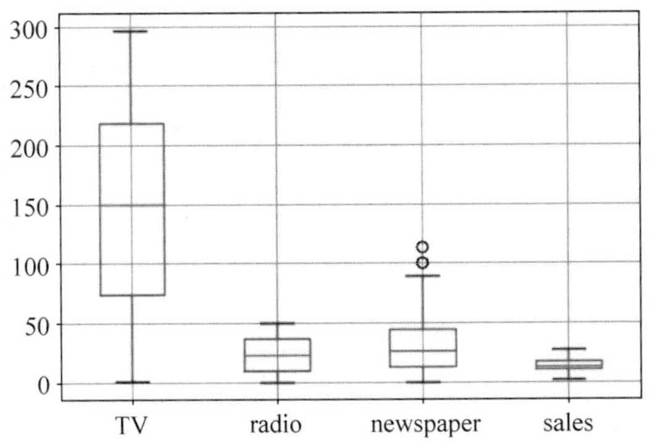

图 8-7 箱线图

```
数据描述:        TV              radio          newspaper         sales
count           200.000000      200.000000     200.000000        200.000000
mean            147.042500      23.264000      30.554000         14.022500
std             85.854236       14.846809      21.778621         5.217457
min             0.700000        0.000000       0.300000          1.600000
25%             74.375000       9.975000       12.750000         10.375000
50%             149.750000      22.900000      25.750000         12.900000
75%             218.825000      36.525000      45.100000         17.400000
max             296.400000      49.600000      114.000000        27.000000
缺失值检验: TV        0
radio              0
newspaper          0
sales              0
dtype: int64
```

可以从输出结果看出,TV 和 sales 是有比较强的线性关系的,而 radio 和 sales 线性关系弱一些,但是也属于强相关,newspaper 和 sales 线性关系更弱。接下来建立散点图来查看数据里的数据分析情况以及相对应的线性情况,使用 seaborn 的 pairplot 来绘画 3 种不同因素对标签值的影响。

```
import seaborn as sns
# 通过加入一个参数 kind = 'reg',seaborn 可以添加一条最佳拟合直线和 95% 的置信带
sns.pairplot(adv_data, x_vars = ['TV','radio','newspaper'], y_vars = 'sales', size = 7, aspect =
0.8,kind = 'reg')
plt.savefig("pairplot.jpg")
plt.show()
```

运行程序,3 种不同因素对标签值的影响情况如图 8-8 所示。

从图 8-8 中可以了解到不同因素对销量的预测线(置信度=95%),也可大致看出不同特征对于标签值的影响与相关关系相关。在了解了数据的各种情况后,需要对数据集建立模型,建立模型的第一步是建立训练集与测试集,使用 train_test_split 函数来创建(train_test_split 是存在于 sklearn 中的函数)。

```
X_train,X_test,Y_train,Y_test = train_test_split(adv_data.iloc[:,:3],adv_data.sales,train_
size = .80)
print("原始数据特征:",adv_data.iloc[:,:3].shape,
      ",训练数据特征:",X_train.shape,
      ",测试数据特征:",X_test.shape)
print("原始数据标签:",adv_data.sales.shape,
```

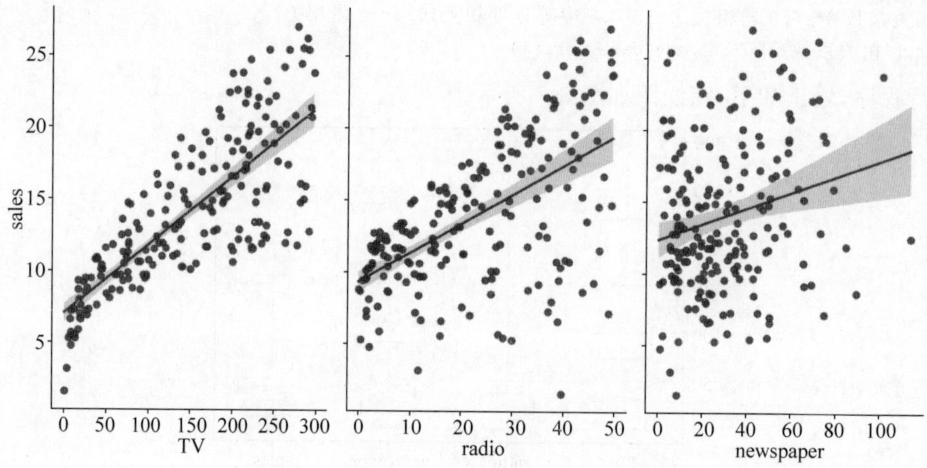

图 8-8 3 种不同因素对标签值的影响情况

```
      ",训练数据标签:",Y_train.shape,
      ",测试数据标签:",Y_test.shape)
```

运行程序,输出如下:

```
原始数据特征: (200, 3) ,训练数据特征: (160, 3) ,测试数据特征: (40, 3)
原始数据标签: (200,) ,训练数据标签: (160,) ,测试数据标签: (40,)
```

建立初步的数据集模型之后,将训练集中的特征值与标签值放入 LinearRegression()模型中,且使用 fit 函数进行训练,在模型训练完成之后会得到所对应的方程(线性回归方程),需要利用函数中的 intercept_与 coef_。

```
model = LinearRegression()
model.fit(X_train,Y_train)
a = model.intercept_          #截距
b = model.coef_               #回归系数
print("最佳拟合线:截距",a,",回归系数:",b)
```

运行程序,输出如下:

```
最佳拟合线:截距 2.806888974412498 ,回归系数: [0.04598228 0.18890059 0.00138692]
```

即所得的多元线性回归模型的函数为:$y=2.81+0.045\times \text{TV}+0.189\times \text{radio}-0.0014\times \text{newspaper}$,若给定了 radio 和 newspaper 的广告投入,则在 TV 广告上每多投入 1 个单位,对应销量将增加 0.04711 个单位。即加入其他两个媒体投入固定,在 TV 广告上每增加 1000 美元(因为单位是 1000 美元),销量将增加 47.11(因为单位是 1000)。但需要注意的是此处的 newspaper 的系数是负数,所以可以考虑不使用 newspaper 这个特征。接下来对数据集进行预测与模型测评。同样使用 predict 与 score 函数来获取所需要的预测值与得分。

```
score = model.score(X_test,Y_test)
print('分数:',score)
#对线性回归进行预测
Y_pred = model.predict(X_test)
print('线性回归进行预测:',Y_pred)
plt.plot(range(len(Y_pred)),Y_pred,'b',label = "predict")
#显示图像
plt.savefig("predict.jpg")
plt.show()
```

运行程序,输出如下,预测与模型评估如图 8-9 所示。

```
分数：0.9184339218366755
线性回归进行预测：[17.75988994 21.54610895 23.23972734 11.97289759 6.12779177 12.37404548
 14.1165629 8.77019996 12.35892971 16.4871019 15.59807113 9.10791961
 21.51502052 14.42205799 3.64799879 17.54014184 24.06659909 7.45014526
  9.36062472 10.50044226 16.33471398 11.81281279 10.69816545 15.45486155
 23.16048171 17.97950083 11.97628501 12.75373613 14.91705521 15.21557131
  5.77892883 23.15330746 18.51473411 15.64514791 19.23662129 16.36673726
 14.5585813 16.19891577 9.15607476 24.74323664]
```

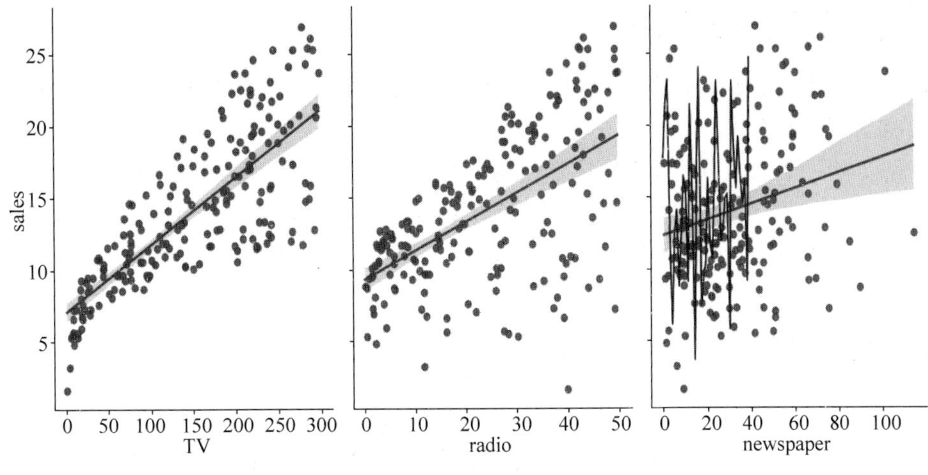

图 8-9 预测与模型评估

根据一系列不同的二分类方式（分界值或决定阈），以销售数量（灵敏度）为纵坐标，以销售价值为横坐标绘制 ROC 曲线。

绘制 ROC 曲线代码如下：

```
#显示中文
plt.rcParams['font.sans-serif'] = ['SimHei']
plt.rcParams['axes.unicode_minus'] = False
plt.figure()
plt.plot(range(len(Y_pred)),Y_pred,'b',label = "预测")
plt.plot(range(len(Y_pred)),Y_test,'r-.',label = "测试")
plt.legend(loc = "upper right") #显示图中的标签
plt.xlabel("销售数量")
plt.ylabel('销售价值')
plt.savefig("ROC.jpg")
plt.show()
```

运行程序，ROC 曲线如图 8-10 所示。

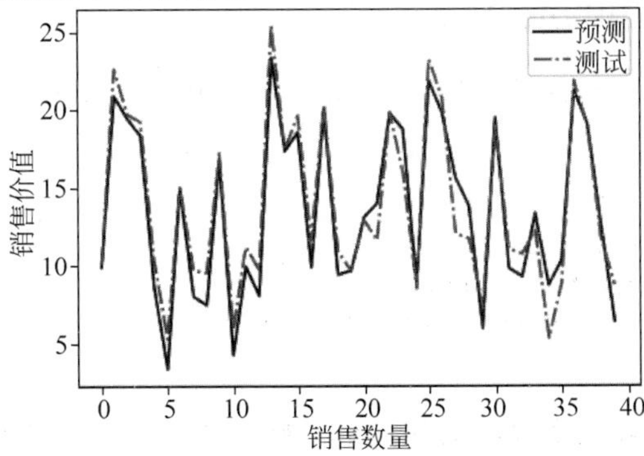

图 8-10 ROC 曲线

8.4 逻辑回归

逻辑回归(logistic regression)是一种经典分类算法，被广泛应用于二元分类问题中，该算法的目的是预测二元输出变量(如0和1)。逻辑回归算法有很多应用，如预测股票市场、客户购买行为、疾病诊断等。

8.4.1 逻辑回归原理

逻辑回归的主要思想是将输入变量的线性组合映射到0～1之间的概率，用于预测二元输出变量的概率，其原理如下。

(1) 假设有一个二元分类问题，需要预测一个样本属于两个类别中的哪一个。

(2) 逻辑回归使用一个参数化函数来计算给定输入变量的输出概率。该函数称为sigmoid函数，它将输入变量的线性组合映射到0～1之间的值，表示预测样本属于正例的概率。

(3) sigmoid函数的数学形式为 $g(z)=\frac{1}{1+e^{-z}}$，z 为输入变量的线性组合，可以表示为 $z=b+w_1x_1+w_2x_2+\cdots+w_nx_n$，其中，$w_i$ 为模型的权重(即系数)，x_i 为输入变量的值。

(4) 训练模型的过程就是通过最大化似然函数来估计模型的权重。似然函数是一个关于模型参数的函数，表示给定模型下样本的概率。在逻辑回归中，似然函数可以表示为 $L(w)=\prod_{i=1}^{n}g(z_i)^{y_i}(1-g(z_i))^{1-y_i}$，其中，$z_i$ 为第 i 个样本的线性组合，y_i 为对应的类别标签(0或1)。

(5) 为了最大化似然函数，可以使用梯度下降算法来更新模型的权重。梯度下降算法通过反复迭代来最小化损失函数，直到找到最优解。

(6) 损失函数通常使用对数损失函数(log loss)来衡量模型的性能。对数损失函数可以表示为 $J(w)=\frac{1}{n}\sum_{i=1}^{n}y_i\log g(z_i)+(1-y_i)\log(1-g(z_i))$，其中，$z_i$ 为第 i 个样本的线性组合，y_i 为对应的类别标签(0或1)。

(7) 训练模型后，可以使用模型来预测新的样本的类别标签。预测类别标签的方法是，将新样本的特征向量代入sigmoid函数，计算输出概率，如果概率大于0.5，则预测为正例，否则预测为负例。

逻辑回归模型简单、直观，易于理解和实现，常用于二元分类问题的建模。

8.4.2 逻辑回归的应用

下面通过实例来演示逻辑回归的应用(Logistic Regression.py)。

1. 导入相应的包

```
import numpy as np
import matplotlib.pyplot as plt
from sklearn.datasets import load_iris
from sklearn.model_selection import train_test_split
```

2. 定义随机数种子

随机数种子的作用是确保实验结果的可重复性。通过设定随机种子，可以使得相同代码在不同的时间运行得到的随机结果是相同的，从而确保实验结果的可重复性。这对于算法的评估和比较非常重要，因为它能够消除随机性带来的误差和不确定性，使得实验结果更加准确和可信。

```
#设置随机种子
seed_value = 2023
np.random.seed(seed_value)
```

3. 定义逻辑回归模型

逻辑回归模型的训练过程可以分为以下步骤。

(1) 数据预处理。首先需要对数据进行预处理，包括数据清洗、特征选择、特征缩放等，确保数据的质量和可用性。

(2) 模型初始化。根据数据集的特征数量初始化模型参数，即权重和偏置。

(3) 前向传播。将训练数据集中的每个样本的特征向量乘以模型的权重，再加上偏置，得到线性组合。将线性组合输入 sigmoid 函数中，得到样本属于正例的概率。

(4) 计算损失函数。使用对数函数衡量模型的性能，需要对所有训练样本的损失函数进行求和，并除以样本数量，得到平均损失函数。

(5) 反向传播。使用梯度下降算法最小化损失函数。首先需要计算损失函数对模型参数的偏导数，即梯度。然后，使用梯度下降算法更新模型的权重和偏置。

(6) 重复步骤(3)～步骤(5)，直到预定的迭代次数或损失函数达到某个阈值。

(7) 模型评估。使用测试数据集评估训练得到的模型的性能。可以使用多个指标评估模型的性能，如准确率、精确率、召回率、F1 得分等。

(8) 模型调优。根据评估结果调整模型的参数，如学习率、迭代次数等，以提高模型的性能。

在实际训练过程中，可以使用各种优化算法加速收敛速度，如随机梯度下降(SGD)、Adam 等。此外，还可以使用正则化方法防止模型过拟合，如 L1 正则化、L2 正则化等。

1) 模型训练

该部分主要定义模型的执行逻辑，也就是规定数据模型到底是如何训练的，执行逻辑主要包括 4 部分：初始化参数、正向传播、计算损失、反向传播。

(1) 初始化参数。

逻辑回归中用到的公式为 $y=b+w_1x_1+w_2x_2+\cdots+w_nx_n$，该算法的核心是学习到权重系数 w，为此需要定义两个参数，分别为权重 w 和偏置 b。

使用如下代码初始化模型的可训练参数：

```
#初始化参数
self.weights = np.random.randn(X.shape[1])
self.bias = 0
```

(2) 正向传播。

由于逻辑回归是进行二分类，所以希望得到对应的概率，即需要将计算的结果送入 sigmoid 中得到对应的概率值，对应公式为$\hat{y}=\text{sigmoid}(y)=\text{sigmoid}(wx+b)=\dfrac{1}{1+\mathrm{e}^{wx+b}}$。

```
#计算 sigmoid 函数的预测值 y_hat = sigmoid(w * x + b)
y_hat = sigmoid(np.dot(X, self.weights) + self.bias)
```

(3) 损失函数。

训练模型的目的是希望通过预测的值更加接近真实的值，此处为了衡量预测值和真实值之间的差异,需要定义一个损失函数,此处使用的是交叉熵函数(Cross Entropy)。

$$\text{loss} = -\frac{1}{n}\sum y\ln(\hat{y}) + (1-y)\ln(1-\hat{y})$$

该损失通过以下代码实现:

```
#计算损失函数
loss = (-1 / len(X)) * np.sum(y * np.log(y_hat) + (1 - y) * np.log(1 - y_hat))
```

(4) 反向传播。

逻辑回归中使用的参数更新方法是梯度下降法,不断将当前参数减去损失对应的梯度,让模型向着损失减小的方向发展,梯度下降法如图 8-11 所示。

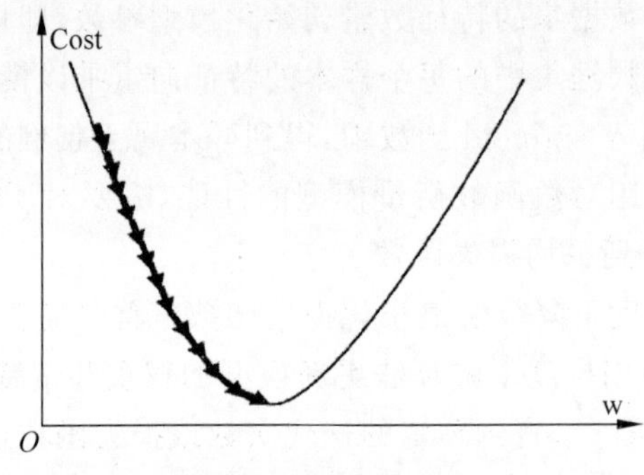

图 8-11 梯度下降法

在逻辑回归中,使用 sigmoid 函数将线性输出映射到[0,1]范围的概率值。如果定义代价函数为交叉熵,则可以使用梯度下降算法更新权重参数。首先通过前向传播计算模型的预测值和代价函数的值。然后,使用反向传播算法计算代价函数相对于每个权重参数的导数,以便知道哪些权重需要更新。最后,使用梯度下降算法更新权重参数,使代价函数最小化。

具体地说,在反向传播中,需要计算代价函数即相当于需要计算每个权重参数的偏导数。对于逻辑回归模型,这可以通过链式法则计算。

```
#计算梯度
dw = (1 / len(X)) * np.dot(X.T, (y_hat - y))
db = (1 / len(X)) * np.sum(y_hat - y)

#更新参数
self.weights -= self.learning_rate * dw
self.bias -= self.learning_rate * db
```

2) 模型预测

逻辑回归的正向传播是计算对应的概率,为了得到该样本对应的类别,需要将其二值化,即大于 0.5 将其转换为类别 1,小于 0.5 将其转换为类别 0。预测代码如下:

```
#预测
def predict(self, X):
    y_hat = sigmoid(np.dot(X, self.weights) + self.bias)
    y_hat[y_hat >= 0.5] = 1
    y_hat[y_hat < 0.5] = 0
    return y_hat
```

3) 模型准确率

逻辑回归是二分类算法,最终的衡量指标通常为准确率,所以需要计算出分类正确的样本,然后用其除以总样本数得到准确率,也可以使用其他指标,如 F1-score、AUC 等。

```
    #准确率
    def score(self, y_pred, y):
        accuracy = (y_pred == y).sum() / len(y)
        return accuracy
```

4）逻辑回归模型

以下是逻辑回归模型的完整定义。

```
#定义逻辑回归算法
class LogisticRegression:
    def __init__(self, learning_rate = 0.003, iterations = 100):
        self.learning_rate = learning_rate          #学习率
        self.iterations = iterations                #迭代次数

    def fit(self, X, y):
        #初始化参数
        self.weights = np.random.randn(X.shape[1])
        self.bias = 0
        #梯度下降
        for i in range(self.iterations):
            #计算 sigmoid 函数的预测值, y_hat = w * x + b
            y_hat = sigmoid(np.dot(X, self.weights) + self.bias)
            #计算损失函数
            loss = (-1 / len(X)) * np.sum(y * np.log(y_hat) + (1 - y) * np.log(1 - y_
hat))
            #计算梯度
            dw = (1 / len(X)) * np.dot(X.T, (y_hat - y))
            db = (1 / len(X)) * np.sum(y_hat - y)
            #更新参数
            self.weights -= self.learning_rate * dw
            self.bias -= self.learning_rate * db
            #打印损失函数值
            if i % 10 == 0:
                print(f"Loss after iteration {i}: {loss}")

    #预测
    def predict(self, X):
        y_hat = sigmoid(np.dot(X, self.weights) + self.bias)
        y_hat[y_hat >= 0.5] = 1
        y_hat[y_hat < 0.5] = 0
        return y_hat

    #准确率
    def score(self, y_pred, y):
        accuracy = (y_pred == y).sum() / len(y)
        return accuracy
```

4. 导入数据

此处导入鸢尾花数据集(iris dataset)。鸢尾花数据集是一个常用的分类问题数据集，数据集中包含 3 个不同种类的鸢尾花，每个种类 50 个样本，共计 150 个样本。

每个样本包含了鸢尾花的萼片(sepal)和花瓣(petal)的长度和宽度四个特征(即：萼片长度、萼片宽度、花瓣长度、花瓣宽度)，并且每个特征都以厘米为单位。

3 个鸢尾花的品种为山鸢尾(iris setosa)、变色鸢尾(iris versicolor)和维吉尼亚鸢尾(iris Virginica)，它们萼片和花瓣的大小和形状不同，因此是可以通过这些特征进行区分的。

由于逻辑回归是二分类算法，鸢尾花数据中有 3 个类别，所以需要对该数据进行处理，将类别 1 和类别 2 归为一类，以得到两个类别的数据（类别 0 和合并的类别）。

```
#导入数据
iris = load_iris()
X = iris.data[:, :2]
y = (iris.target != 0) * 1
```

1) 划分训练集、测试集

训练集用于训练模型，测试集用于评估模型的性能。此处使用 sklearn 中的 train_test_split 方法来实现数据集划分。

```
#划分训练集、测试集
X_train, X_test, y_train, y_test = train_test_split(X, y, test_size = 0.15, random_state = seed_
value)
```

2) 模型训练

接着定义一个模型对象，指定模型训练的超参数学习率和迭代次数，然后将训练数据传给模型，调用模型的 fit()方法完成训练过程。

```
#训练模型
model = LogisticRegression(learning_rate = 0.03, iterations = 1000)
model.fit(X_train, y_train)
```

3) 绘制结果

模型训练完成后可以使用代码查看训练集和测试集的准确率。

```
#结果
y_train_pred = model.predict(X_train)
y_test_pred = model.predict(X_test)
score_train = model.score(y_train_pred, y_train)
score_test = model.score(y_test_pred, y_test)
print('训练集 Accuracy: ', score_train)
print('测试集 Accuracy: ', score_test)
```

4) 可视化决策边界

为了可视化模型的分类结果，可利用以下代码绘制决策边界，查看模型的分类效果。

```
#可视化决策边界
plt.rcParams['font.sans-serif'] = ['SimHei']        #显示中文
plt.rcParams['axes.unicode_minus'] = False
x1_min, x1_max = X[:, 0].min() - 0.5, X[:, 0].max() + 0.5
x2_min, x2_max = X[:, 1].min() - 0.5, X[:, 1].max() + 0.5
xx1, xx2 = np.meshgrid(np.linspace(x1_min, x1_max, 100), np.linspace(x2_min, x2_max, 100))
Z = model.predict(np.c_[xx1.ravel(), xx2.ravel()])
Z = Z.reshape(xx1.shape)
plt.contourf(xx1, xx2, Z, cmap = plt.cm.Spectral)
plt.scatter(X[:, 0], X[:, 1], c = y, cmap = plt.cm.Spectral)
plt.xlabel("鸢尾花的长")
plt.ylabel("鸢尾花的宽")
plt.show()
```

运行程序，输出如下，鸢尾花分类如图 8-12 所示。

```
Loss after iteration 0: 0.8596456262581383
Loss after iteration 10: 0.4752963130305963
Loss after iteration 20: 0.4602342626481633
Loss after iteration 30: 0.4503961824713643
...
```

```
Loss after iteration 970: 0.15682600080364173
Loss after iteration 980: 0.15586816774413
Loss after iteration 990: 0.15492420587152889
训练集 Accuracy: 1.0
测试集 Accuracy: 0.9565217391304348
```

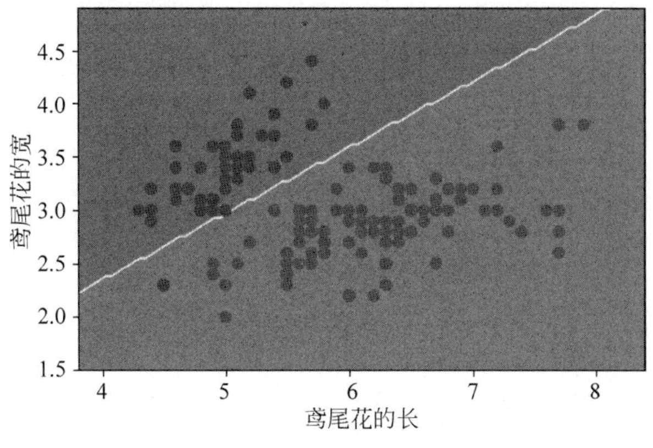

图 8-12　鸢尾花分类

8.5　傅里叶变换

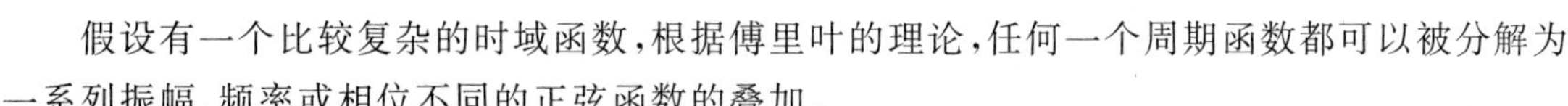

假设有一个比较复杂的时域函数，根据傅里叶的理论，任何一个周期函数都可以被分解为一系列振幅、频率或相位不同的正弦函数的叠加。

$$y = A_1\sin(w_1 t_1 + \theta_1) + A_2\sin(w_2 t + \theta_2) + A_3\sin(w_3 t + \theta_3)$$

该信号在频域由 3 条竖线组成，这个由 3 条竖线组成的竖线图为频谱图。

傅里叶变换(Fourier Transform，FT)可以把一个比较复杂的函数转换为多个简单函数的叠加，将时域(即时间域)上的信号转变为频域(即频率域)上的信号，看问题的角度也从时间域转到了频率域，因此在时域中某些不好处理的地方，在频域就可以较为简单地处理，这就可以大量减少处理信号的计算量。傅里叶变换主要用于以下两方面。

- 把时域复杂的函数转换到频域，因为在频域它就是几条竖线。
- 求解微分方程，傅里叶变换可以让微分和积分在频域中变为乘法和除法。

8.5.1　傅里叶变换相关函数

假设输入信号的函数为

$$S = 0.3 + 0.8\sin\left(2\pi \times 50t + \frac{20}{180}\pi\right) + 0.3\cos\left(2\pi \times 100t + \frac{70}{180}\pi\right)$$

可以发现信号的直流分量是 0.3，并且信号是正余弦信号的叠加，正余弦函数的幅值分别为 0.8 和 0.3，频率分别为 50 和 100，初相位分别为 20°和 70°。

reqs=np.fft.fftfreq(n,d)通过采样数量(n)与采样周期(d)得到时域序列(原序列)，经过傅里叶变换 np.fft.fft 得到频率序列。原函数值的序列经过快速傅里叶变换 np.fft.ifft 得到一个复数数组(复数序列)，复数的模代表的是振幅，复数的辐角代表初相位，复数数组经过逆向傅里叶变换得到合成的函数值数组。

【例 8-13】 针对合成波做快速傅里叶变换，得到分解波数组的频率、振幅、初相位数组，并绘制频域图像。

```
import matplotlib.pyplot as plt
import numpy as np
import numpy.fft as fft

plt.rcParams['font.sans-serif'] = ['SimHei']                    #用来正常显示中文标签
plt.rcParams['axes.unicode_minus'] = False                      #用来正常显示符号

Fs = 1000;                                                       #采样频率
T = 1/Fs;                                                        #采样周期
L = 1000;                                                        #信号长度
t = [i * T for i in range(L)]
t = np.array(t)
S = 0.3 + 0.8 * np.sin(2 * np.pi * 50 * t + 20/180 * np.pi) + 0.3 * np.cos(2 * np.pi * 100 * t + 70/
180 * np.pi) ;

complex_array = fft.fft(S)
print('复数组大小:',complex_array.shape)
print('复数组类型:',complex_array.dtype)
print('显示复数组第2值:',complex_array[1])

plt.subplot(311)
plt.grid(linestyle = ':')
plt.plot(1000 * t[1:51], S[1:51], label = 'S')                  #S是1000个相加后的正弦序列
plt.xlabel("t(毫秒)")
plt.ylabel("S(t)幅值")
plt.title("叠加信号图")
plt.legend()

plt.subplot(312)
S_ifft = fft.ifft(complex_array)
#S_ifft是ifft后的序列
plt.plot(1000 * t[1:51], S_ifft[1:51], label = 'S_ifft', color = 'orangered')
plt.xlabel("t(毫秒)")
plt.ylabel("S_ifft(t)幅值")
plt.title("ifft图")
plt.grid(linestyle = ':')
plt.legend()

#得到分解波的频率序列
freqs = fft.fftfreq(t.size, t[1] - t[0])
#复数的模为信号的振幅(能量大小)
pows = np.abs(complex_array)

plt.subplot(313)
plt.title('FFT,频谱图')
plt.xlabel('Frequency 频率')
plt.ylabel('Power 功率')
plt.tick_params(labelsize = 10)
plt.grid(linestyle = ':')
plt.plot(freqs[freqs > 0], pows[freqs > 0], 'm', label = 'Frequency')
plt.legend()
plt.tight_layout()
plt.show()
```

运行程序，输出如下，频域图像如图8-13所示。

```
复数组大小：(1000,)
复数组类型：complex128
```

显示复数组第 2 值: (-2.569826040515986e-14+2.211013490442952e-13j)

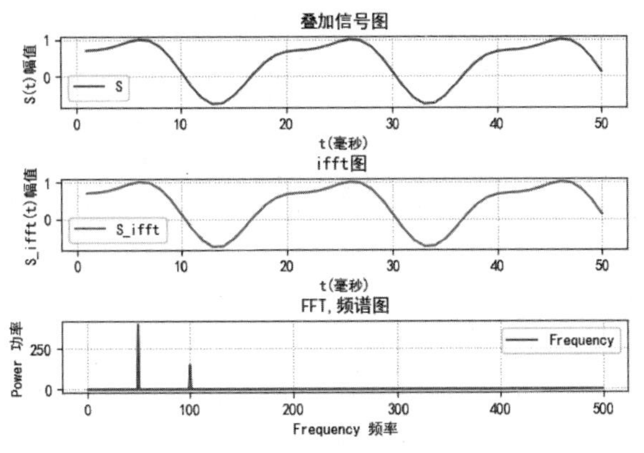

图 8-13 频域图像

8.5.2 基于傅里叶变换的频域滤波

从某条曲线中去除一些特定的频率成分,在工程上称为"滤波"。含噪信号是高能信号与低能噪声叠加的信号,可以通过傅里叶变换的频域滤波实现降噪。通过快速傅里叶变换(Fast Fourier Transform,FFT)使含噪信号转换为含噪频谱,去除低能噪声频谱,留下高能频谱后再通过快速傅里叶逆变换(IFFT)留下高能信号。

【例 8-14】 采用基于傅里叶变换的频域滤波为音频文件去除噪声。

(1) 读取音频文件,获取音频文件基本信息:采样个数、采样周期以及每个采样的声音信号值。绘制音频时域的时间/位移图像。

```
import numpy as np
import numpy.fft as nf
import scipy.io.wavfile as wf
import matplotlib.pyplot as plt
#显示中文
plt.rcParams['font.sans-serif'] = ['SimHei']
plt.rcParams['axes.unicode_minus'] = False
#读取音频文件
sample_rate, noised_sigs = wf.read('hegrenade-1.wav')
print(sample_rate) #sample_rate:采样率 44100
print(noised_sigs.shape) # noised_sigs:存储音频中每个采样点的采样位移(220500,)
times = np.arange(noised_sigs.size) / sample_rate
plt.figure('滤波')
plt.title('时域')
plt.ylabel('信号')
plt.tick_params(labelsize=10)
plt.grid(linestyle=':')
plt.plot(times[:178], noised_sigs[:178], c='orangered', label='噪声')
plt.legend()
plt.show()
```

运行程序,输出如下,时域图如图 8-14 所示。

```
22050
(71778,)
```

(2) 基于傅里叶变换,获取音频频域信息,绘制音频频域的频率/能量图像。

```
#傅里叶变换后,绘制频域图像
freqs = nf.fftfreq(times.size, times[1] - times[0])
```

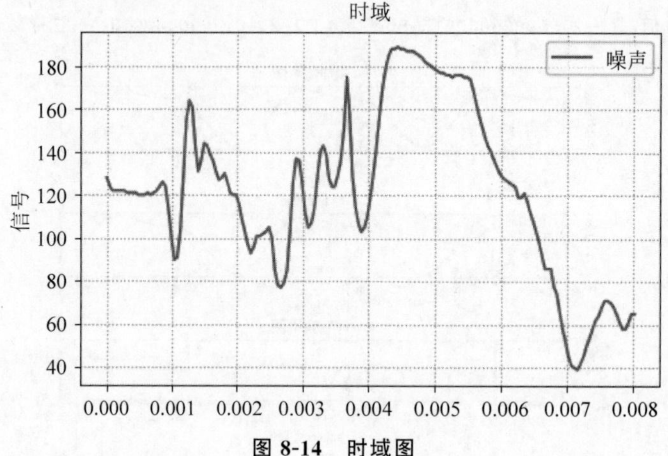

图 8-14　时域图

```
complex_array = nf.fft(noised_sigs)
pows = np.abs(complex_array)

plt.title('频域')
plt.ylabel('能量')
plt.tick_params(labelsize = 10)
plt.grid(linestyle = ':')
#指数增长坐标画图
plt.semilogy(freqs[freqs > 0], pows[freqs > 0], c = 'limegreen', label = '噪声')
plt.legend()
plt.show()
```

运行程序,频域图如图 8-15 所示。

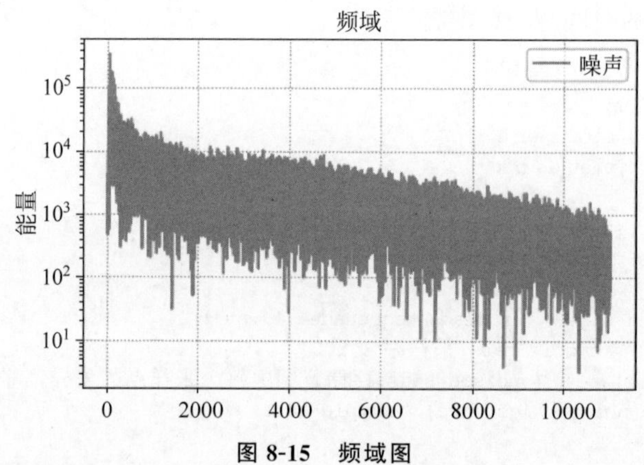

图 8-15　频域图

(3) 将低频噪声去除后绘制音频频域的频率/能量图像。

```
#寻找能量最大的频率值
fund_freq = freqs[pows.argmax()]
#where 函数寻找那些需要抹掉的复数的索引
noised_indices = np.where(freqs != fund_freq)
#复制一个复数数组的副本,避免污染原始数据
filter_complex_array = complex_array.copy()
filter_complex_array[noised_indices] = 0
filter_pows = np.abs(filter_complex_array)

plt.xlabel('频率')
plt.ylabel('能量')
plt.tick_params(labelsize = 10)
plt.grid(linestyle = ':')
```

```
plt.plot(freqs[freqs >= 0], filter_pows[freqs >= 0], c = 'dodgerblue', label = '滤波')
plt.legend()
plt.show()
```

运行程序，频率图如图 8-16 所示。

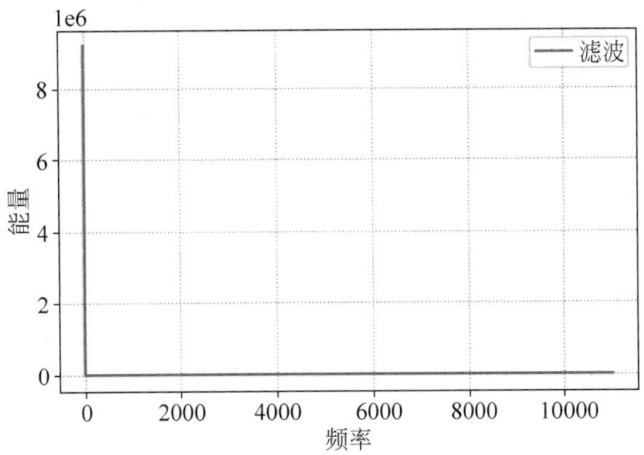

图 8-16　频率图

(4) 基于傅里叶逆变换，生成新的音频信号，绘制音频时域的时间/位移图像。

```
filter_sigs = nf.ifft(filter_complex_array).real
plt.xlabel('时间')
plt.ylabel('信号')
plt.tick_params(labelsize = 10)
plt.grid(linestyle = ':')
plt.plot(times[:178], filter_sigs[:178], c = 'hotpink', label = '滤波')
plt.legend()
plt.show()
```

运行程序，时间/位移图像如图 8-17 所示。

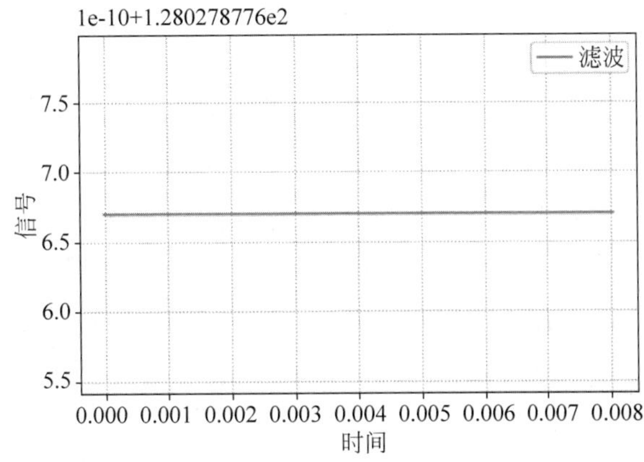

图 8-17　时间/位移图像

(5) 重新生成音频文件。

```
#生成音频文件
wf.write('filter.wav', sample_rate, filter_sigs)
```

8.5.3　离散傅里叶变换

离散傅里叶变换(Discrete Fourier Transform，DFT)对有限长时域离散信号的频谱进行等间隔采样，频域函数被离散化了，便于用计算机对信号进行处理。DFT 的运算量太大，FFT

是离散傅里叶变换的快速算法。

DFT 算法表达式为

$$X(w)=\sum_{n}x(n)\mathrm{e}^{-\mathrm{i}w_n}$$

其中，$x(n)$为时序信号离散序列；$X(w)$表示频域信号离散序列。

【例 8-15】 实现离散傅里叶变换。

```
#导入需要的包
import numpy as np
import matplotlib.pyplot as plt
from scipy.fftpack import fft, ifft

"""自定义实现 DFT 函数"""
def myDFT(ys, k, N, fs):
    '''
     ys:离散时域信号
     k:频域索引
     N:采样点数
     fs:采样信号
     '''
    Xk = []
    for i in range(k):
        X = 0. + 0j
        for j in range(N):
            X += ys[j] * (np.cos(2 * np.pi/N * j * i) - 1j * np.sin(2 * np.pi/N * j * i))
        Xk.append(X)
    A = abs(np.array(Xk))                               #计算模值
    amp_x= A / N * 2                                    #纵坐标变换
    label_x = np.linspace(0, int(N / 2) - 1, int(N / 2)) #生成频率坐标
    amp = amp_x[0:int(N / 2)]                           #选取前半段计算结果即可,幅值对称
    fs = fs                                             #计算采样频率
    fre = label_x / N * fs                              #频率坐标变换
    return Xk, A, amp, fre

"""使用 scipy.fftpack 的 fft 用于比较,验证自定义实现的 DFT 算法的正确性"""
#简单定义一个 FFT 函数
def myfft(x, t, fs):
    fft_x = fft(x)                                      #fft 计算
    amp_x = abs(fft_x)/len(x) * 2                       #纵坐标变换 abs:求模长
    label_x = np.linspace(0,int(len(x)/2) - 1,int(len(x)/2))     #生成频率坐标
    amp = amp_x[0:int(len(x)/2)]                        #选取前半段计算结果即可,幅值对称
    # amp[0] = 0                                        #可选择是否去除直流量信号
    fre = label_x/len(x) * fs                           #频率坐标变换
    pha = np.unwrap(np.angle(fft_x))                    #计算相位角并去除 2pi 跃变
    return amp,fre,pha                                  #返回幅度和频率

"""生成一个信号用于验证"""
Ts = 1                                                  #采样时间
fs = 1400                                               #采样频率
N = Ts * fs                                             #采样点数
#在 Ts 内采样 N 个点
xs = np.linspace(0, Ts, int(N))

#生成的采样信号是 180Hz、390Hz 和 600Hz 的正弦波叠加
ys = 7.0 * np.sin(2 * np.pi * 180 * xs) + 2.8 * np.sin(2 * np.pi * 390 * xs) + 5.1 * np.sin(2 * np
.pi * 600 * xs)
```

```
amp, fre, pha = myfft(ys, xs, fs) # 调用 scipy.fftpack 里的 fft
Xk, A, amp2, fre2 = myDFT(ys, int(N), int(N), fs)

# 显示中文
plt.rcParams['font.sans-serif'] = ['SimHei']
plt.rcParams['axes.unicode_minus'] = False
# 绘图
plt.subplot(221)
plt.plot(xs, ys)
plt.title('原信号')
plt.xlabel('时间/ s')
plt.ylabel('强度/ cd')

# 傅里叶逆变换
ys390 = 2.8 * np.sin(2 * np.pi * 390 * xs)
H = np.zeros((int(N)))
H[390 - 50:390 + 50] = 1
H[1400 - 390 - 50:1400 - 390 + 50] = 1                    # 获取 390Hz 附近的频率
IFFT = ifft(H * Xk)
plt.subplot(223)
plt.plot(xs, IFFT, alpha = 0.75, color = 'r')
plt.plot(xs, ys390, alpha = 0.75, color = 'g')
plt.legend(['IFFT', 'ys390'])
plt.title('IFFT 滤波')

plt.subplot(222)
plt.plot(fre, amp)
plt.title("fft 的幅频曲线")
plt.ylabel('幅频/ a.u.')
plt.xlabel('频率/ Hz')
plt.subplot(224)
plt.plot(fre2, amp2)
plt.title("myDFT 的幅频曲线")
plt.ylabel('DFT 幅频/a.u.')
plt.xlabel('DFT 频率 /Hz')
plt.show()
```

运行程序，离散傅里叶变换效果如图 8-18 所示。

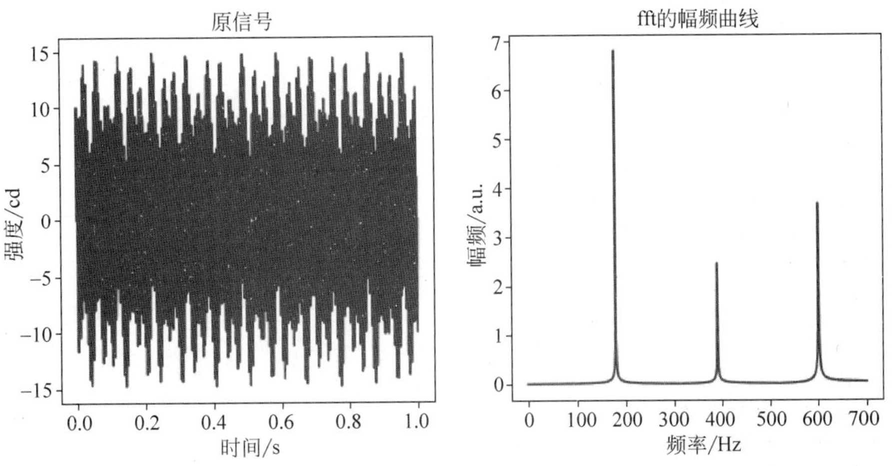

图 8-18 离散傅里叶变换效果

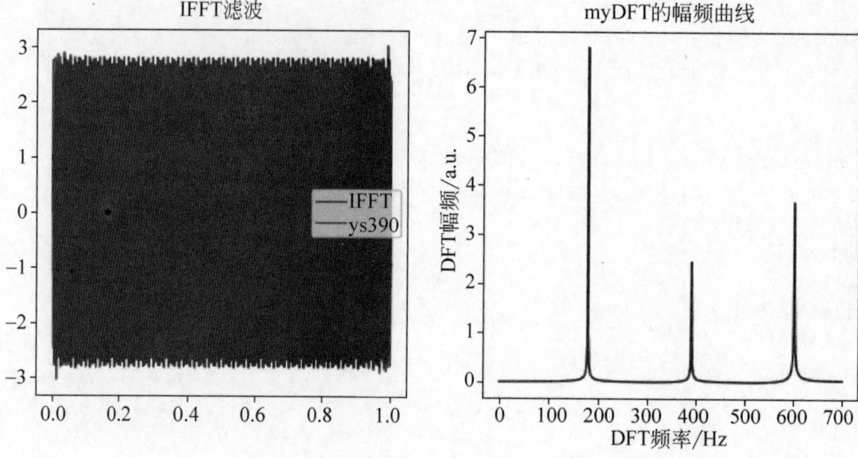

图 8-18 （续）

8.5.4 短时傅里叶变换

短时傅里叶变换(Short-Time Fourier Transform,STFT)是在傅里叶变换的基础上进行了加窗处理,这样就有了对非平稳信号的处理能力,强化了特征提取能力。其相应公式为

$$X(n,w)=\sum_{m=-\infty}^{\infty}x(m)w(n-m)\mathrm{e}^{-\mathrm{j}w_m}$$

式中,$x(m)$为输入信号；$w(m)$为窗函数,它在时间上翻转并且有 n 个样本的偏移量；$X(n,w)$是定义在样本(时间)和频率上的二维函数。

【例 8-16】 短时傅里叶变换实例演示。

```
import matplotlib.pyplot as plt
import numpy as np
from scipy.fftpack import fft, ifft
from scipy.signal import stft
#设置参数值
fs = 1000
N = 1000
k = np.arange(2000)
frq = k * fs/N
frq1 = frq[range(int(N/2))]
#创建信号
t = np.linspace(0, 1 - 1/fs, fs)
x = np.linspace(0, 4000, 4000)
y1 = 100 * np.cos(2 * np.pi * 100 * t)
y2 = 200 * np.cos(2 * np.pi * 200 * t)
y3 = 300 * np.cos(2 * np.pi * 300 * t)
y4 = 400 * np.cos(2 * np.pi * 400 * t)
y = np.append(y1, y2)
yy = np.append(y3, y4)
yyy = np.append(y, yy)

#显示中文
plt.rcParams['font.sans - serif'] = ['SimHei']
plt.rcParams['axes.unicode_minus'] = False
#画原始图
plt.plot(131)
plt.plot(x, yyy)
```

```
plt.xlabel('时间')
plt.ylabel('幅频')
plt.title("数据")
plt.show()

data_f = abs(np.fft.fft(y1))/N
data_f1 = data_f[range(int(N/2))]
plt.plot(frq1, data_f1)

data_ff = abs(np.fft.fft(y2))/N
data_f2 = data_ff[range(int(N/2))]
plt.plot(frq1, data_f2, 'red')

data_fff = abs(np.fft.fft(y3))/N
data_f3 = data_fff[range(int(N/2))]
plt.plot(frq1, data_f3, 'k')

data_ffff = abs(np.fft.fft(y4))/N
data_f4 = data_ffff[range(int(N/2))]
plt.plot(frq1, data_f4, 'b')

plt.xlabel('频率/Hz)')
plt.ylabel('幅频')
plt.title("频谱图")
plt.show()

window = 'hann' #汉宁窗
#frame 长度
n = 256
#STFT
f, t, Z = stft(yyy, fs = fs, window = window, nperseg = n)
#求幅值
Z = np.abs(Z)
plt.pcolormesh(t, f, Z, vmin = 0, vmax = Z.mean() * 10)
plt.show()


#反着画
k1 = np.append(y4, y3)
k2 = np.append(y2, y1)
k = np.append(k1, k2)
plt.plot(x, k)
plt.xlabel('时间')
plt.ylabel('幅频')
plt.title("数据")
plt.show()

data_f = abs(np.fft.fft(y1))/N
data_f1 = data_f[range(int(N/2))]
plt.plot(frq1, data_f1)

data_ff = abs(np.fft.fft(y2))/N
data_f2 = data_ff[range(int(N/2))]
plt.plot(frq1, data_f2, 'red')

data_fff = abs(np.fft.fft(y3))/N
data_f3 = data_fff[range(int(N/2))]
```

```
plt.plot(frq1, data_f3, 'k')

data_ffff = abs(np.fft.fft(y4))/N
data_f4 = data_ffff[range(int(N/2))]
plt.plot(frq1, data_f4, 'b')

plt.xlabel('频率/Hz)')
plt.ylabel('幅频')
plt.title("频谱图")
plt.show()

window = 'hann'
#frame 长度
n = 256
#STFT
f, t, Z = stft(k, fs = fs, window = window, nperseg = n)
#求幅值
Z = np.abs(Z)
plt.pcolormesh(t, f, Z, vmin = 0, vmax = Z.mean() * 10)
plt.show()
```

运行程序,正向画图,其原始图、频谱图及时频图如图 8-19 所示。

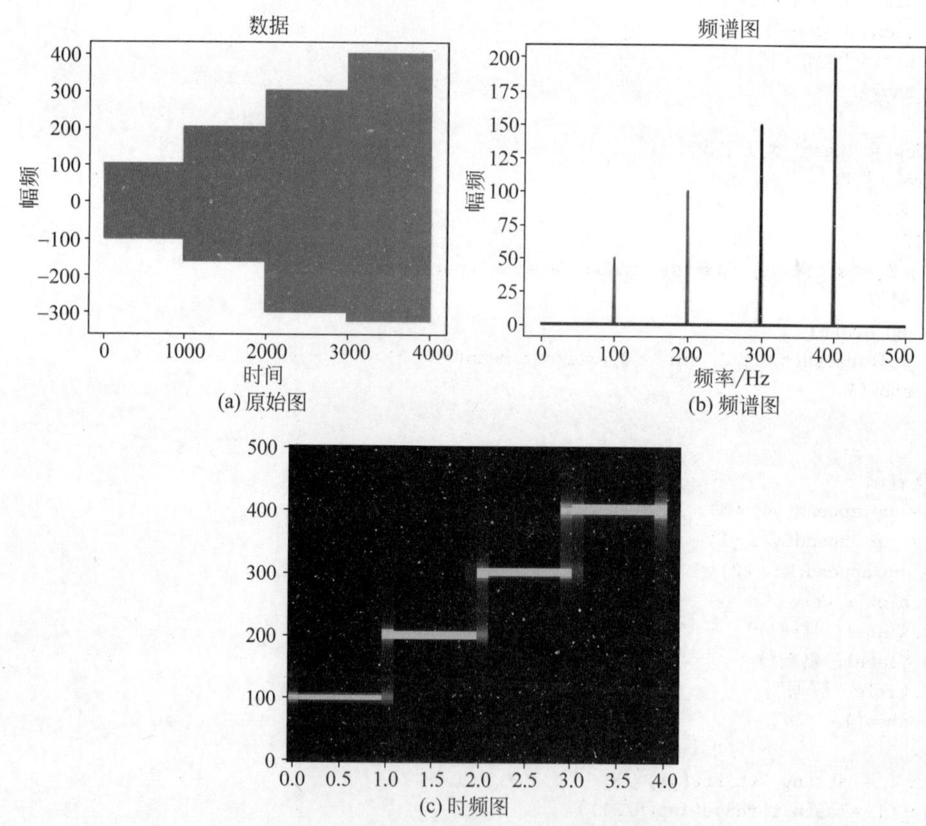

图 8-19　短时傅里叶变换正向画图的时频图

反向画图,其原始图、频谱图及时频图如图 8-20 所示。

对图 8-19 及图 8-20 进行对比可知,FFT 只能看出两个信号数据的频率分布,并不能区分两个信号,而时频图可以,说明 STFT 对信号有更深的理解。

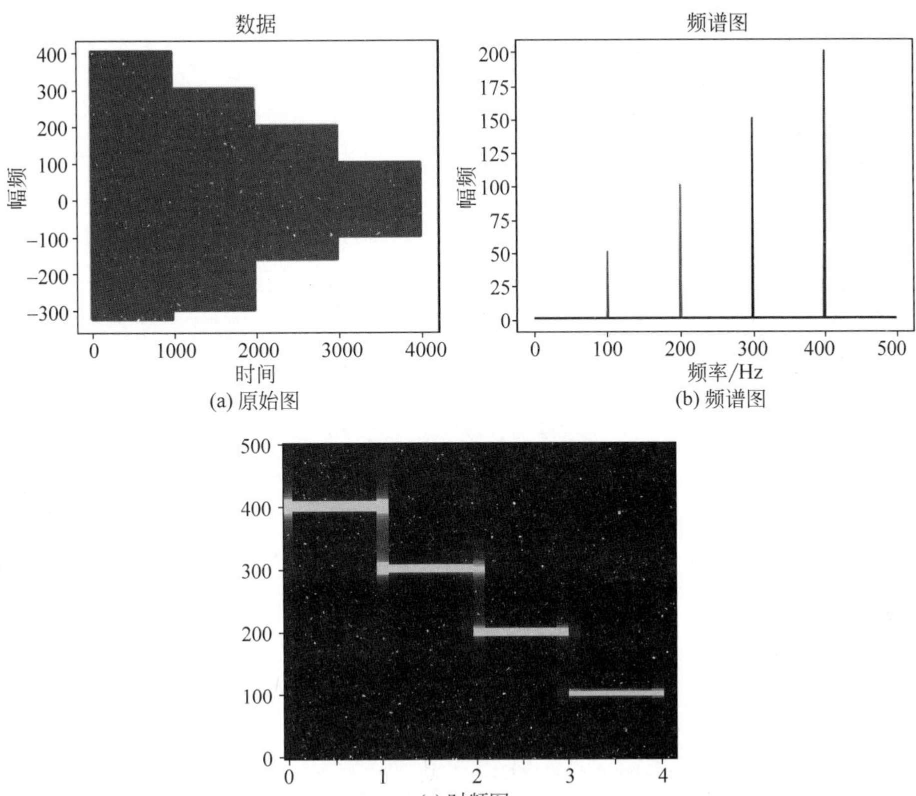

(a) 原始图 (b) 频谱图 (c) 时频图

图 8-20 短时傅里叶变换反向画图的时频图

8.6 聚类算法

聚类是一个将数据集中在某些方面相似的数据成员进行分类组织的过程,聚类就是一种发现这种内在结构的算法,聚类算法经常被称为无监督学习。

8.6.1 k 均值聚类算法

k 均值(k-Means)算法的思想是,对于给定的样本集,按照样本间的距离大小,将样本集划分为 k 个簇。让簇内的点尽量紧密地连在一起,而簇间的距离尽量地大。

如果用数据表达式表示,假设簇划分为$(C_1,C_2,\cdots,C_k)$,则目标是最小化平方误差 E:

$$E=\sum_{i=1}^{k}\sum_{x\in C_i}\|x-\mu_i\|_2^2$$

其中,μ_i 是簇 C_i 的均值向量,有时也称为质心,表达式为

$$\mu_i=\frac{1}{|C_i|}\sum_{x\in C_i}x$$

图像分割(image segmentation)技术是计算机视觉领域的一个重要的研究方向,是图像语义理解的重要一环。图像分割是指将图像分成若干具有相似性质的区域的过程,从数学角度来看,图像分割是将图像划分成互不相交的区域的过程。

【例 8-17】 以彩色图为例进行图像分割。

```
from sklearn.cluster import KMeans
```

```
from matplotlib.image import imread
import matplotlib.pyplot as plt
#显示中文,负号
plt.rcParams['font.sans-serif'] = ['SimHei']
plt.rcParams['axes.unicode_minus'] = False
#读取图像数据
image = imread('tiger.jpeg')
#处理图像数据
X = image.reshape(-1,3)
# k-Means 聚类
segmented_imgs = []
#簇的个数
n_colors = (10,8,6,4,2)
for n_cluster in n_colors:
    #划分簇
    kmeans = KMeans(n_clusters=n_cluster,random_state=42).fit(X)
    #通过标签找到该簇的中心点
    segmented_img = kmeans.cluster_centers_[kmeans.labels_]
    segmented_imgs.append(segmented_img.reshape(image.shape))

#可视化展示
plt.figure(1,figsize=(12,8))
plt.subplot(231)
plt.imshow(image.astype('uint8'))
plt.title('原始图像')
for idx,n_clusters in enumerate(n_colors):
    plt.subplot(232+idx)
    plt.imshow(segmented_imgs[idx].astype('uint8'))
    plt.title('{}颜色'.format(n_clusters))
#显示图像
plt.show()
```

运行程序,k 均值聚类图像分割效果如图 8-21 所示。

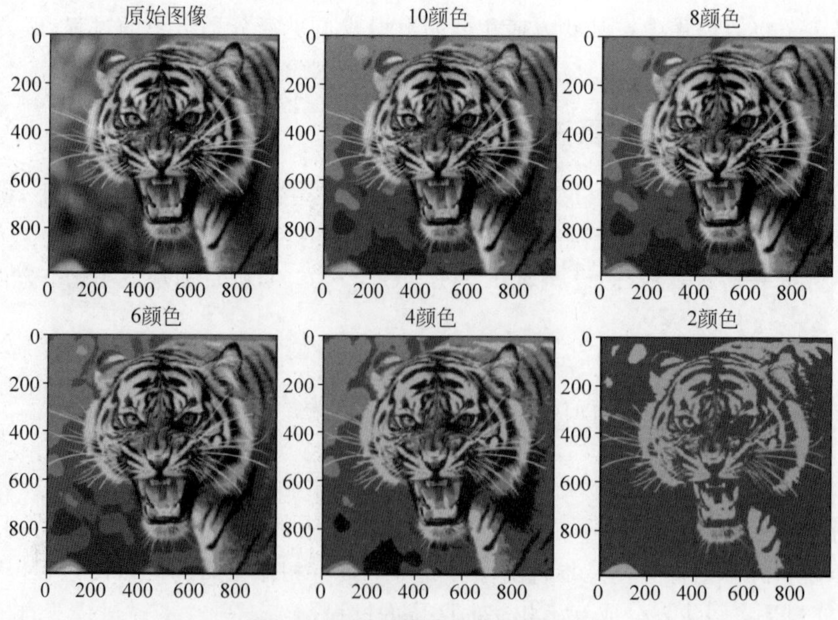

图 8-21　k 均值聚类图像分割效果

8.6.2 向量量化

向量量化是指将若干标量数据组成一个向量在多维空间进行整体量化，从而可以在信息量损失较小的情况下压缩数据量。向量量化有效地应用了向量中各元素之间的相关性，因此与标量量化相比有更好的压缩效果。

设有 N 个 K 维特征向量 $\boldsymbol{X}=\{\boldsymbol{X}_1,\boldsymbol{X}_2,\cdots,\boldsymbol{X}_N\}$（$\boldsymbol{X}$ 在 K 维欧几里得空间 $\mathbf{R}^K$ 中），其中第 i 个向量可记为

$$\boldsymbol{X}_i=\{x_1,x_2,\cdots,x_K\},\quad i=1,2,\cdots,N$$

$\boldsymbol{X}_i$ 可看作数据信号中某帧参数组成的向量。将 K 维欧几里得空间 $\mathbf{R}^K$ 无遗漏地划分成 J 个互不相交的子空间 $\mathbf{R}_1,\mathbf{R}_2,\cdots,\mathbf{R}_J$，即满足

$$\begin{cases}U_{j=1}^{J}\mathbf{R}_j=\mathbf{R}^K \\ \mathbf{R}_i\cap\mathbf{R}_j=\phi,\quad i\neq j\end{cases}$$

这些子空间 $\mathbf{R}_j$ 称为胞腔。在每一个子空间 $\mathbf{R}_j$ 找一个代表向量 $\mathbf{Y}_j$，则 J 个代表向量可以组成向量集：

$$\boldsymbol{Y}=\{\boldsymbol{Y}_1,\boldsymbol{Y}_2,\cdots,\boldsymbol{Y}_J\}$$

这样，$\boldsymbol{Y}$ 就组成了一个向量量化器，称为码书或码本；$\boldsymbol{Y}_j$ 称为码字；$\boldsymbol{Y}$ 内向量的个数 J 称为码本长度或码本尺寸。不同的划分或不同的代表向量选取方法可以构成不同的向量量化器。

当向量量化器输入一个任意向量 $\boldsymbol{X}_i\in\mathbf{R}^K$ 进行向量量化时，向量量化器首先判断它属于哪个子空间 $\mathbf{R}_j$，然后输出该子空间 $\mathbf{R}_j$ 中的代表向量 $\boldsymbol{Y}_j$。也就是说，向量量化过程就是用 $\boldsymbol{Y}_j$ 代表 $\boldsymbol{X}_i$ 的过程，或者说把 $\boldsymbol{X}_i$ 量化成 $\boldsymbol{Y}_j$ 的过程，即

$$\boldsymbol{Y}_j=Q(\boldsymbol{X}_i),\quad 1\leqslant j\leqslant J;\quad 1\leqslant i\leqslant N$$

式中，$Q(\boldsymbol{X}_i)$ 为量化器函数。由此可知，向量量化的全过程就是完成一个从 K 维欧几里得空间 $\mathbf{R}^K$ 中的向量 $\boldsymbol{X}_i$ 到 K 维空间 $\mathbf{R}^K$ 中的有限子集 $\boldsymbol{Y}$ 的映射：

$$Q:\mathbf{R}^K\supset\boldsymbol{X}\rightarrow\boldsymbol{Y}=\{\boldsymbol{Y}_1,\boldsymbol{Y}_2,\cdots,\boldsymbol{Y}_J\}$$

【例 8-18】 利用向量量化对图像进行量化。

```
import numpy as np
import scipy as sp
import matplotlib.pyplot as plt
from sklearn import cluster

try: #SciPy >= 0.16
    from scipy.misc import face
    face = face(gray = True)
except ImportError:
    face = sp.face(gray = True)

n_clusters = 5
np.random.seed(0)
X = face.reshape((-1, 1)) #需要一个(n_sample, n_feature)数组
k_means = cluster.KMeans(n_clusters = n_clusters, n_init = 4)
k_means.fit(X)
values = k_means.cluster_centers_.squeeze()
labels = k_means.labels_

#根据标签和值创建阵列
```

```
face_compressed = np.choose(labels, values)
face_compressed.shape = face.shape
vmin = face.min()
vmax = face.max()

#原始脸部
plt.figure(1, figsize=(3, 2.2))
plt.imshow(face, cmap=plt.cm.gray, vmin=vmin, vmax=256)

#压缩脸部
plt.figure(2, figsize=(3, 2.2))
plt.imshow(face_compressed, cmap=plt.cm.gray, vmin=vmin, vmax=vmax)

#相等的脸部
regular_values = np.linspace(0, 256, n_clusters + 1)
regular_labels = np.searchsorted(regular_values, face) - 1
regular_values = 0.5 * (regular_values[1:] + regular_values[:-1]) # mean
regular_face = np.choose(regular_labels.ravel(), regular_values, mode="clip")
regular_face.shape = face.shape
plt.figure(3, figsize=(3, 2.2))
plt.imshow(regular_face, cmap=plt.cm.gray, vmin=vmin, vmax=vmax)

#直方图
plt.figure(4, figsize=(3, 2.2))
plt.clf()
plt.axes([0.01, 0.01, 0.98, 0.98])
plt.hist(X, bins=256, color=".5", edgecolor=".5")
plt.yticks(())
plt.xticks(regular_values)
values = np.sort(values)
for center_1, center_2 in zip(values[:-1], values[1:]):
    plt.axvline(0.5 * (center_1 + center_2), color="b")
for center_1, center_2 in zip(regular_values[:-1], regular_values[1:]):
    plt.axvline(0.5 * (center_1 + center_2), color="b", linestyle="--")
plt.show()
```

运行程序,向量量化效果如图 8-22 所示。

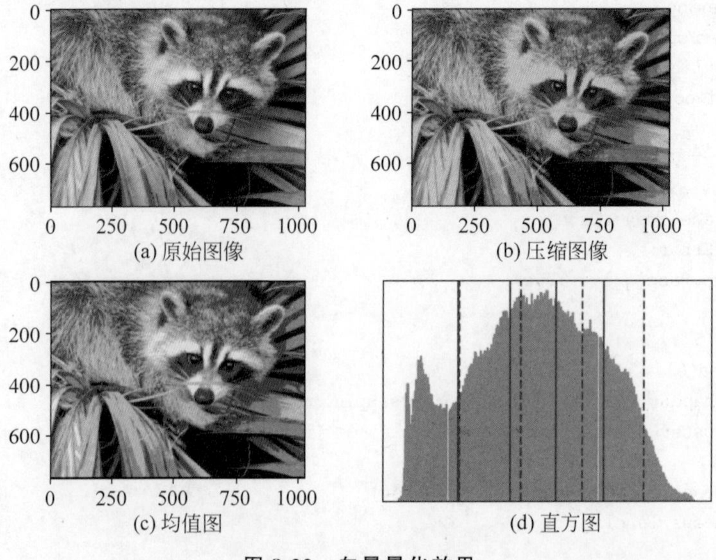

(a) 原始图像

(b) 压缩图像

(c) 均值图

(d) 直方图

图 8-22 向量量化效果

8.6.3　层次聚类

层次聚类(hierarchical clustering)是流行的无监督学习算法之一。层次聚类所做的就是找到数据集中具有相似属性的元素,并将它们组合在一个集群中,最后得到一个单一的大集群,其主要元素是数据点的集群或其他集群的集群。

1. 层次聚类的合并算法

层次聚类的合并算法通过计算两类数据点间的相似性,对所有数据点中最为相似的两个数据点进行组合,并反复迭代这一过程。简单地说,层次聚类的合并算法首先计算每一个类别的数据点与所有数据点之间的距离确定它们之间的相似性,距离越小,相似度越高。然后将距离最近的两个数据点或类别进行组合,生成聚类树。

两个数据点组合后,用一个新的代表点替换原有的两个数据点,再进行下次组合。其中距离可以使用曼哈顿距离、欧几里得距离或皮尔徐相似度进行计算。

距离的度量包含以下 4 种方式。

(1) 最小距离(单链(MIN)):定义簇的邻近度为不同两个簇的两个最近的点之间的距离。

(2) 最大距离(全链(MAX)):定义簇的邻近度为不同两个簇的两个最远的点之间的距离。

(3) 平均距离(组平均):定义簇的邻近度为取自两个不同簇的所有点对邻近度的平均值。

(4) 均值距离(Ward 方法的接近函数):质心方法通过计算集群的质心之间的距离来计算两个簇的接近度。对于 Ward 方法来说,两个簇的接近度指的是当两个簇合并时产生的平方误差的增量。

图 8-23 展示了常见的几种距离。

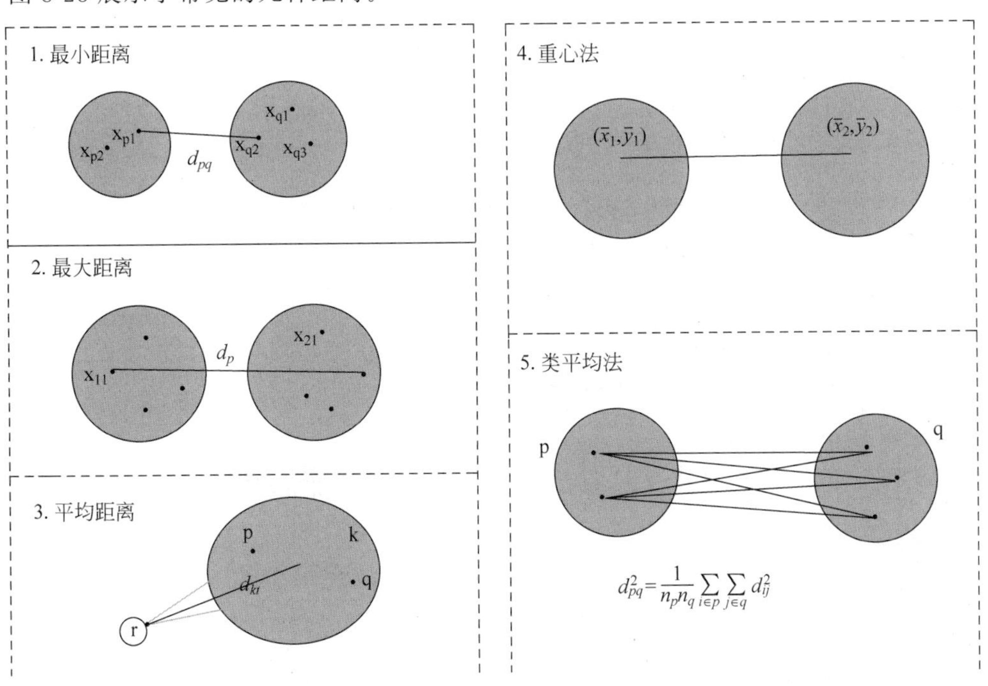

图 8-23　常见的几种距离

2. 层次聚类树状图

将前面每一步的计算结果以树状图的形式展现出来就是层次聚类树。最底层是原始A到G的7个数据点。依照7个数据点间的相似度组合为聚类树的第二层(A,F),(B,C),(D,E)和G。以此类推生成完整的层次聚类树状图,如图8-24所示。

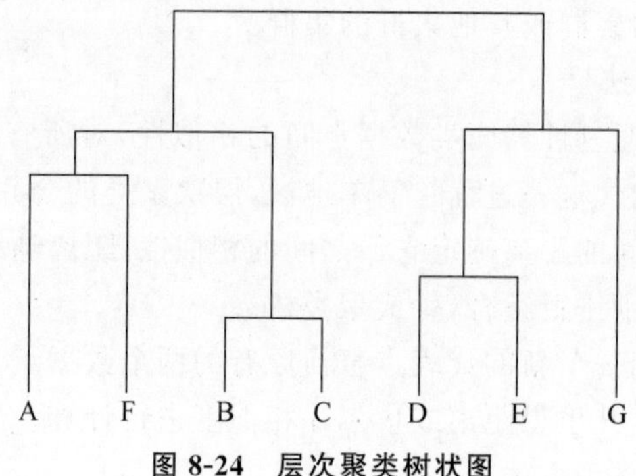

图 8-24 层次聚类树状图

3. 实现层次聚类

下面通过实例来演示层次聚类的Python实现。

【例 8-19】 利用层次聚类对西瓜的密度与含糖量进行聚类分析。

```
import math
import pylab as pl
#数据集:每3个为一组,分别是西瓜的编号、密度、含糖量
data = """
1,0.697,0.46,2,0.774,0.376,3,0.634,0.264,4,0.608,0.318,5,0.556,0.215,
6,0.403,0.237,7,0.481,0.149,8,0.437,0.211,9,0.666,0.091,10,0.243,0.267,
11,0.245,0.057,12,0.343,0.099,13,0.639,0.161,14,0.657,0.198,15,0.36,0.37,
16,0.593,0.042,17,0.719,0.103,18,0.359,0.188,19,0.339,0.241,20,0.282,0.257,
21,0.748,0.232,22,0.714,0.346,23,0.483,0.312,24,0.478,0.437,25,0.525,0.369,
26,0.751,0.489,27,0.532,0.472,28,0.473,0.376,29,0.725,0.445,30,0.446,0.459"""
#数据处理 dataset是30个样本(密度与含糖量)的列表
a = data.split(',')
dataset = [(float(a[i]), float(a[i+1])) for i in range(1, len(a) - 1, 3)]
#计算欧几里得距离,a,b分别为两个元组
def dist(a, b):
    return math.sqrt(math.pow(a[0] - b[0], 2) + math.pow(a[1] - b[1], 2))
#最小距离
def dist_min(Ci, Cj):
    return min(dist(i, j) for i in Ci for j in Cj)
#最大距离
def dist_max(Ci, Cj):
    return max(dist(i, j) for i in Ci for j in Cj)
#平均距离
def dist_avg(Ci, Cj):
    return sum(dist(i, j) for i in Ci for j in Cj)/(len(Ci) * len(Cj))
#找到距离最小的下标
def find_Min(M):
    min = 1000
    x = 0; y = 0
    for i in range(len(M)):
        for j in range(len(M[i])):
            if i != j and M[i][j] < min:
                min = M[i][j];x = i; y = j
    return (x, y, min)
```

```
#算法模型
def AGNES(dataset, dist, k):
    #初始化 C 和 M
    C = [];M = []
    for i in dataset:
        Ci = []
        Ci.append(i)
        C.append(Ci)
    for i in C:
        Mi = []
        for j in C:
            Mi.append(dist(i, j))
        M.append(Mi)
    q = len(dataset)
    #合并更新
    while q > k:
        x, y, min = find_Min(M)
        C[x].extend(C[y])
        C.remove(C[y])
        M = []
        for i in C:
            Mi = []
            for j in C:
                Mi.append(dist(i, j))
            M.append(Mi)
        q -= 1
    return C
#画图
def draw(C):
    colValue = ['r', 'y', 'g', 'b', 'c', 'k', 'm']
    for i in range(len(C)):
        coo_X = []          #x坐标列表
        coo_Y = []          #y坐标列表
        for j in range(len(C[i])):
            coo_X.append(C[i][j][0])
            coo_Y.append(C[i][j][1])
        pl.scatter(coo_X, coo_Y, marker = 'x', color = colValue[i % len(colValue)], label = i)
    pl.legend(loc = 'upper right')
    pl.show()
C = AGNES(dataset, dist_avg, 3)
draw(C)
```

运行程序，层次聚类效果如图 8-25 所示。

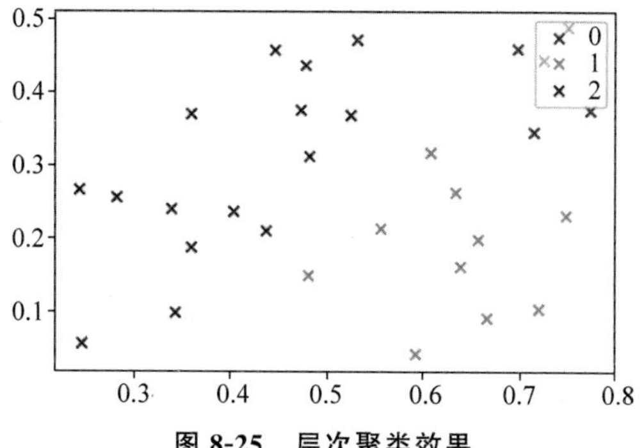

图 8-25 层次聚类效果

8.7 练习

1. 已知某企业1月、2月、3月、4月的平均职工人数分别为190人、195人、193人和201人,则该企业一季度的平均职工人数的计算方法是什么?

2. 下列属于时点数列的是( )。

A. 历年旅客周转量　　B. 某工厂每年设备台数

C. 历年商品销售量　　D. 历年牲畜存栏数

3. 某厂甲、乙两个工人班组,每班组有8名工人,每个班组每个工人的月生产量记录如下。

甲班组:20、40、60、70、80、100、120、70

乙班组:67、68、69、70、71、72、73、70

(1) 计算甲、乙两组工人的相关统计量,计算全距(最大值−最小值)、平均差、标准差、标准差系数等指标。

(2) 比较甲、乙两组平均每人的月生产量。

第9章 CHAPTER 9 数据读写与文件管理

Python 提供了非常丰富的 I/O 支持，它既提供了 pathlib 和 os. path 函数来操作各种路径，也提供了全局的 open()函数来打开文件。在打开文件后，程序既可读取文件的内容，也可向文件输出内容，且 Python 提供了多种方式来读取文件的内容，非常简单、灵活。此外，在 Python 的 os 模块下也包含了大量进行文件 I/O 的函数，使用这些函数来读取、写入文件也很方便。

Python 还提供了 temfile 模块来创建临时文件和临时目录，tempfile 模块下的高级 API 会自动管理临时文件的创建和删除：当程序不再使用临时文件和临时目录时，程序会自动删除临时文件和临时目录。

9.1 使用 pathlib 模块操作目录

pathlib 是 Python 内置库，Python 文档给它的定义是面向对象的文件系统路径(object-oriented filesystem paths)。pathlib 提供表示文件系统路径的类，其语义适用于不同的操作系统。

pathlib 不是直接访问 os 模块来操作 path 的，因此占内存少，不用考虑底层是 Linux 还是 Windows，使代码可移植性更佳。

pathlib 模块各个 class 之间的关系如图 9-1 所示。

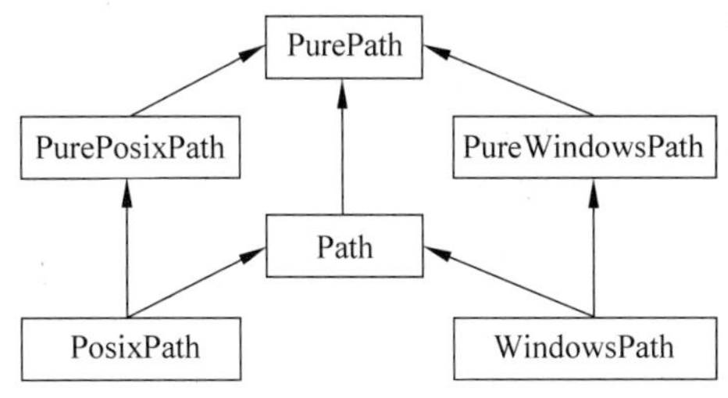

图 9-1 pathlib 模块各个 class 之间的关系

图 9-1 中，箭头连接的是有继承关系的两个类，以 PurePosixPath 和 PurePath 类为例，PurePosixPath 继承自 PurePath，即前者是后者的子类。

pathlib 模块的操作对象是各种操作系统中使用的路径，图 9-1 中包含的几个类的具体功能如下。

PurePath 类会将路径看作一个普通的字符串，它可以将多个指定的字符串拼接成适用于当前操作系统的路径格式，同时还可以判断任意两个路径是否相等。注意，使用 PurePath 操作路径时,它并不关心该路径是否真实有效。

PurePosixPath 和 PureWindowsPath 是 PurePath 的子类,前者用于操作 UNIX(包括 macOS X)风格的路径,后者用于操作 Windows 风格的路径。

Path 类和以上 3 个类不同,它操作的路径一定是真实有效的。Path 类提供了判断路径是否真实存在的方法。

PosixPath 和 Windows Path 是 Path 的子类,分别用于操作 UNIX(mac OS X)风格的路径和 Windows 风格的路径。

9.1.1 PurePath 的基本功能

在 Python 中,PurePath 类(以及 PurePosixPath 类和 PureWindowsPath 类)都提供了大量的构造方法、实例方法以及类实例属性。

1. PurePath 类构造方法

需要注意的是,在使用 PurePath 类时,考虑到操作系统的不同,如果在 UNIX 或 macOS 系统上使用 PurePath 创建对象,该类的构造方法实际返回的是 PurePosixPath 对象;反之,如果在 Windows 系统上使用 PurePath 创建对象,该类的构造方法返回的是 PureWindowsPath 对象。

当然,可以直接使用 PurePosixPath 类或者 PureWindowsPath 类创建指定操作系统使用的类对象。

例如,在 Windows 系统上执行以下语句:

```
from pathlib import *
#创建 PurePath,实际上使用 PureWindowsPath
path = PurePath('my_file.txt')
print(type(path))
```

运行程序,输出如下:

```
<class 'pathlib.PureWindowsPath'>
```

显然,在 Windows 操作系统上,使用 PurePath 类构造函数创建的是 PureWindowsPath 类对象。除此之外,PurePath 在创建对象时,也支持传入多个路径字符串,它们会被拼接成一个路径格式的字符串。例如:

```
from pathlib import *
#创建 PurePath,实际上使用 PureWindowsPath
path = PurePath('http:','c.biancheng.net','python')
print(path)
```

运行程序,输出如下:

```
http:\c.biancheng.net\python
```

由输出结果可以看出,由于计算机为 Windows 系统,因此输出的是适用于 Windows 系统的路径。如果想在 Windows 系统上输出 UNIX 风格的路径字符串,就需要使用 PurePosixPath 类。例如:

```
http:/c.biancheng.net/python
```

值得一提的是,如果在使用 PurePath 类构造方法时,不传入任何参数,则等同于传入点“.”(表示当前路径)作为参数。例如:

```
from pathlib import *
```

```
path = PurePath()
print(path)
path = PurePath('.')
print(path)
```

运行程序，输出如下：

```
.
.
```

另外，如果在传入 PurePath 构造方法的多个参数中，包含多个根路径，则只会有最后一个根路径及后面的子路径生效。例如：

```
from pathlib import *
path = PurePath('C://','D://','my_file.txt')
print(path)
```

运行程序，输出如下：

```
D:\my_file.txt
```

注意，对于 Windows 风格的路径，只有盘符（如 C、D 等）才能算根路径。如果传给 PurePath 构造方法的参数中包含多余的斜杠或者点（“.”表示当前路径），会直接被忽略（“..”不会被忽略）。例如：

```
from pathlib import *
path = PurePath('C://./my_file.txt')
print(path)
```

运行程序，输出如下：

```
C:\my_file.txt
```

PurePath 类还重载各种比较运算符，对于同种风格的路径字符串来说，可以判断是否相等，也可以比较大小（实际上就是比较字符串的大小）；对于不同种风格的路径字符串，只能判断是否相等（显然，不可能相等），但不能比较大小。例如：

```
from pathlib import *
# UNIX 风格的路径区分大小写
print(PurePosixPath('C://my_file.txt') == PurePosixPath('c://my_file.txt'))
# Windows 风格的路径不区分大小写
print(PureWindowsPath('C://my_file.txt') == PureWindowsPath('c://my_file.txt'))
```

运行程序，输出如下：

```
False
True
```

比较特殊的是，PurePath 类对象支持直接使用斜杠“/”作为多个字符串之间的连接符。例如：

```
from pathlib import *
path = PurePosixPath('C://')
print(path / 'my_file.txt')
```

运行程序，输出如下：

```
C:/my_file.txt
```

通过以上方式构建的路径，其本质上就是字符串，因此完全可以使用 str()将 PurePath 对象转换成字符串。例如：

```
from pathlib import *
# UNIX风格的路径区分大小写
path = PurePosixPath('C://','my_file.txt')
print(str(path))
```

运行程序，输出如下：

```
C:/my_file.txt
```

2. PurePath 比较运算

PurePath 对象支持各种比较运算，它们既可比较是否相等，也可以比较大小——实际上就是比较它们的路径字符串。

【例 9-1】 PurePath 对象的比较运算。

```
from pathlib import *
#比较两个 UNIX 风格的路径，区分大小写
print(PurePosixPath('info') == PurePosixPath('INFO'))      #False
#比较两个 Windows 风格的路径，不区分大小写
print(PureWindowsPath('info') == PureWindowsPath('INFO'))
#Windows 风格的路径不区分大小写
print(PureWindowsPath('INFO') in {PureWindowsPath('info')})
#UNIX 风格的路径区分大小写，所以'D:'小于'c:'
print(PurePosixPath('D:')< PurePosixPath('c:'))
#Windows 风格的路径不区分大小写，所以'(D:)'大于'c:'
print(PureWindowsPath('D:')> PureWindowsPath('c:'))
```

运行程序，输出如下：

```
False
True
True
True
True
```

不同风格的 PurePath 依然可以比较是否相等(结果总是返回 False)，但不能比较大小，否则会引发错误。例如：

```
#不同风格的路径可以判断是否相等(总不相等)
print(PureWindowsPath('python') == PurePosixPath('python'))
#不同风格的路径不能判断大小，否则会引发错误
print(PureWindowsPath('info')< PurePosixPath('info'))
```

运行程序，输出如下：

```
False
Traceback (most recent call last):
  File "C:\Program Files\Python311\a.py", line 17, in <module>
    print(PureWindowsPath('info')< PurePosixPath('info'))
TypeError: '<' not supported between instances of 'PureWindowsPath' and 'PurePosixPath'
```

3. PurePath 的属性和方法

PurePath 提供了不少属性和方法，这些属性和方法主要用于操作路径字符串。由于 PurePath 并不真正执行底层的文件操作，也不理会路径字符串在底层是否有对应的路径，因此这些操作有点类似于字符串方法。

PurePath.parts：返回路径字符串中所包含的各部分。

PurePath.drive：返回路径字符串中的驱动器盘符。

PurePath.roots：返回路径字符串中的根路径。

PurePath. anchor：返回路径字符串中的盘符和根路径。

PurePath. parents：返回当前路径的全部父路径。

PurePath. parent：返回当前路径的上一级路径，相当于 parents[0]的返回值。

PurePath. name：返回当前路径中的文件名。

PurePath. suffixes：返回当前路径中文件的所有后缀名。

PurePath. suffix：返回当前路径中文件的后缀名。相当于 suffixes 属性返回的列表的最后一个元素。

PurePath. stem：返回当前路径中的主文件名。

PurePath. as_posix()：将当前路径转换成 UNIX 风格的路径。

PurePath. as_uri()：将当前路径转换成 URI。只有绝对路径才能转换，否则会引发 ValueError。

PurePath. is_absolute()：判断当前路径是否为绝对路径。

PurePath. . joinpath(* other)：使用类似于前面介绍的斜杠运算符，将多个路径连接在一起。

PurePath. match(pattern)：判断当前路径是否匹配指定的符。

PurePath. relative_to(* other)：获取当前路径中去除基准路径后的结果。

PurePath. with_name(name)：将当前路径中的文件名替换成新的文件名。如果当前路径中没有文件名，则会引发 ValueError。

PurePath. with_suffix(suffix)：将当前路径中的文件后缀名替换成新的后缀名。如果当前路径中文件没有后缀名，则会添加新的后缀名。

【例 9-2】 测试 PurePath 的属性和方法。

```
from pathlib import Path #导入 pathlib 的 Path 类
import os
'''获取文件名'''
path = "/home/leovin/JupyterNotebookFolders/pathlib库的使用.ipynb"
p = Path(path)
print(f"获取文件名:{p.name}")          #获取文件名:pathlib库的使用.ipynb


'''获取文件前缀和后缀'''
print(f"获取前缀:{p.stem}")            #获取前缀:pathlib库的使用
print(f"获取后缀:{p.suffix}")          #获取后缀:.ipynb

'''获取文件所属的文件夹及上一级、上上一级文件夹'''
print(f"获取当前文件所属文件夹:{p.parent}")
print(f"获取上一级文件夹:{p.parent.parent}")
print(f"获取上上一级文件夹:{p.parent.parent.parent}")

'''获取文件所属的文件夹及其父文件夹'''
print(f"获取当前文件所属文件夹及其父文件夹:{p.parents}\n")
#遍历
for idx, folder_path in enumerate(p.parents):
    print(f"No.{idx}: {folder_path}")

"""文件绝对路径"""
print(f"将文件的绝对路径按照`/`进行分割,返回一个 tuple:{p.parts}\n")
#遍历
for idx, element in enumerate(p.parts):
```

```
    print(f"No.{idx}: {element}")

"""获取当前工作目录"""
path_1 = Path.cwd()
path_2 = os.getcwd()
print(f"Path.cwd(): {path_1}")
print(f"os.getcwd(): {path_2}")

"""获取用户"""
print(f"获取用户 home 路径: {Path.home()}")

"""检查目录或者文件是否存在"""
print(f"目标路径的文件是否存在: {Path('/home/leovin/JupyterNotebookFolders/xxx').exists()}")
print(f"目标路径的目录是否存在: {Path('/home/leovin/JupyterNotebookFolders').exists()}")

"""检查指定路径是否为 folder 或者 file"""
print(f"目标路径是否为文件: {Path('/home/leovin/JupyterNotebookFolders/pathlib 库的使用
.ipynb').is_file()}") # True
print(f"目标路径是否为文件夹: {Path('/home/leovin/JupyterNotebookFolders/').is_dir()}")

"""将相对路径转换为绝对路径"""
print(f"目标路径是否为文件: {Path('/home/leovin/JupyterNotebookFolders/pathlib 库的使用
.ipynb').is_file()}")
print(f"目标路径是否为文件夹: {Path('/home/leovin/JupyterNotebookFolders/').is_dir()}")

"""获取所有符合 pattern 的文件"""
pattern = "JupyterNotebookFolders/*.ipynb"
glob_generator = Path("/home/leovin/").glob(pattern)
#遍历返回的对象 -> 返回的是绝对路径
for idx, element in enumerate(glob_generator):
    print(f"No.{idx}: {element}")

"""删除文件(非目录)"""
#当前文件夹下的 txt 文件
for idx, element in enumerate(Path("./").glob("*.txt")):
    print(f"No.{idx}: {element}")
print("-" * 30)
"""
    删除指定的文件(非目录)
        1. 是真的删除而非 unlink
        2. 如果文件不存在则保存
"""
try:
    Path("./will_be_deleted.txt").unlink()
except Exception as e:
    print(f"删除文件发生错误,原因为: {e}")
#当前文件夹下的 txt 文件
for idx, element in enumerate(Path("./").glob("*.txt")):
    print(f"No.{idx}: {element}")
```

9.1.2 Path的功能和用法

Path是PurePath的子类,它除支持PurePath的各种操作、属性和方法外,还会真正访问底层的文件系统,包括判断Path对应的路径是否存在,获取Path对应路径的各种属性(如是否只读、是文件还是文件夹等),还可以对文件进行读写。

1. Path 类概述

Path 同样提供了两个子类：PosixPath 和 WindowsPath，其中前者代表 UNIX 风格的路径，后者代表 Windows 风格的路径。

Path 对象包含大量 is_xxx()方法，用于判断 Path 对应的路径是否为 xxx。Path 包含一个 exists()方法，用于判断该 Path 对应的目录是否存在。

Path 还包含一个很常用的 iterdir()方法，该方法可返回 Path 对应目录下的所有子目录和文件。此外，Path 还包含一个 glob()方法，用于获取 Path 对应目录及子目标下匹配指定模式的所有文件，借助于 glob()方法，可以非常方便地查找指定文件。

2. Path 类对应的方法

1）获取目录

Python 提供了 cwd()及 home()函数返回当前所有目录及用户主目录。例如：

```
from pathlib import Path
currentPath = Path.cwd()
homePath = Path.home()
print("文件当前所在目录：%s\n 用户主目录：%s" %(currentPath, homePath))
```

运行程序，输出如下：

```
文件当前所在目录:C:\Program Files\Python311
用户主目录:C:\Users\Administrator
```

2）创建、删除目录

Python 提供了 mkdir()及 rmdir()函数用于创建给定路径的目标及删除该目录（目录文件必须为空）。例如：

```
from pathlib import Path
currentPath = Path.cwd()
makePath = currentPath / 'python-100'
makePath.mkdir()
print("创建的目录为：%s" %(nmakePath))

from pathlib import Path
currentPath = Path.cwd()
delPath = currentPath / 'python-100'
delPath.rmdir()
print("删除的目录为：%s" %(delPath))
```

3）读写文件

Python 提供了以下相关函数用于实现文件读与写。

- Path.open(mode='r')：以 r 格式打开 Path 路径下的文件，如果文件不存在，则创建后打开。
- Path.read_bytes()：打开 Path 路径下的文件，以字节流格式读取文件内容，等同于 open 操作文件的 rb 格式。
- Path.read_text()：打开 Path 路径下的文件，以 str 格式读取文件内容，等同于 open 操作文件的 r 格式。
- Path.write_bytes()：对 Path 路径下的文件进行写操作，等同于 open 操作文件的 wb 格式。
- Path.write_text()：对 Path 路径下的文件进行写操作，等同于 open 操作文件的 w 格式。

例如：

```
from pathlib import Path
currentPath = Path.cwd()
mkPathText = currentPath / 'python - 100 - text.txt'
mkPathText.write_text('python - 100')
print("读取的文件内容为：%s" % mkPathText.read_text())
str2byte = bytes('python - 100', encoding = 'utf - 8')
mkPathByte = currentPath / 'python - 100 - byte.txt'
mkPathByte.write_bytes(str2byte)
print("读取的文件内容为：%s" % mkPathByte.read_bytes())
```

运行程序，输出如下：

```
读取的文件内容为:python - 100
读取的文件内容为:b'python - 100'
```

4）获取文件所在目录的不同部分的字段

Python 提供了以下相关函数用于获取文件所有目录的不同部分的字段。

- Path.resolve()：通过传入文件名，返回文件的完整路径。
- Path.name：可以获取文件的名字，包含后缀名。
- Path.parent：返回文件所在文件夹的名字。
- Path.stem：获取文件名，不包含后缀名。
- Path.suffix：获取文件的后缀名。
- Path.anchor：获取文件所在的盘符。

例如：

```
from pathlib import Path
txtPath = Path('python - 100.txt')
nowPath = txtPath.resolve()
print("文件的完整路径为：%s" % nowPath)
print("文件完整名称为(文件名 + 后缀名)：%s" % nowPath.name)
print("文件名为：%s" % nowPath.stem)
print("文件后缀名为：%s" % nowPath.suffix)
print("文件所在的文件夹名为：%s" % nowPath.parent)
print("文件所在的盘符为：%s" % nowPath.anchor)
```

运行程序，输出如下：

```
文件的完整路径为:C:\Program Files\Python311\python - 100.txt
文件完整名称为(文件名 + 后缀名):python - 100.txt
文件名为:python - 100
文件后缀名为:.txt
文件所在的文件夹名为:C:\Program Files\Python311
文件所在的盘符为:C:\
```

5）判断文件、路径是否存在

与其他编程语言一样，Python 也提供了以下相关函数用于对文件、路径是否存在进行判断。

- Path.exists()：判断 Path 路径是否指向一个已存在的文件或目录，返回 True 或 False。
- Path.is_dir()：判断 Path 是否是一个路径，返回 True 或 False。
- Path.is_file()：判断 Path 是否指向一个文件，返回 True 或 False。

例如：

```
from pathlib import Path
currentPath = Path.cwd() / 'python'
print(currentPath.exists())        #判断是否存在 python 文件夹,此时返回 False
print(currentPath.is_dir())        #判断是否存在 python 文件夹,此时返回 False
currentPath.mkdir()                #创建 python 文件夹
print(currentPath.exists())        #判断是否存在 python 文件夹,此时返回 True
print(currentPath.is_dir())        #判断是否存在 python 文件夹,此时返回 True
currentPath = Path.cwd() / 'python-100.txt'
print(currentPath.exists())        #判断是否存在 python-100.txt 文件,此时文件未创建返回 False
print(currentPath.is_file())       #判断是否存在 python-100.txt 文件,此时文件未创建返回 False
f = open(currentPath,'w')          #创建 python-100.txt 文件
f.close()
print(currentPath.exists())        # 判断是否存在 python-100.txt 文件,此时返回 True
print(currentPath.is_file())       # 判断是否存在 python-100.txt 文件,此时返回 True
```

运行程序,输出如下:

```
False
False
True
True
False
False
True
True
```

6) 文件统计以及匹配查找

Python 提供了以下相关函数用于文件统计以及匹配查找。

- Path.iterdir():返回 Path 目录文件夹下的所有文件,返回的是一个生成器类型。
- Path.glob(pattern):返回 Path 目录文件夹下所有与 pattern 匹配的文件,返回的是一个生成器类型。
- Path.rglob(pattern):返回 Path 路径下所有子文件夹中与 pattern 匹配的文件,返回的是一个生成器类型。

例如:

```
import pathlib
from collections import Counter
currentPath = pathlib.Path.cwd()
gen = (i.suffix for i in currentPath.glob('*.txt')) #获取当前文件下的所有 txt 文件,并统计其
#个数
print(Counter(gen))
gen = (i.suffix for i in currentPath.rglob('*.txt')) #获取目录中子文件夹下的所有 txt 文件,并
#统计其个数
print(Counter(gen))
```

运行程序,输出如下:

```
Counter({'.txt': 6})
Counter({'.txt': 590, '.TXT': 1})
```

9.2　使用 os.path 操作目录

os.path 模块提供了一些操作目录的方法,这些函数可以操作系统的目录。该模块提供了 exists()函数判断该目录是否存在;也提供了 getctime()、getmtime()、getatime()函数来

获取该目录的创建时间、最后一次修改时间、最后一次访问时间；还提供了 getsize()函数获取指定文件的大小。

【例 9-3】 os.path 模块下的操作目录的常见函数的功能和用法。

```
import os
def os_demo():
 #执行命令
 dirs = os.popen("dir").read()
 print(dirs)
 #打印目录树
 dirs_info = os.scandir()
 for info in dirs_info:
  print("文件名: {}, 路径: {}, inode: {}, 文件夹? {}, 文件? {}, 链接? {}".format(info.name,
info.path, info.inode(), info.is_dir(), info.is_file(), info.is_symlink()))
  stats = info.stat()
  print(">>> 访问时间: {}, 修改时间: {}, 模式修改时间: {}, 大小: {}".format(stats.st_atime,
stats.st_ctime, stats.st_mtime, stats.st_size))

import signal

def os_func():
 # === 系统 ===
 strs = os.name                          #当前系统: Linux'posix' / Windows'nt' / 'ce' / 'java'
 strs = os.sep                           #分隔符\\ (windows:\\ linux:/)
 strs = os.pathsep                       #path 变量分隔符; (windows:; linux::)
 strs = os.linesep                       #换行分隔符\r\n (windows:/r/n linux:\n)
 dics = os.environ                       #查看系统环境变量(字典)
 strs = os.getenv("Path", default = -1)  #读取环境变量,没有返回 None
 os.putenv("Path", "C:\\python")         #添加环境变量 (windows 无效)
 os.unsetenv("Path")                     #删除环境变量 (windows 不可用)
 strs = os.getlogin()                    #当前登录的用户名
 num = os.getpid()                       #当前进程 PID
 num = os.system("cmd")                  #执行操作系统命令,返回 0/1(0 执行正确,1 执行错误)
 strs = os.popen("dir").read()           #执行系统命令,并读取结果
 tups = os.times()                       #当前进程时间
 bytes = os.urandom(n)                   #n 字节用以加密的随机字符
 num = os.cpu_count()                    #CUP 数量

 # === 进程 ===
 os.abort()                              #结束进程
 os.execl(r"C:\python", 'python', 'hello.py', 'i')      # Windows 执行失败
 os._exit(0)                             #退出
 os.kill(8480, signal.SIGTERM)           # 系统终止进程
 # === 文件/文件夹 ===
 strs = os.getcwd()                      #当前路径
 bytes = os.getcwdb()                    #当前路径
 os.chdir(r"C:\Windows")                 #切换路径
 strs = os.curdir                        #当前目录 .
 strs = os.pardir                        #上级目录 ..
 strs = os.sep                           #路径分隔符 ('/' or '\\')
 bytes = os.fsencode(r"C:\c.obj")        #(编码) 文件路径字符串转为 bytes 类型 => b'C:\\c.obj'
 strs = os.fsdecode(b"C:\c.obj")         #(解码) 文件路径转为 strs 类型 => 'C:\\c.obj'

 os.chmod(r"C:\python\hello.py", 777) #修改模式
 os.link("file.txt", "file.txt.link") #创建硬链接
 os.symlink("file.txt", "file.txt.link")      # 创建软链接 (Windows 执行失败)
```

```
lists = os.listdir()                  # 所有文件和文件夹(列表) "."".""D:"
tups = os.lstat(r"C:\c.obj")          # 状态信息列表
boolean = os.access(r"C:\c.obj", os.F_OK)     # 文件/文件夹权限测试
lists = os.scandir()
tups = os.stat(".")                   # 获取状态信息, 返回 stat_result 对象
num = os.utime(r"C:\c.obj")
root, dirnames, filenames = os.walk(r"C:\python")
os.removedirs(r"c:\python")           # 删除多个文件夹 (Windows 删除多个文件夹失败,单个成功)
os.mkdir("test")
os.makedirs(r"./t1/t2/t3")
os.rmdir("test")                      # 删除单个目录
os.mknod("test.txt")
os.remove("test.txt")                 # 删除文件
os.rename("text.txt", "file.txt")     # 重命名
os.renames("text.txt", "file.txt")
os.replace("text.txt", "file.txt")
tups = os.stat(r"text.txt")           # 文件属性
# === 文件读写 ===
fd = os.open(r"C:\c.obj", os.O_RDWR | os.O_CREAT)
readfd, writefd = os.pipe()           # 打开管道,返回读取,写入 Windows 失败
f = os.fdopen(readfd)
os.read(fd, 150)                      # 读取
os.write(fd, "String".encode("utf-8"))       # 写入
os.fsync(fd)                          # 强行写入
os.ftruncate(fd, 100)                 # 裁剪文件
bytes = os.lseek(fd, 10, os.SEEK_SET) # 设置指针 SEEK_SET(0 开始)、SEEK_CUR(1 当前位置)、SEEK_
                                      # END(2 末尾)
fd_temp = os.dup(fd)                  # 副本
boolean = os.isatty(fd)               # 是否是 tty 设备
stat = os.fstat(fd)                   # 状态信息
strs = os.device_encoding(fd)         # 返回终端字符编码,非终端返回 None
os.close(fd)                          # 关闭
os.closerange(fd, fd)                 # 关闭并忽略错误
# === DirEntry ===
for dir in os.scandir():
  strs = dir.name                     # 文件名
  strs = dir.path                     # 完整路径名
  num = dir.inode()                   # inode 编号
  boolean = dir.is_dir()              # 是否是文件夹
  boolean = dir.is_file()             # 是否是文件
  boolean = dir.is_symlink()          # 是否是链接
  tups = dir.stat()                   # 状态信息的 stat_result 对象

def path_demo():
 path = os.getcwd()                   # 获取当前目录
 print("路径: {}".format(path))
 dirname = os.path.dirname(path)      # 获取文件夹名
 print("文件夹名为: {}".format(dirname))
 drive, path_t = os.path.splitdrive(path)       # 获取盘符
 print("盘符为: {}".format(drive))

def path_func():
 '''操作路径的函数 '''
 paths = [r'file.txt', r"/python/lib/hello.py", r"/python/local/text.txt", "C:/python/local",
"C:/python/file.txt"]
 strs = os.path.abspath(paths[0])     # 绝对路径
 strs = os.path.basename(paths[1])    # 文件名
```

```
    strs = os.path.dirname(paths[1])    #文件夹名
    strs = os.path.join("C:\\", r"a.txt")    #将路径组合返回
    dirname, filename = os.path.split(paths[1])    #分割路径(目录,文件名)
    strs, text = os.path.splitext(paths[1])    #分离扩展名(前部分,扩展名)
    drivename, pathname = os.path.splitdrive(paths[3])    #分离目录(盘符,目录)
    size = os.path.getsize(paths[0])    #文件大小
    strs = os.path.normcase(paths[1])    #规范大小写(修改斜杠)
    strs = os.path.normpath(paths[1])    #规范斜杠(修改斜杠)
    strs = os.path.realpath(paths[1])    #规范名字(全名)
    strs = os.path.relpath(paths[1])    #当前路径的文件相对路径 => 'lib\\hello.py'
    boolean = os.path.exists(paths[1]) #路径是否存在
    boolean = os.path.isabs(paths[1])    #是否是绝对路径(不准)
    boolean = os.path.isfile(paths[1]) #是否是文件
    boolean = os.path.isdir(paths[1])    #是否是文件夹
    boolean = os.path.islink(paths[1]) #是否是软链接
    boolean = os.path.ismount("C:\\")    #是否是根结点
    boolean = os.path.supports_unicode_filenames #Unicode 是否可用作文件名
    boolean = os.path.samefile(paths[0], paths[0])    # 是否指向同一文件或目录
    boolean = os.path.sameopenfile(os.open(paths[0], 1), os.open(paths[0], 1)) #fd 是否指向同一
                                                                              #文件
    boolean = os.path.samestat(os.stat(paths[0]), os.stat(paths[0])) #state 是否指向同一文件
    time_s = os.path.getatime(paths[0]) #获取访问时间
    time_s = os.path.getmtime(paths[0]) #获取修改时间
    time_s = os.path.getctime(paths[0]) #元数据修改时间

if __name__ == "__main__":
    os_demo()
    path_demo()
    os_func()
```

9.3 使用 fnmatch 处理文件名匹配

前面介绍的操作目录函数只能进行简单的模式匹配,但 fnmatch 模块可以支持类似于 UNIX shell 风格的文件名匹配。fnmatch 匹配支持以下通配符。

- *:可匹配任意个任意字符。
- ?:可匹配一个任意字符。
- [字符序列]:可匹配方括号里字符序列中的任意字符。该字符序列也支持中画线表示法。比如[a-c]可代表 a、b 和 c 字符中任意一个。

也可以利用 fnmatch 函数实现匹配,语法格式如下:

fnmatch.fnmatch(filename,pattern):判断指定文件名是否匹配指定 pattern。

【例 9-4】 演示 fnmatch()函数的用法。

```
import fnmatch

filenames = [
    "China.txt",
    "Japan.txt",
    "America.py",
    "Korea.conf",
]
#fnmatch 和 fnmatchcase 匹配文件,区别不太明显
for filename in filenames:
```

```
    if fnmatch.fnmatch(filename, '*.txt'):
        print(filename)

fo-r filename in filenames:
    if fnmatch.fnmatchcase(filename, '*.txt'):
        print(filename)

#filter 过滤符合的文件
filenames = fnmatch.filter(filenames, "*.txt")
#类似:[n for n in names if fnmatch(n, pattern)]

print(filenames)
#translate 翻译成 re 正则表达式
print(fnmatch.translate("*.txt"))
```

运行程序，输出如下：

```
China.txt
Japan.txt
China.txt
Japan.txt
['China.txt', 'Japan.txt']
(?s:.*\.txt)\Z
```

9.4 打开文件

Python 提供了一个内置的 open()函数，用于打开文件。函数的语法格式如下：

```
open(file_name,[, access_mode],[, buffering])
```

只有第一个参数是必需的，该参数代表要打开文件的路径。access_mode 和 buffering 参数都是可选的。

打开文件后，就可以调用文件对象的属性和方法了。文件对象支持如下常见的属性。

- file.closed：返回文件是否已经关闭。
- file.mode：返回被打开文件的访问模式。
- file.name：返回文件的名称。

【例 9-5】 演示如何打开文件和访问被打开文件的属性。

```
f = open('data.txt')
#所访问文件的编码方式
print(f.encoding)
#所访问文件的访问模式
print(f.mode)
#所访问文件是否已关闭
print(f.closed)
#所访问文件对象打开的文件名
print(f.name)
```

运行程序，输出如下：

```
cp936
r
False
data.txt
```

从结果可以看出，open()函数默认打开文件的模式是 r，也就是只读模式。

9.5 读取文件

Python 既可使用文件对象的方法来读取文件，也可以使用其他模块的函数来读取文件。

9.5.1 按字节或字符读取

文件对象提供了 read()方法来按字节或字符读取文件内容，按字节还是字符读取，则取决于是否使用了 b 模式，如果使用 b 模式，则每次读取一字节；如果没有使用 b 模式，则每次读取一个字符。在调用该方法时可读入一个整数作为参数，用于指定最多读取多少个字节或字符。

【例 9-6】 采用循环读取整个文件的内容。

```
f = open('data.txt','r',True)
while True:
    ch = f.read(1)
    if not ch:break
    #输出 ch
    print(ch,end = '')
f.close() #避免资源泄漏
```

程序采用循环依次读取每一个字符，每读取到一个字符，程序就输出该字符。

```
f = open('data.txt','r',True)
try:
    while True:
        #每次读取一个字符
        ch = f.read(1)
        #如果没有读取到数据,则跳出循环
        if not ch:break
        #输出 ch
        print(ch,end = '')
finally:
    f.close()
```

如果在调用 read()方法时不传入参数，该方法会默认读取全部文件内容。

如果要读取的文件所使用的字符集和当前操作系统的字符集不匹配，解决方式有以下两种。

- 使用二进制模式读取，然后用 bytes 的 decode()方法恢复成字符串。
- 利用 open()函数打开文件时通过 encoding 参数指定字符集。

【例 9-7】 利用不同模式打开文件。

```
#指定使用二进制模式读取文件内容
f = open("data.txt",'rb',True)
#直接读取全部文件内容,并调用 bytes 的 decode()方法将字节内容恢复成字符串
print(f.read().decode('utf - 8'))
f.close()

#指定使用 UTF - 8 字符集读取文件内容
f = open('data.txt','r',True,'utf - 8')
while True:
    #每次读取一个字符
    ch = f.read(1)
    #如果没有读取到数据,则跳出循环
```

```
    if not ch:break
    #输出 ch
    print(ch,end='')
f.close()
```

9.5.2　按行读取

如果程序要读取行，通常只能用文本方式读取，原因是只有文本文件才有行的概念，二进制文件没有行的概念。

文件对象提供了如下两种方式读取行。

- readline([n])：读取一行内容。如果指定了参数 n，则只读取此行内容的 n 个字符。
- readlines()：读取文件内所有内容。

【例 9-8】 使用 readline()方法读取文件内容。

```
#指定使用 UTF-8 字符集读取文件内容
f = open("data.txt",'r',True,'utf-8')
while True:
    #每次读取一行
    line = f.readline()
    #如果没有读取到数据,则跳出循环
    if not line:break
    #输出 line
    print(line,end='')
f.close()
```

此外，也可以使用 readlines()方法一次读取文件内容的所有行。例如：

```
#指定使用 UTF-8 字符集读取文件内容
f = open("data.txt",'r',True,'utf-8')
#使用 readlines()读取所有行,返回所有行组成的列表
for l in f.readlines():
    print(l,end='')
f.close
```

9.5.3　读取多个输入流

fileinput 模块提供了如下函数可以把多个输入流合并在一起，下面对这些函数进行简单的介绍。

fileinput.input(files=None,inplace=False,backup='',bufsize=0,mode='r',openhook=None)：参数 files 用于指定多个文件输入流。该函数返回一个 FileInput 对象。

当程序使用上面函数创建 FileInput 对象后，即可通过 for-in 循环来遍历文件的每一行。此外，FileInput 还提供了如下全局函数来判断正在读取的文件信息。

- fileinput.filename()：返回正在读取的文件的文件名。
- fileinput.fileno()：返回当前文件的文件描述符，该文件描述符是一个整数。
- fileinput.lineno()：返回当前读取的行号。
- fileinput.filelineno()：返回当前读取的行在其文件中的行号。
- fileinput.isfirstline()：返回当前读取的行在其文件中是否为第一行。
- fileinput.isstdin()：返回最后一行是否从 sys.stdin 读取。程序可以使用“_”代表 sys.stdin 读取。
- fileinput.nextfile()：关闭当前文件，开始读取下一个文件。

• fileinput.close()：关闭 FileInput 对象。

【例 9-9】 演示如何使用 input()函数依次读取两个文件。

```
import fileinput
import glob

for line in fileinput.input(glob.glob("data.txt")):
    if fileinput.isfirstline():
        print('-' * 20, f'Reading {fileinput.filename()}...', '-' * 20)
    print(str(fileinput.lineno()) + ': ' + line.upper(), end = "")
fileinput.close()
```

9.5.4 迭代器

既有_iter_()方法，又有_next_()方法的就是迭代器对象，它可以逐个访问集合中的元素，具有以下特点。

• 迭代器不依赖索引取值，每次使用 next()取值只会取一个，可连续使用。
• 当数据被取值完时，如果再次使用 next()会直接报错。
• 文件对象既是可迭代对象_iter_()，又是迭代器对象_next_()。

迭代器是用来迭代取值的工具，而迭代是重复反馈过程的活动，目的通常是为了逼近所需的目标或结果，每一次对过程的重复称为一次迭代，每一次迭代得到的结果会作为下一次迭代的初始值，单纯的重复并不是迭代。

【例 9-10】 用不同方法实现迭代器取值。

```
#使用 for-in 循环遍历迭代器
lst = [1, 2, 3, 4, 5]
it = iter(lst)
for item in it:
    print(item)      #会将列表中的所有数据取出来

#使用 next()函数遍历迭代器
it = iter(lst)
print(next(it)) #1
print(next(it)) #2
print(next(it)) #
"""可以根据自己的选择去输出"""
```

迭代器具有以下优缺点。

(1) 优点。

• 迭代器是一种轻量级的对象，只保留当前位置和计算下一个元素所需的状态，因此占用的内存空间非常少，并且可以遍历任何类型的数据集合(包括无限序列等)。
• 当需要按顺序遍历数据集合中的每个元素时，使用迭代器取值是一种方便、高效的方式。

(2) 缺点。

由于迭代器只能按顺序逐个访问数据集合中的元素，无法随机访问特定位置的元素，因此在需要根据索引访问元素时，使用迭代器取值就显得比较麻烦了。

9.5.5 with 语句使用

Python 提供了 with 语句来管理资源关闭。比如可以把打开的文件放在 with 语句中，这样，with 语句就会自动关闭文件。

with 语句的原理主要如下。

- 上下文管理协议(Context Management Protocol)：包含方法 __enter__()和__exit__()，支持该协议的对象要实现这两个方法。
- 上下文管理器(Context Manager)：支持上下文管理协议的对象，这种对象实现了__enter__()和__exit__()方法。上下文管理器定义执行 with 语句时要建立的运行时上下文，负责执行 with 语句块上下文中的进入与退出操作。通常使用 with 语句调用上下文管理器，也可以通过直接调用其方法来使用。

with 语句语法格式如下：

```
with context_expression [as target(s)]:
    with 代码块
```

其中，context_expression 用于创建可自动关闭的资源。

【例 9-11】 自定义一个实现上下文管理协议的类，并使用 with 语句进行管理。

```
"""
open("a.txt","r",encoding = "utf - 8") 称为上下文表达式,而该表达式创建的对象称为上下文管理器.
"""
with open("data.txt","r",encoding = "utf - 8") as file:
    print(file.read())
"""
类 MyContentMgr 实现了特殊方法,_enter__()和__exit__()称为该类对象遵守了上下文管
理器协议,该类对象的实例对象称为上下文管理器.
无论程序是否出现异常,上下文管理器都会调用 __enter__和__exit__方法.
"""
class MyContentMgr(object):
    def __enter__(self):
        print('enter 方法被调用执行了')
        return self
    def __exit__(self,exc_type,exc_val, exc_tb): #退出,称作自动关闭资源
        print('exit 方法被调用执行了')
    def show(self):
        print('show 方法被调用执行了')
with MyContentMgr() as file:      #相当于这个对象赋给了 file,即 file = MyContentMgr()
    file.show()
"""复制图片 tiger.jpeg 到 copy1.jpg,使用 with 语句自动关闭资源,就不需要 close()关闭资源了.
"""
with open('tiger.jpeg','rb') as src_file:
    with open('copy1.jpg','wb') as target_file:
        target_file.write(src_file.read())
```

9.5.6 linecache 随机读取文件指定行

linecache 模块允许从 Python 源文件中随机读取指定行，并在内部使用缓存优化存储。由于该模块主要被设计成读取 Python 源文件，因此它会用 UFT-8 字符集来读取文本文件。实际上，使用 linecache 模块也可以读取其他文件，只要该文件使用了 UTF-8 字符集存储。

linecache 模块包含以下常用函数。

linecache.getline(filename，lineno，module_globals＝None)：读取指定模块中指定文件的指定行。其中 filename 指定文件名，lineno 指定行号。

linecache.clearcache()：清空缓存。

linecache.checkcache(filename=None)：检查缓存是否有效。如果没有指定 filename 参数，则默认检测所有缓存的数据。

【例 9-12】 使用 linecache 模块随机读取指定行。

```
import linecache
import string
#读取 string 模块中第 3 行的数据
print(linecache.getline(string.__file__, 3))
#读取普通文件的第 2 行
print(linecache.getline('my_file.txt', 2))
```

9.6 写文件

以"r+""w""w+""a""a+"模式打开文件都可以写入，当以"r+""w""w+"模式打开文件时，文件指针位于文件开头处；当以"a""a+"模式打开文件时，文件指针位于文件结尾处。

需要说明的是，当以"w""w+"模式打开文件时，程序会立即清空文件的内容。

9.6.1 文件指针的概念

文件指针用于标明文件读写的位置。假如把文件看成一个水流，文件中的每个数据(以 b 模式打开，每个数据就是一个字节；以普通模式打开，每个数据就是一个字符)就相当于一个水滴，而文件指针就标明了文件将要读写哪个位置。

图 9-2 是文件指针概念示意图。

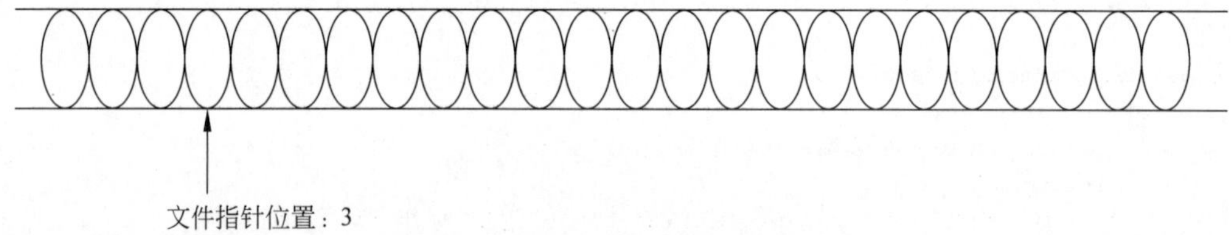

图 9-2 文件指针概念示意图

文件对象提供了以下方法来操作文件指针。

- seek(offset[,whence])：把文件指针移动到指定的位置。当 whence 为 0 时(这是默认值)，表明从文件开头开始计算，比如将 offset 设为 3，就是将文件指针移动到第 4 处；当 whence 为 1 时，表明从指针当前位置开始计算，比如文件指针当前在第 4 处，将 offset 设为 3，就是将文件指针移动到第 8 处；当 whence 为 2 时，表明从文件结尾开始计算，比如将 offset 设为−3，表明将文件指针移动到文件结尾倒数第 3 处。
- tell()：判断文件指针的位置。

此外，当程序使用文件对象读写数据时，文件指针会自动向后移动：读写了多少个数据，文件指针就自动向后移动多少个位置。

【例 9-13】 演示文件指针操作。

```
#载入库
from io import StringIO
import numpy as np
#创建字符串
string = 'Python C++MATLAB JAVA.'
#用 StringIO()将创建的字符串变得像一个文件,这样就方便对文件进行操作了,
```

```
#或者直接创建一个.txt 文件,然后用 open("xxx.txt", "r")也可以
file = StringIO(string)
#查看一下
print(file.read())
#使用 seek(),默认一开始在开头,移动 4 个位置试试
file.seek(4)
#查看现在所在位置
print(file.tell())
#输出光标后的内容,不意外应出现 DEF 开始往后的内容
print(file.read())
```

运行程序,输出如下:

```
Python C++MATLAB JAVA.
4
on C++MATLAB JAVA.
```

9.6.2　输出内容

文件对象提供的写文件的方法主要有以下两个。

- write(str 或 bytes):输出字符串或字节串。只有以二进制模式(b 模式)打开的文件才能写入字节串。
- wrtielines(可迭代对象):输出多个字符串或多个字节串。

【例 9-14】 演示使用 write()和 writelines()输出字符串。

```
file = open('my_file.txt','w')
#向文件中输出字符串,write()
file.write('Interface options\n')
file.write('Generic options\n')
file.write('Miscellaneous options\n')
file.write('Options you shouldn't use\n')
file.close()

#writelines()输出字符串
ls = ['Environment\n','variables']
with open('testfile.txt','a') as file:
    file.writelines(ls)      #向文件中追加字符串列表
```

9.7　临时文件和临时目录

tempfile 模块专门用于创建临时文件和临时目录,它既可以在 UNIX 平台上运行,也可以在 Windows 平台上运行。

tempfile 模块提供了如下常用的函数。

- tempfile. TemporaryFile(mode='w+b',buffering=None,encoding=None,newline=None,suffix=None,prefix=None,dir=None):创建临时文件。该函数返回一个类文件对象,也就是支持文件 I/O。
- tempfile. NamedTemporaryFile(mode='w+b',buffering=None,encoding=None,newline=None,suffix=None,prefix=None,dir=None,delete=True):创建临时文件。该函数的功能与上一个函数的功能大致相同,只是它生成的临时文件在文件系统中有文件名。

- tempfile. SpooledTemporaryFile(max_size=0,mode='w+b',buffering=None,encoding=None,newline=None,suffix=None,prefix=None,dir=None)：创建临时文件。与 TemporaryFile 函数相比，当程序向该临时文件输出数据时，会先输出到内存中，直到超过 max_size 才会真正输出到物理磁盘中。
- tempfile. TemporaryDirectory(suffix=None,prefix=None,dir=None)：生成临时目录。
- tempfile. gettempdir()：获取系统的临时目录。
- tempfile. gettempprefix()：返回用于生成临时文件的前缀名。
- tempfile. gettempprefixb()：与 gettempprefix()相同，只是该函数返回字节串。

这些参数都有自己的默认值，因此如果没有特殊要求，可以不对其传参。

tempfile 模块还提供了 tempfile. mkstemp()和 tempfile. mkdtemp()两个低级别的函数。上面介绍的 4 个用于创建临时文件和临时目录的函数都是高级别的函数，高级别的函数支持自动清理，而且可以与 with 语句一起使用，而这两个低级别的函数则不支持，因此一般推荐使用高级别的函数来创建临时文件和临时目录。

此外，tempfile 模块还提供了 tempfile. tempdir 属性，通过对该属性赋值可以改变系统的临时目录。

【例 9-15】 演示如何创建临时文件和临时目录。

```
import tempfile
#创建临时文件
fp = tempfile.TemporaryFile()
print(fp.name)
fp.write('红豆生南国,'.encode('utf-8'))
fp.write('春来发几枝.'.encode('utf-8'))
#将文件指针移到开始处,准备读取文件
fp.seek(0)
print(fp.read().decode('utf-8'))        #输出刚才写入的内容
#关闭文件,该文件将会被自动删除
fp.close()
#通过 with 语句创建临时文件,with 会自动关闭临时文件
with tempfile.TemporaryFile() as fp:
    #写入内容
    fp.write(b'I Love Python!')
    #将文件指针移到开始处,准备读取文件
    fp.seek(0)
    #读取文件内容
    print(fp.read())                    #b'I Love Python!'
#通过 with 语句创建临时目录
with tempfile.TemporaryDirectory() as tmpdirname:
    print('创建临时目录', tmpdirname)
```

上面程序用以下两种方式来创建临时文件。

- 手动创建临时文件，读写临时文件后需要主动关闭它，当程序关闭该临时文件时，该文件会被自动删除。
- 使用 with 语句创建临时文件，这样 with 语句会自动关闭临时文件。

上面程序最后还创建了临时目录。由于程序使用 with 语句来管理临时目录，因此程序也会自动删除该临时目录。

运行程序，输出如下：

```
C:\Users\ADMINI~1\AppData\Local\Temp\tmp2s65byqp
红豆生南国,春来发几枝.
b'I Love Python!'
创建临时目录 C:\Users\ADMINI~1\AppData\Local\Temp\tmp2x_gsxxi
```

输出结果的第一行就是程序生成的临时文件的文件名,输出结果的最后一行就是程序生成的临时目录的目录名。需要注意的是,不要去找临时文件或临时文件夹,因为程序退出时该临时文件和临时文件夹都会被删除。

9.8 练习

1. 实现一个程序,该程序提示用户运行程序时输入一个路径,该程序会将该路径下(及其子目录下)的所有文件列出来。

2. 有两个磁盘文件 text1.txt 和 text2.txt,各存放一行英文字母,要求把这两个文件中的信息合并(按字母顺序排列),然后输出到一个新文件 text3.txt 中。

3. 利用 os.replace()方法,重命名 data1.txt 文件。

参考文献

[1] 张若愚.Python 科学计算[M].2 版.北京：清华大学出版社，2016.

[2] CHOPRA D,JOSHI N,MATHUR L.精通 Python 自然语言处理[M].王威，译.北京：人民邮电出版社，2017.

[3] 斯图尔特.Python 科学计算[M].江红，余青松，译.2 版.北京：机械工业出版社，2019.

[4] 约翰逊.Python 科学计算和数据科学应用[M].黄强，译.2 版.北京：清华大学出版社，2020.

[5] 兰坦根.科学计算基础编程——Python 版[M].张春元，刘万伟，译.5 版.北京：清华大学出版社，2020.

[6] 角明.Python 科学计算入门[M].陈欢，译.北京：中国水利水电出版社，2021.

[7] 未蓝文化.零基础 Python 从入门到实践[M].北京：中国青年出版社，2021.

[8] 马瑟斯.Python 编程从入门到实践[M].袁国忠，译.3 版.北京：人民邮电出版社，2023.

[9] 明日科技.Python 从入门到精通[M].3 版.北京：清华大学出版社，2023.

[10] 安蒂科.Python 自然语言处理实战[M].于延锁，刘强，译.北京：机械工业出版社，2023.